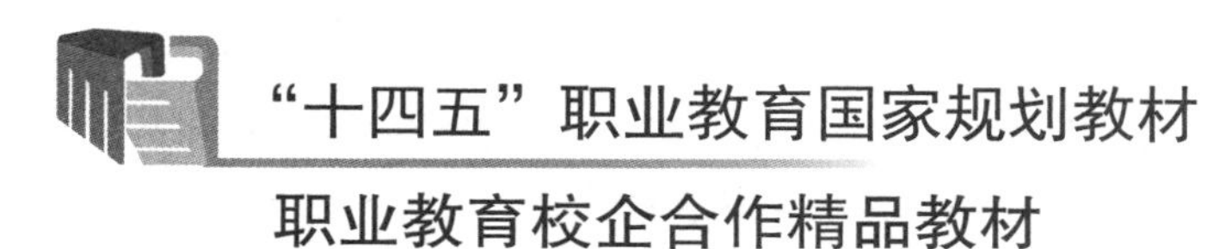

职业教育校企合作精品教材

中式烹调技艺

(第3版)

主　编　王国君

副主编　赵子设

参　编　郭红晓　褚　涛　李树旺　张伟江
杨超辉　王少磊　王希望　任志刚
乔云霞　尚　彬　赵银红　王亚浩

電子工業出版社

Publishing House of Electronics Industry

北京·BEIJING

内 容 简 介

本书设置了11个项目，从中式烹调简述、刀工和刀法、烹调前准备、烹调方法、筵席、分子烹饪等方面详细阐述了中式烹调技法。在各技法讲述中，详细介绍了其分类、特点、操作要求、注意事项、技法名菜等内容。书中选用的技能训练例菜均为我国著名风味流派中的名菜，或者是受到人们青睐的传统名菜和创新菜。

本书每个项目后的“想一想”环节既可以作为课后练习和作业，也可以作为课后思考；项目后的“做一做”是技能目标和技能训练，是学习者必须掌握的部分。项目后附有“知识检测”，是针对学历考试和职业资格考试应知部分的模拟类型题，也是对每个项目学习效果的一次综合检验。

此外，本书还特别介绍了分子烹饪及美食，有利于开拓学习者视野。

本书既适合作为中职烹饪专业的学生教材，也可作为社会餐饮从业人员岗位培训、等级考试参考用书，还可供烹饪爱好者自学之用。

为了方便教师教学，本书还配有相关教辅资料，请登录华信教育资源网免费注册后再进行下载，如有问题请在网站留言板留言或与电子工业出版社联系。

图书在版编目（CIP）数据

中式烹调技艺 / 王国君主编 . —3 版 . —北京：电子工业出版社，2022.4
ISBN 978-7-121-43356-6

Ⅰ . ①中…　Ⅱ . ①王…　Ⅲ . ①中式菜肴－烹饪－中等专业学校－教材　Ⅳ . ① TS972.117

中国版本图书馆 CIP 数据核字（2022）第 073347 号

责任编辑：韩　蕾
印　　刷：三河市兴达印务有限公司
装　　订：三河市兴达印务有限公司
出版发行：电子工业出版社
　　　　　北京市海淀区万寿路 173 信箱　邮编 100036
开　　本：880×1 230　1/16　印张：16.25　字数：372 千字
版　　次：2014 年 8 月第 1 版
　　　　　2022 年 4 月第 3 版
印　　次：2025 年 2 月第 16 次印刷
定　　价：49.00 元

凡所购买电子工业出版社图书有缺损问题，请向购买书店调换。若书店售缺，请与本社发行部联系，联系及邮购电话：（010）88254888，88258888。

质量投诉请发邮件至 zlts@phei.com.cn，盗版侵权举报请发邮件至 dbqq@phei.com.cn。

本书咨询联系方式：chitty@phei.com.cn。

河南省中等职业教育校企合作精品教材
出版说明

为深入贯彻落实《河南省职业教育校企合作促进办法（试行）》（豫政〔2012〕48号）精神，切实推进职教攻坚二期工程，我们在深入行业、企业、职业院校调研的基础上，经过充分论证，按照校企“1+1”双主编与校企编者“1：1”的原则要求，组织有关职业院校一线骨干教师和行业、企业专家，编写了河南省中等职业学校烹饪专业的校企合作精品教材。

这套校企合作精品教材的特点主要体现在：一是注重与行业的联系，实现专业课程内容与职业标准对接、学历证书与职业资格证书对接；二是注重与企业的联系，将“新技术、新知识、新工艺、新方法”及时编入教材，使教材内容更具有前瞻性、针对性和实用性；三是反映技术技能型人才培养规律，把职业岗位需要的技能、知识、素质有机地整合到一起，真正实现教材由以知识体系为主向以技能体系为主的跨越；四是教学过程对接生产过程，充分体现“做中学，做中教”和“做、学、教”一体化的职业教育教学特色。我们力争通过本套教材的出版和使用，为全面推行“校企合作、工学结合、顶岗实习”人才培养模式的实施提供教材保障，为深入推进职业教育校企合作做出贡献。

在这套校企合作精品教材编写过程中，校企双方编写人员力求体现校企合作精神，努力将教材高质量地呈现给广大师生。但由于本次教材编写是一次创新性的工作，书中难免存在不足之处，敬请读者提出宝贵意见和建议。

河南省职业技术教育教学研究室

前　言

党的二十大报告中提出“统筹职业教育、高等教育、继续教育协同创新，推进职普融通、产教融合、科教融汇，优化职业教育类型定位。”为了全面推进中等职业学校烹饪专业的教学改革和发展，提高教学质量，更好地为区域经济发展服务，进一步推进校企合作，编者在多年的课程改革和企业合作基础上，为适应企业需要，突出能力培养，体现“做中学，做中教”的职教特色，反映烹饪专业技术升级，在符合学生认知和技术技能型人才成长规律的前提下编写了本书。本书在餐饮行业的专家、中国烹饪大师、部分院校教师积极参与下，在梳理总结了烹调技能、烹饪理论和烹饪教学及实践经验基础上，根据河南省中等职业学校烹饪专业教学标准，结合烹饪学科特点及餐饮行业岗位要求编写而成。

本书围绕实践，突出技能，体现了较强的应用性、针对性、实用性。本书吸纳并融入餐饮业的新技术、新知识、新工艺和新方法，以培养从事中餐烹调技术、中餐厨房各岗位的高素质技能型人才为出发点，从餐饮业涉及的常用烹调技能、烹调理论方面，由浅入深、由易到难、循序渐进地完成技能目标和知识目标，使学习者在了解中国烹饪文化、技能的同时，掌握烹调技能，从而胜任中餐厨房各岗位工作。为了达到既能满足学习者获得学历证书的需要，又能满足学习者获得职业资格证书的需求，本书在编写过程中采取模块教学形式，使中等职业学校烹饪专业学生，参加国家中式烹调中、初级烹调师资格考试者，以及烹饪爱好者，一看就懂、一学就会，最终成为能够熟练运用科学烹调方法，制作美味佳肴的高素质复合型人才。

本书具有以下特点。

一、按照餐饮业专家以及烹饪大师和烹饪专业教师“1+1”模式，组建编写团队，从企业实际需求出发，以中餐厨房各岗位烹调技能及烹饪理论需要为着力点，结合学习者认知规律，明确培养方向，确定教学目标，构建课程内容。

二、本书所有项目、任务、烹调技能部分，由餐饮业专家根据餐饮业各岗位实际要求的相关内容编写而成，充分突出行业特色、职业特色，实现了内容与餐饮业烹饪各岗位的“零距离”对接。

三、本书将职业标准和烹调技能的能力要求转化成教学目标，实现职业教育与职业标准相对接，为学习者未来就业和发展奠定坚实的基础。

四、本书具有前瞻性、针对性、实用性，通俗易懂、由浅入深、循序渐进、科学实用，为学习者增强学习兴趣提供依据。同时，缩小了学习内容与工作岗位实际要求内容的差距，实现教学内容与餐饮业生产过程对接。

五、本书每个项目后的“知识检测”部分，涵盖了国家职业资格技能鉴定所规定的学生应知的内容，能满足学生参加职业资格技能鉴定的需求。

六、本书结合餐饮业实际需求，在烹饪理论方面删繁就简，以“必需”和“够用”为度。对餐饮业常用烹调技能的知识点、难点和重点，分析透彻，介绍详细，并侧重技能的训练和掌握。

七、本书所配图片，既有传统名菜，又有全国大赛中的创新菜肴，更有先锋美食佳肴。除大师、教师的作品外，还有几款是优秀学生的作品。

本书内容由11个项目组成，各项目建议学时数如下。

教学内容	项目一	项目二	项目三	项目四	项目五	项目六	项目七	项目八	项目九	项目十	项目十一	机动	共计
学时数	6	16	60	14	20	22	22	18	100	6	16	10	310

为方便教师教学，本书还配有相关教辅资料，请登录华信教育资源网（www.hxedu.com.cn）免费注册后再进行下载，如有问题请在网站留言板留言或与电子工业出版社联系（E-mail：hxedu@phei.com.cn）。

本书由河南省职业技术教育教学研究室组编，由国家烹调高级技师、资深中国烹饪大师、河南省学术技术带头人、开封市拔尖人才、开封劳动模范、开封市豫菜文化研究会会长、高级教师、开封市文化旅游学校科长王国君担任主编，高级教师、洛阳市名师、河南烹饪大师、洛阳第一职业中专主任赵子设任副主编，另有中国分子烹饪大师郭红晓，以及褚涛、李树旺、张伟江、杨超辉、王少磊、王希望、任志刚、乔云霞、尚彬、赵银红、王亚浩参与编写。全书构架设计、内容补充、统稿整理由王国君完成，全书图片由王国君、尚彬、李树旺、王毅飞、赵子设、褚涛提供、制作或拍摄。本书的编写得到了河南省教育厅、河南省职业技术教育教学研究室、开封市教育局、开封市职业技术教育教学研究室、开封市中华职教社，以及河南省及开封市豫菜文化研究会专家、大师的支持和帮助，在此一并表示感谢。

鉴于编者水平有限，不妥之处敬请专家和读者指正。

编　者

目　录

Contents

项目一　中式烹调简述

任务一　认知烹调和烹饪

知识目标

- 烹调、烹饪的定义。

一、烹调

烹，起源于火的利用；调，起源于盐的使用。据《中国烹饪辞典》记载："烹"即加热、烧煮食物；"调"即调和滋味。

烹调是通过加热和调制，将已加工切配好的原料加热，制成菜肴的过程。人们通过"烹"和"调"制成菜肴，使其具有"色、香、味、形、质、意、养"等方面的特性，从而引起人的食欲。

▲烹调操作

二、烹饪

"烹饪"始见于《周易·鼎卦》一书，即"以木巽火，亨饪也"。"鼎"是古代的一种炊具；"木"为燃料；"巽"是八卦之一，代表风；"亨"也作烹，"饪"为熟，合为烹饪。可以看出，烹饪在古代涵盖了炊具、原料、燃料及加热、制熟过程等。

现在将烹饪定义为：人们为满足生理和心理需求，采用适当的加工方法和加工程序，把食物原料制成各种食品的生产和消费行为。

一般的语言习惯中，烹调和烹饪常常混用。规范地讲，烹饪是一个专业学科的名称，烹调则专指做菜。常用说法中，一直将做菜称为"红案"，将面点中的点心、小吃制作称为"白案"。根据国家相关规定，红案厨师称为"中式烹调师"，白案厨师称为"中式面点师"。对于家庭来说，烹饪就是家务劳动；对于餐饮企业来讲，烹饪是第三产业的一部分，即餐饮业。

▲水晶虾仁

▲美味佳肴

可以看出，烹调与烹饪的区别在于：烹调是单指制作菜肴而言，烹饪则范围广博。单从饮食来讲，烹饪包含菜肴和主食制作的整个过程。

想一想

（1）烹调是通过加热和调制，将已加工切配好的原料加热，制成菜肴的过程，也可以称为烹饪。

（2）烹饪就是做饭，是通过加热和调制，将已准备好的原料加热，制成菜肴的过程。

任务二　烹调的作用

任务目标

知识目标

- 烹的作用；
- 调的作用。

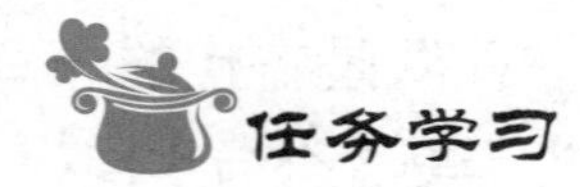
任务学习

一、烹的作用

1. 杀菌消毒

无论采用哪种烹饪原料，无论其多么新鲜，都会带有对人体无益的病菌或寄生虫，以及其他毒素，通过烹饪将食材加热到85℃，一般都可以将这些有害因素去除。因此，对烹饪原料进行加热，可以起到杀菌消毒的作用，保障人们的饮食安全。

2. 便于消化吸收

食物中都或多或少含有维持人体正常生理活动及机体生长所必需的蛋白质、脂肪、糖类、矿物质、维生素等不同的营养成分。但是，它们以复杂的化合状态存在于原料的组织中，有些不易被分解，有些甚至还会对人体产生不良的影响。通过烹调加热，可使原料组织结构、各种成分分解。例如，豆类中含有多种蛋白酶抑制剂，其中存在最为广泛的是胰蛋白酶抑制剂，它们会影响人体对蛋白的消化与吸收，造成机体胰腺增重，可采用加热的方法使其失去活性，从而便于人体消化吸收。

3. 使原料香味透出

烹饪原料没有经过加热时，通常没有香味，无论采用哪种加热方式，都能使食物散发香味，诱发食欲。例如，生鸡几乎没有任何香味，加水煮到一定程度时就会香气四溢；炸、炒辣椒时则四处弥漫着辣的味道。

4. 制成复合美味

大部分菜肴由两种以上原料制成，每种原料又有其特有的滋味。当几种原料放在一起烹调时，原料中的滋味以油、水等为载体相互渗透，形成复合美味，如香菇鸡块、鱼头豆腐等。

5. 使菜肴形状美观、色泽鲜艳

通过加热使菜肴的形状、外观、色泽等产生很大的变化，使其色泽更加鲜艳，形状更加美观。例如，青褐色的螃蟹，经过蒸制或煮制变成鲜红色；剞过花纹的原料，加热后会形成菊花、麦穗、荔枝等美丽的形状。

▲菊花豆腐

▲双吃鸡

6. 丰富菜肴质感

菜肴的美味除来自各种独特而诱人的味道，还有一个很重要的因素，那就是在品尝菜肴时呈现的各种各样的质感，如滑嫩、脆爽、焦酥、绵软等，这些不同的质感给舌尖带来了享受，这是菜肴充满魅力的重要因素之一。质感来源于加热，不同的加热处理方式可产生不同的质感，如利用滑炒技法使成品滑嫩、清鲜，利用烤的技法使成品外脆内嫩等。

二、调的作用

1. 除掉异味

部分原料有较重的腥膻气味，如羊肉、牛肉、内脏等，加入一定的调料并运用一定的方法，可消除、掩盖或减弱异味，如添加葱、姜、蒜、花椒、茴香、辣椒、料酒、精盐、白糖等调料。

▲牡丹鱼

2. 增进美味

调料本身具有提鲜、增加和添入香味的作用。原料中加入调料，可使无味者变有味，有味者变更美，肥腻者变香浓，味淡者变浓厚，味腥者变鲜美，味美者变突出。例如，豆腐、粉皮、海参等原料本身没有什么滋味，加入葱、姜、蒜、料酒、鸡汤等调料，采用烧、扒、炖等烹调技法，就能烹调出滋味鲜醇的美味佳肴。

3. 确定口味

菜肴的口味是通过调味确定的。用相同的原料、相同的技法，只需调料不同，菜肴的口味就会截然不同。例如，豫菜中的“白切鸡”，将浸熟的鸡切剁成块装盘后，浇淋葱香味汁就是葱香白切鸡，浇淋葱椒味汁就是葱椒白切鸡。

4. 丰富色彩

调料的加入可使菜肴的色彩或鲜艳夺目，或浓淡相宜，或美观靓丽。例如，仅用酱油就可以将菜肴调成酱红色、金红色、金黄色、淡黄色等色彩。

议一议

（1）烹和调的作用基本相同。

（2）烹的作用是杀菌消毒，便于消化吸收，使原料香味透出，确定口味，使菜肴形状美观、色泽鲜艳。

任务三　中国菜肴特点和中国烹饪的组成

任务目标

知识目标

- 中国菜肴特点；
- 中国烹饪的组成。

任务学习

一、中国菜肴特点

1. 选料讲究

中国菜肴在制作时特别讲究选择烹饪原料。以豫菜为例，选料十分讲究，如“鸡吃谷头，鱼吃四、十”“鞭杆鳝鱼、马蹄鳖，每年吃在三四月”“鲤吃一尺，鲫吃八寸”等。一年四季中，适时严格地选择原料，在原料最好的食用时期，将原料制成美味佳肴，才能让菜肴独具特色、新鲜美味，百吃不厌。

2. 刀工精细

刀工是制作菜肴的一个重要环节和一门高超的技术，通过刀工处理后的原料讲究大小一致、薄厚均匀、粗细相同、形态美观等。例如，豫菜中对刀工有“切必整齐，片必均匀，解（剞）必过半，斩而不乱”的要求。充分发挥一把厨刀的作用，因其具有“前切后剁中间片，刀背砸泥把捣蒜”的多种功能而使菜肴独树一帜。豫菜大师们切出的片，薄能观字；切出的丝，细可穿针。其刀工之妙，达到了出神入化的境界。

3. 配料巧妙

中国菜肴十分注重原料的色、香、味、形、养等方面的合理搭配和组合。例如，豫菜的配头（料），有常年配头与四季配头之别，大配头与小配头之分，以及内配头与外配头之不同，素有“看配头做菜”的传统，讲究丝配丝、片配片、丁配丁、块配块等原则。

▲鲍汁鲍鱼

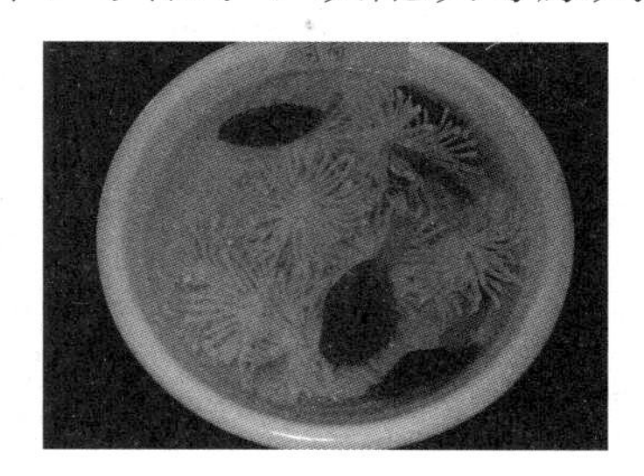

▲一品菊花

4. 精于用火

中国烹饪以精于用火著称于世。利用火力大小和用火时间长短，对不同原料进行烹调，使菜肴具有脆、嫩、滑、软、酥、焦等不同质感。例如，豫菜白扒广肚这道菜肴就有“扒菜不勾芡，功（火）到自来黏”之说。

5. 技法多样

中国菜肴烹调方法独树一帜，丰富多彩，常用的就有十几种，这也是中国菜肴品类繁多且各具特色的原因之一。例如，豫菜烹调技法多达 36 种，扒、烧、炸、熘、爆、炒、炝各有特点。但无论用哪种技法，都务求做到“烹必适度”，使菜肴口味适中。

6. 味型丰富

中国菜肴味型之多是世界上任何其他国家都无法比拟的。除重视原料本味，还讲究有味使其出，无味使其入，更注重运用不同调料进行调和。例如，豫菜在调味上讲究“调必匀和”，淡而不薄、咸而不重，用调料灭殊味、平异味、提香味、藏盐味、定滋味；各种调料运用益损得当，浓淡适度，使菜肴五味调和，质味适中。又如，在味型方面，中国菜肴有鲜咸味、酸甜味、酸咸味、酸辣味、甜咸味、香辣味等，凡此不胜枚举。

7. 盛器考究

中国菜肴的盛装器皿花样繁多、质地精美、外形美观、造型各异，什么样的菜肴装在什么样的盛器中，非常有讲究，从而将菜肴衬托得雍容华贵、美观大方，菜肴与盛器相得益彰。

▲双色牡丹

▲汆鱼针菇

8. 食疗结合

中华饮食一直讲究“医食同源”“药食同用”“食疗结合”，认为每种烹饪原料都有不同性味归经，食用后对人体有不同的补益和疗效。根据原料性味、机理，合理搭配配菜中的原料，以形成不同功效的膳食，达到既品评美味，又健康身体的作用，如滋补菜肴、药膳等。

9. 追求意境

美味的中国菜肴除具有色、香、味、形、质、养等特性，还能体现一定的意境。菜肴中的意境即情感，要通过菜肴表现出来，如向往、纪念、喜庆、祝福等。例如，海参烧豆腐，装饰后美其名曰“福如东海”；香菇青菜，装饰后美其名曰“茁壮成长”。

▲秋硕松鼠鱼

▲鲤鱼跃龙门

二、中国烹饪的组成

中国烹饪举世闻名，在世界上享有极高的美誉。同时，中国饮食文化历史悠久、源远流长、博大精深，是中华民族文化宝库中一颗耀眼的明珠。

我国烹饪技艺起始于夏商，发展在春秋，形成在唐、宋。中国菜肴的风味流派和组成，在北宋已经初步形成，当时就有南食、北食的记载。经元、明两朝的积淀，到了清朝初期，中国烹饪的四大流派（北派，南派，东南派，西南派）已经完全形成。发展至今，中国烹饪已细化为六大流派。2018 年 9 月，在河南举行了向世界发布“中国菜”活动，确定中国菜肴由 34 个地域菜系共同组成。也有一种说法是把中国烹饪分为四大菜系或者说四大风味流派，即山东菜、四川菜、淮扬菜、广东菜；还有的说法把中国烹饪分为八大菜系或者说八大风味流派，即山东菜（鲁）、四川菜（川）、广东菜（粤）、福建菜（闽）、江苏菜（苏）、浙江菜（浙）、湖南菜（湘）、安徽菜（徽）。中国烹饪六大流派见表 1-1。

表 1-1　中国烹饪六大流派

流派名称	范围	流派代表	菜肴特色	著名菜肴
北派，又称北部流派	包括黄河中下游，及黄河以北广大地区	河南的豫菜、山东的鲁菜、辽宁的辽菜	刀工讲究，精于用火，注重原料本味，口味纯正，浓厚略偏咸	糖醋鲤鱼焙面、白扒广肚、牡丹燕菜、九转大肠、油爆双脆、锅包肉
南派，又称南部流派	包括广东、广西、海南、福建、香港、澳门、台湾地区	广东的粤菜、福建的闽菜、香港菜	选料广博，注重生猛，口味清淡，用汤讲究，加工精细	烤乳猪、龙虎斗、柠檬鸭、油茶鱼、佛跳墙、煎糟鳗鱼
东南派，又称东南部流派	包括江淮、上海地区	江苏的苏菜、浙江的浙菜	淡雅细腻，美观精巧，刀工细腻，口味清鲜，淡而不薄，善用糖	清蒸鲥鱼、大煮干丝、响油鳝糊、东坡肉、西湖醋鱼、干炸响铃
西南派，又称西南部流派	包括四川、贵州、云南、重庆等地区	四川的川菜、贵州的黔菜	注重调味，风味独特，烹调讲究，喜辛麻辣，淡雅醇厚，野趣天然	鱼香肉丝、干煸牛肉丝、酸菜鱼、毛肚火锅、糟辣鱼、盐酸鳝片
中南派，又称中南部流派	包括安徽、湖南、湖北、江西	安徽的徽菜、湖南的湘菜	用料丰富，选料严谨，原汁原味，油重色浓，调味讲究	腌鲜鳜鱼、石耳炖鸡、徽州毛豆腐、腊味合蒸、湘西肥鸭、东安仔鸡
民族风味流派	包括新疆、内蒙古、甘肃、宁夏、青海、西藏	各有特色	恪守民族要求、禁忌等，以烤、煮、炸、烧烹调方法为主	烤全羊、手抓羊肉等

菜系，又称“帮菜”，是指在选料、切配、烹饪等技艺方面，经长期演变而自成体系，具有鲜明的地方风味特色，并为社会所公认的菜肴流派。早在春秋战国时期，中国汉族饮食文化中南北菜肴风味就表现出差异。到唐宋时，豫菜已经达到中国烹饪的巅峰，南食、北食各自形成体系。发展到清代初期，鲁菜、淮扬菜、粤菜、川菜成为当时最有影响的地方菜，并称为“四大菜系”。到清末，浙菜、闽菜、湘菜、徽菜四大新地方菜系分化形成，共同构成中国饮食的“八大菜系”，现在多以流派作为称谓。

现今的豫菜以郑州为中心，共由四个部分构成。豫东以开封为代表，恪守传统，以扒制类菜肴为其典型，口味居中。豫西以洛阳为代表，以水席为典型风味，口味稍偏酸。豫南以信阳为代表，以炖菜类为其典型，口味稍偏辣。豫北以安阳为代表，善用土特地产，熏卤、面食甚佳，口味稍重。豫菜传承着历史上形成的中国烹饪“选料严谨、讲究制汤、五味调和、质味适中”的基本传统，更强调和谐、适中。平和、适口、不刺激是豫菜的显著特点，因此豫菜是中国烹饪现有风味体系中最具适应性的。

豫菜以咸鲜为基本味型，有甘、酸、苦、辛、咸五种基本味型和由五种本味搭配、相结合的多种复合味型。豫菜的各种味型以相融、相和为度，其基本原则是决不偏颇。为适应顾客的特殊口味需要，豫菜的一些菜肴随菜另带调料，由顾客自行添加或蘸食。

豫菜菜肴质量评定的基本原则是：以“味”为中心，将色、香、味、形、器作为一个整体进行综合考量。在对具体菜点品种评审时，采用色、香、味、形、器、质、养分项评定的方法。

▲海皇银雪鱼

▲上汤龙虾

（1）色：要求突出原料的本色，把握住工艺色，杜绝人工合成色素的滥用或超标使用。

（2）香：以彰显原料的自然香气为主，人工调和香气为改善某些原料的不良气味服务，不过分使用。

（3）味：突出本味，无味之物才赋予调和之味，要求醇厚肥美但不油不腻，清淡爽脆而不寡不生，味和性平。

（4）形：以有利成熟、方便食用为前提，追求美观，不片面追求形美而失质味，各类刀口要厚薄均匀、整齐划一。

（5）器：器皿的形和色与菜点的形和色要吻合协调；器皿的材质要与菜品的档次配合；忌贵器配贱食。

（6）质：质是味的载体，质感是指原料或加工后的主料、配料所应该具有的脆、软、筋、柔、烂、焦、酥的口感，要求突出原质、体现工艺、恰到好处，不过不欠，如脆而不生、筋柔不韧。

（7）养：要求经过烹调加工后的菜肴能最大限度地保持原料原有的营养成分，祛除有害成分，并经过合理搭配使菜品物性中和，不偏热、偏寒。

豫菜制作的常用技法包括烤、熏、烙、烘、焗、炙、煮、烧、煨、炖、熬、烩、焖、卤、汆、浸、涮、扒、炸、煎、贴、塌、淋、炒、爆、煸、凹、熘、烹、炝、糟、醉、渍、拔丝、琉璃、挂霜、琥珀等。单项技法下的细分如炸类技法中的清炸、软炸、干炸、纸包炸、酥炸、香炸等，熘之下的软熘、焦熘等，以及复合技法如煎焖、蒸扒、爆炒等不再单列。豫菜的代表性技法为箅扒、软熘、抓炒、烧烤、葱椒炝。

议一议

（1）白扒广肚、牡丹燕菜、大煮干丝是豫菜的代表佳肴。

（2）鱼香肉丝、干煸牛肉丝、糖醋软熘鲤鱼焙面是西南流派名菜。

（3）中国烹饪是由六个流派组成的。

（4）你知道多少种豫菜常用技法？

知识检测

一、判断题

（　　）（1）中国烹饪是由山东、河南、广东、江苏、安徽、湖南六个流派组成的。

(　　)(2)烹饪就是烹调，字不一样，意思一样。

(　　)(3)中国菜肴是世界上最好的美食，具有四大特点。

(　　)(4)烹的作用是杀菌消毒，便于消化吸收，使菜肴形状美观、色泽鲜艳。

二、选择题

(1)盐焗鸡是(　　)的名菜。

A. 广州菜　B. 潮州菜　C. 粤菜　D. 客家菜

(2)中国烹饪的形成期又称(　　)。

A. 火烹时期　B. 陶烹时期　C. 铜烹时期　D. 铁烹时期

(3)调的作用之一是(　　)。

A. 配料巧妙　B. 味型丰富　C. 确定口味　D. 杀菌消毒

(4)中国菜肴的特点不包括(　　)。

A. 选料讲究　B. 技法多样　C. 味型丰富　D. 增进美味

三、简答题

(1)烹调与烹饪的区别是什么?

(2)中国菜肴的特点是什么?

(3)烹和调的作用各有几点?

(4)中国烹饪有哪几个流派?举例写出其中四个流派的特点和名菜。

项目二　中式烹调和厨房

任务一　中式烹调师的要求

任务目标

知识目标

- 中式烹调师的职业道德要求；
- 中式烹调师的技艺要求；
- 中式烹调师应具备的身体和心理素质。

任务学习

一、中式烹调师的职业道德要求

古人云："立志，必先立德也。"陶行知亦说："即使你有一些学问和本领，也无甚用处。没有职业道德的人，学问和本领愈大，为非作恶愈大。"一个合格的中式烹调师，除应具有高超的厨艺和全面的烹饪理论知识，还必须具有良好的职业道德。

中式烹调师的职业道德，是同人们的职业活动紧密联系的，符合职业特点所要求的道德准则、道德情操与道德品质的总和。中式烹调师的职业道德不仅是从业人员在职业活动中的行为准则，还是本行业对社会所承担的道德责任和义务。

中式烹调师的职业道德是社会道德在职业生活中的具体化，其主要内容有遵纪守法、爱岗敬业、团结合作、诚实守信、办事公正、服务群众、奉献社会。

1. 遵纪守法

遵纪守法是一种人们公认的美德，而遵纪守法的基础是《中华人民共和国食品安全法》《餐饮业食品卫生管理办法》《营养改善工作管理办法》等。现代社会是一个法制社会，作为以食品安全加工、制作营养美味菜点为己任的餐饮行业从业人员，更应该学法、懂法、守法。同时，遵纪守法也是每个公民的道德底线和立身处世之本。

2. 爱岗敬业

▲鲍鱼海参

爱岗敬业是烹调师职业道德的核心和基础。爱岗就是指干一行、爱一行，只有热爱自己的工作岗位，才能潜心于这一行，只有立足厨师本职，才会获得成功。一名烹调师从学徒起，要经历杂工、打荷、蒸笼、刀工、配菜、炒菜等不同岗位及漫长的磨炼，在每个岗位锻炼的过程中，都必须立足本职，节约且不浪费原料，不怕脏、不怕累、不能急于求成，这也是培养厨德的根本。敬业是爱岗意识的升华，是爱岗情感的表达。敬业通过对岗位工作极端负责，对技术精益求精，以及乐业、勤业、精业表现出来。三百六十行，行行出状元，精通业务才能成就自己的事业。

3. 团结合作

团结合作意味着团队精神。歌德说："不管努力的目标是什么，不管他干什么，他单枪匹马总是没有力量的。合群永远是一切有着善良思想的人的最高需要。" 团结协作是一切事业成功的基础，是立于不败之地的重要保证。团结协作不只是一种解决问题的方法，还是一种道德品质，它体现了人们的集体智慧，是现代社会生活中不可缺少的一环。在烹饪行业中，每位烹调师都要亲善同行、尊重前辈，还要认识到所学的技艺是众多烹饪前辈的经验积累和传承。在尊重前辈的前提下，烹调师应该团结起来，同心协力、取长补短、群策群力，成为一支一流团队。

4. 诚实守信

诚实守信是中华民族的优良传统，也是烹调师职业道德准则的重要内容，更是烹调师职业在社会中生存和发展的基石。诚实守信对烹调从业者而言是"立人之道""进德修业之本"。因此，烹调师在职业生活中应该慎待诺言、表里如一、言行一致、遵守职业规范。

5. 办事公正

办事公正是处理职业内外关系的重要行为准则。在工作中，烹调师首先应自觉遵守规章制度，平等待人、秉公办事、清正廉洁，不允许违章犯纪、维护特权、滥用职权、损人利己、损公济私，应兼顾国家、集体、个人三者的利益，追求社会公正，维护社会公益。

6. 服务群众

服务群众就是满足群众的需要，并尊重群众利益，这是烹调师职业道德要求的最终归宿。任何职业都有其职业的服务对象。烹调师作为一项职业，从古到今之所以存在，就是因为有职业的服务对象，以及对这项职业的共同需求。顾客的要求就是烹调师能给他们提供美味可口的佳肴和礼貌周到的服务。满足顾客要求实际上就是服务群众。

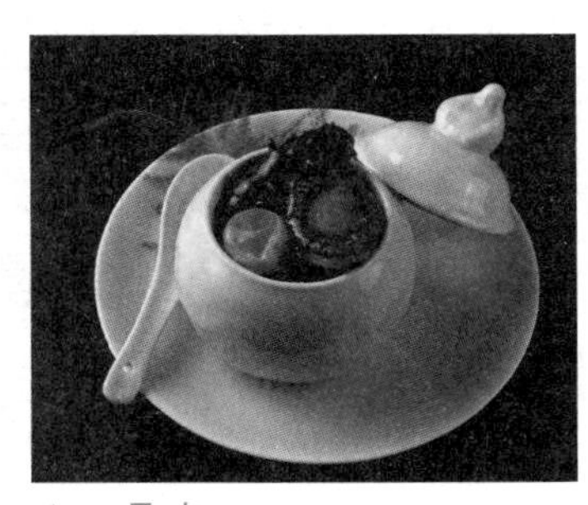
▲一品盅

7. 奉献社会

奉献社会是烹调师职业道德的本质特征，每项职业的从业人员都有对各自职业应尽的职责及对社会应尽的义务。同时，奉献社会并不意味着否定个人的正当利益。个人通过职业活动奉献社会，同时通过职业活动获得正当的收入，社会由此得到财富，这恰好体现了个人与社会的相依性。只有那些树立奉献社会的职业理想，在职业劳动中自觉、主动地奉献社会的劳动者，才能真正体会奉献社会的乐趣，才能最大限度地实现自己的人生价值。

二、中式烹调师的技艺要求

中式烹调师的技艺要求包括如下几项内容：

（1）熟悉中餐厨房的工作流程。

（2）具有扎实的烹饪专业基本功。

（3）具有使用、维护和保养中餐厨房相关设施、设备及工具的能力。

（4）掌握中餐烹饪的基本知识与操作技能，具有解决烹调操作时出现的正常或突发状况的能力。

（5）精通一个流派和一种地方菜的制作工艺。

（6）具有较强的敬业精神、节约精神和创新能力。

（7）具有吸收和应用新技术的能力。

（8）具有继续学习和适应职业变化的能力。

▲什锦牛柳

▲蒜香排骨

三、中式烹调师应具备的身体和心理素质

1. 身体素质

身体素质是人的整体素质的基础，是心理素质、社会文化素质产生和发展的载体。身体素质为形成健康的心理素质、良好的社会文化素质提供了身体条件。身体素质是指在劳动、运动和生活中表现出来的力量、速度、耐力、灵敏度、柔韧性等机体能力和适应外界环境变化的能力。有的人力气大，有的人跑得快，有的人动作灵活，这就是每个人身体素质不同的表现。身体素质是全面发展所必备的条件，也是一个人就业所必备的条件。

良好的身体素质是就业的基础，无论从事什么职业，良好的身体素质都是基础和保证。良好的身体素质体现为健康的身体、强健的体魄、健全的机能和充沛的体力等。就业的道路不可能是一帆风顺的，特别是就业之初，当工作任务没有完成时，可能要延长工作时间；当问题没有解决或临时出现突发问题时，可能要加班加点；另外，为了工作可能没有休息日，可能缺少闲暇时间，这些都是很常见的事情。要适应这样的工作和生活，就必须有一个健康的身体。

2. 心理素质

心理素质在人的素质系统中占有重要地位，健康的心理素质是形成强健的身体素质、良好社会文化素质的重要保证。心理素质是指在实践过程中对人的心理和行为调节的个性特征。心理素质在人的素质结构中占据核心地位。无论世界上的哪个地方，对人才的基本要求都是要具有良好的心理素质和良好的道德素养。

人生三分之二的时间是在职业生涯中度过的，这是一个充满艰辛、幸福、快乐和不懈奋斗的历程。良好的心理素质可以帮助我们在各种情况下调整心态，以愉悦的心情面对现实和工作，最终实现职业理想。良好的心理素质表现为良好的心理状态、健康的心理品质、较强的应对挫折的心理承受能力等。

3. 体能训练

烹调操作从某种意义上讲是体力劳动的过程，技术性高、劳动强度较大，具有脑力和体力并用的特点。对于处于生长发育阶段的青年学生来讲，只有加强体能训练，才能促进生理发育、健康成长，并在烹调技能练习过程中完成一定的训练量，达到训练要求，为技能的提升奠定基础。

体能是指人的特质的强弱和人体基本活动能力，即人体在运动、劳动与生存中所表现出来的克服阻力的能力、快速运动能力、持续工作或运动能力，以及灵敏准确的动作能力等机能。良好的体能是烹调技术训练的基础，有助于培养良好的心理品质和稳定的心理素质，并能增强持久的耐力。

例如，在烹调基本功中的刀工和锅工的训练过程中，力的运用以腕力、臂力和腿力为主。通常左手远远赶不上右手灵巧有力，所以在进行翻锅操作时必须加强左手的腕力和臂力训练，才能进一步练好锅工。在刀工操作时，右手持刀操作主要依靠腕力的运用，同时在进行大幅度操作时，臂力的大小也尤为重要，这就要求平时锻炼腕力和臂力。

腕力、臂力和腿力的训练方法有以下几种：

（1）腕力训练常用的方法有持物屈伸、俯卧撑等。

（2）臂力训练常用的方法有曲臂持沙、直臂持沙、引体向上等。

（3）腿力训练常用的方法有半蹲跳、百米往返跑等。

想一想

（1）中式烹调师的职业道德有哪些内容？

（2）中式烹调师有什么样的技艺要求？

（3）你将怎样进行体能训练？

任务二　中式烹调的基本功

技能目标

- 掌握炒锅、手勺的使用和保养方法；
- 掌握正确的端锅和持勺方法；
- 掌握翻锅的方法和要领。

知识目标

- 中式烹调基本功的内容；
- 餐饮业对烹调师的要求；
- 锅工的基本要求；
- 翻锅的基本姿势；
- 翻锅的方法和要求。

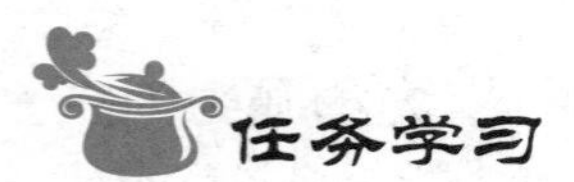

一、中式烹调基本功的内容

中式烹调基本功是指在烹饪操作过程中，操作者必须具备的最基本的烹调知识、烹调技能与技巧。只有掌握了这些基本知识和技能技巧，才能熟练地制作出色、香、味、形、质、养俱佳的菜点。

俗话说："练武不练功，到老一场空。"这句话充分说明了基本功的重要性。烹调基本功是烹饪专业的基础，无论烹制何种菜点，采用何种烹调技法，都离不开烹调基本功，这是一名优秀烹调师不可或缺的技能。因此，烹饪专业的学生必须了解、掌握相关的基本知识，熟练掌握烹调操作技能和技巧，做到"长流水、不断线"，以及姿势正确、操作规范、耐力持久、技法娴熟。

中式烹调基本功的内容主要包括以下几项：

（1）刀工精细、扎实、熟练。

（2）投料准确、适时。

（3）挂糊、上浆适度、均匀。

（4）正确识别和掌握油温。

（5）灵活、恰当地掌握火候。

（6）勾芡适度、适时。

（7）翻锅自如，出锅及时。

（8）装盘熟练。

▲干烧虾仁

▲银丝瓤丝瓜

▲鲜花盛开

▲鲍鱼烧肉

从事烹饪行业的人，无不将烹调基本功作为必修课常抓不懈。初学者必须按规定的程序，遵循“勤为本，悟为先”的原则，坚持不懈地进行操作训练，这样才能使各项技能、技巧达到炉火纯青的程度，才能练就又快又好的“硬功夫”，也才能适应现代餐饮业的要求，成为一名优秀的烹调师。

二、餐饮业对烹调师的要求

通常，烹调是在高温条件下进行操作的，为了适应这样的劳动特点，烹调师必须符合以下要求：

（1）具有从事本行业的职业道德意识、节约粮食的精神，熟悉与本行业相关的法律、法规。

（2）具有责任意识，吃苦耐劳，诚实守信。

（3）要有健康的心理和强壮的身体，要经常参加体能锻炼，特别要加强腕力和臂力的训练。

（4）在进行操作时，姿势要正确自然，只有正确的姿势才能提高工作效率。

（5）熟练掌握各种烹饪设备和工具的正确使用与保养方法。

（6）操作时思想集中，保持厨房的清洁整齐，保障个人和食品安全。

（7）具有继续学习和应用新技术的能力。

（8）取得中式烹调师或相关的职业资格证书。

三、锅工的基本要求

锅工又称翻锅，翻锅技艺是烹调基本功之一，直接关系成品菜肴的品质。在烹制菜肴的过程中始终都离不开翻锅，它是衡量中式烹调师水平的重要标志。因此，要想学好烹调技术，首先必须熟练掌握翻锅技艺，这样才能适应烹调菜肴的需要。

▲持锅姿势

翻锅又称勺工、锅工、翻勺，是烹调师临灶运用炒锅或炒勺烹调的方法与技巧的综合运用，即在烹制菜肴的过程中，运用相应的方法及不同方向的推、拉、送、扬、托、翻、晃、旋、转等动作，使炒锅中的原料能够不同程度地前、后、左、右翻动，使菜肴在加热、调味、勾芡和装盘等方面达到应有质量要求的技术。

1. 翻锅的作用

翻锅是重要的烹调基本功，翻锅技术可直接影响菜肴的质量。炒锅置于火上，原料放入炒锅中，原料由生到熟，只不过是瞬间变化，稍有不慎就会改变成菜质量。因此，翻锅对烹制菜肴至关重要，其作用主要有以下几个方面。

1）使原料和调料均匀融合

经过翻锅可以使所有原料和调料在锅中不断翻动、搅拌、混合，达到均匀一致，这是保证菜肴具有均衡的营养、较好的质感和色泽的主要措施。

▲冰糖雪蛤

2）使原料受热、入味、着色、挂芡均匀

原料在炒锅内温度的高低，一方面可以通过控制火力进行调节，另一方面可运用翻锅来控制。翻锅可使原料在炒锅内受热均匀，炒锅内的各种调料能够快速均匀地溶解，充分与菜肴中的各种原料混合渗透，使菜肴达到入味均匀的目的。有色调料在菜肴中的均匀分布是依靠翻锅实现的，通过晃锅、翻锅，可以达到芡汁均匀包裹原料的目的。

3）能保持菜肴的形态完整、美观

许多菜肴要求成菜后保持一定的形态，如用扒、煎等烹调方法制作的菜肴，均须采用大翻锅，将锅中的原料进行 180° 的翻转，以保持其形态的完整、美观。

翻锅的基本知识包括翻锅用具的种类和用途，翻锅的基本要求，炒锅与炒勺的保养等。

2. 翻锅用具的种类及用途

1）炒锅

炒锅又称双耳锅，通常是用熟铁制成的（传统的炒锅多为生铁制成的）。炒锅在我国黄河中下游及南方地区的餐饮业使用较为广泛，根据烹制菜肴的容量分为大、中、小三种型号。按炒锅的外形及用途又可分为炒菜锅和烧菜锅。

（1）炒菜锅的外形特征是锅底厚、锅壁薄、质量小，主要用于炒、熘、爆等烹调方法的制作。

（2）烧菜锅的外形特征是锅底、锅壁厚度一致，锅口径稍大，略比炒菜锅深，主要用于烧、焖、炖等烹调方法的制作。

2）单柄锅

单柄锅又称单柄炒锅、炒勺，通常使用熟铁加工制成。炒勺在我国北方地区餐饮业使用比较普遍，根据烹调菜肴的容量分为大、中、小三种型号。按炒勺的外形及用途又可分为炒菜勺、扒菜勺、烧菜勺、汤菜勺 。

3）手勺

手勺是烹调中用于搅拌菜肴、添加调料、舀汤、舀原料、助翻菜肴，以及盛装菜肴的工具，一般用熟铁或不锈钢材料制成。手勺的规格分为大、中、小三种型号，应根据不同的烹调需求，选择使用相应型号的手勺。

▲炒锅及手勺

4）漏勺

漏勺是烹饪中捞取原料或过滤的工具，用熟铁或不锈钢制成。漏勺的外形与手勺相似，漏勺内有许多排列有序的圆孔。

5）垫布

垫布又称端锅布或代手，是端锅时不可缺少的防热用品，一般用棉布、毛巾等布料制成，形状为长方形或正方形。垫布的大小应根据个人的手法、习惯进行选择，以使用方便为宜。在使用时，垫布要保持洁净、干燥，干燥的垫布导热慢、不烧手，方便操作。

3. 翻锅的基本要求

（1）翻锅操作时，要保持灵活的站姿，熟练掌握各种翻锅的技能、技巧和使用手勺的方法。

（2）烹调工作是一项较为繁重的体力劳动。操作者平时应注意锻炼身体，要有健康的体魄，耐久的臂力和腕力。

（3）翻锅操作时，精神要高度集中，脑、眼、手合一，双手要协调且有规律地配合。

（4）应根据烹调方法和火力的大小，熟练掌握翻锅的时机。

4. 炒锅的使用与保养

（1）新炒锅在使用前，要加入清水放在火上烧煮，并用清洗工具刷洗干净。也可将新炒锅放在火上烧红后，再加水刷洗干净，最后用食用油将其润透，使之光滑、油润，这样做可使原料在烹调时不易粘锅。

（2）炒菜锅每次炒菜后都要用清水洗净、擦干，保持锅内光滑、洁净，否则再使用时易粘锅。例如，如果炒锅上芡汁较稠并糊锅上，不易擦净，则可将炒锅放在火上，把芡烤干后再用炊帚刷净；也可撒上少许食盐用炊帚擦净，再用洁布擦干净。烧菜锅、汤锅等每次用毕后，直接用水刷洗干净即可。

（3）每天使用结束后，都要将炒锅的里面、锅底部和把柄彻底清理、刷洗干净，然后放置在锅架或挂在固定位置上。

四、翻锅的基本姿势

翻锅的基本姿势主要包括临灶操作的基本姿势和端锅的手势。

1. 临灶操作的基本姿势

临灶操作的基本姿势，要从有利于操作方便，有利于提高工作效率、减轻疲劳、降低劳动强度，有利于身体健康等方面考虑。其具体要求如下：

（1）灶台的高度一般为身高的一半，一般为80~90厘米，可以根据身高适当调整。

（2）面向炉灶站立，身体与灶台保持一拳的距离，约为10厘米。

（3）两脚自然分开站立，两脚尖与肩同宽，一般为40~50厘米。

（4）上身保持自然正直，自然含胸，略向前倾，不可弯腰曲背，目光应注视锅中原料的变化。

2. 端锅的手势

端锅的手势主要包括端炒锅的手势和握手勺的手势。

1）端炒锅的手势

（1）端炒锅的手势：把垫布折叠铺于手掌中，左手拇指扣紧锅耳的左上侧，其他四指微弓、斜张开托住锅壁。

（2）握单柄锅（炒勺）的手势：左手握住勺柄，手心朝上方，拇指在勺柄上面，其他四指弓起，指尖朝上，手掌与水平面约成140° 夹角，合力握住勺柄。

以上两种端锅的手势在操作时应注意，不要过于用力，以握牢、握稳为准，以便在翻锅中充分运用腕力和臂力，使翻锅灵活自如，达到准确、省力的目的。

▲端炒锅的手势（侧面）

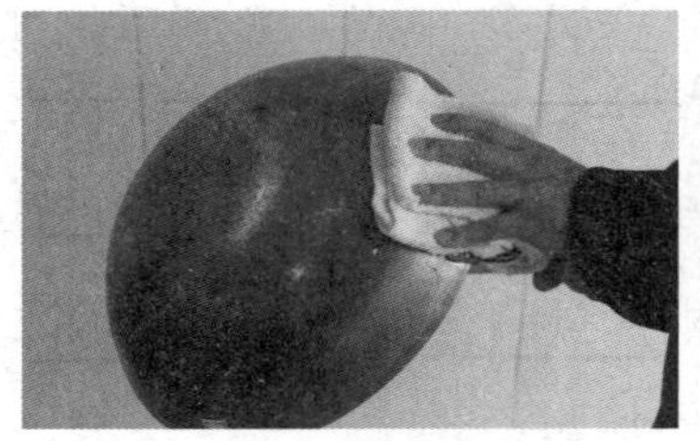
▲端炒锅的手势（背面）

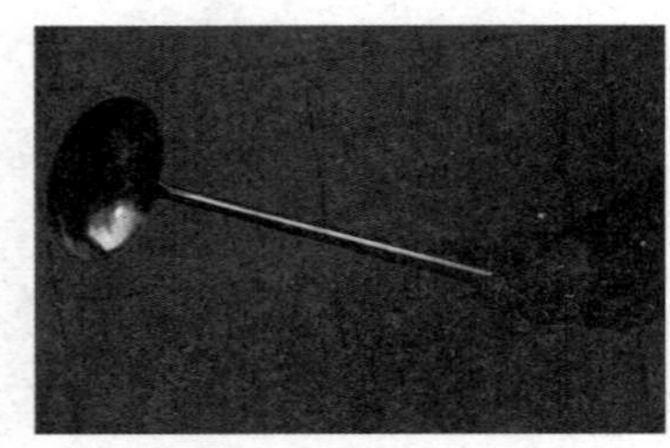
▲握手勺的手势（正面）

2）握手勺的手势

右手拇指与食指自然伸直，中指、无名指、小指自然弯曲，与手掌合力握住勺柄，在操作过程中起到推拉、搅拌、盛装的目的。其具体方法是：食指前伸并对准勺碗背立方向，指肚紧贴勺柄，拇指伸直与食指、中指、无名指、小指合力握住手勺柄后端，勺柄末端顶住手心，要求握牢而不死，施力、变向均要灵活自如。

五、翻锅的方法和要求

为了使原料在炒锅中成熟程度一致，受热、入味、着色、挂芡均匀，除用手勺搅拌外，

还要用翻锅的方法达到烹调的要求。翻锅的方法很多，常用的方法有晃锅、大翻锅、小翻锅、前翻锅、后翻锅，还有其他的方法，如助翻锅、转锅及手勺的运用等。下面主要介绍炒锅（双耳锅）的翻锅方法，该方法也可用于单柄锅的练习。

1. 晃锅

晃锅又称转菜，是指炒锅在灶口上晃动，使锅内原料随着锅的晃动而转动的一种翻锅技艺。晃锅是翻锅的第一步，大翻锅前都要先晃锅。晃锅能使原料在炒锅内受热均匀，防止粘锅，通过调整菜肴在炒锅内的位置，以保证翻锅、出菜、装盘的顺利进行。

1）操作方法

左手将炒锅端平，通过手腕的转动，带动炒锅做顺时针或逆时针转动，使原料在炒锅内旋转。

2）技术要领

晃动炒锅时，主要是通过手腕的转动及前臂的摆动，从而增大炒锅内原料旋转的幅度。晃动的力量要适中，如果力量过大，则原料易旋转出炒锅外；如果力量不足，则原料旋转不充分。

3）适用范围

各种翻锅方法都适用晃锅技术，并均可适用于炒锅和单柄锅。

2. 大翻锅

大翻锅是指将炒锅内的原料全部整体一次性做翻转的一种翻锅方法。因翻锅的动作及原料在锅中翻转的幅度较大，故称为大翻锅。大翻锅技术难度较大，要求也比较高，不仅要求原料整个翻转过来，而且要求翻转过来的原料整齐、美观、不变形。大翻锅的手法较多，按翻锅的动作方向可分为前翻、后翻等。下面以大翻锅前翻为例，介绍大翻锅的操作技法。

1）操作方法

左手握持炒锅，首先晃锅，调整好炒锅中原料的位置，略向后拉，随即向前送出。接着顺势上扬炒锅，将炒锅内的原料抛向炒锅的前上方。在上扬的同时，炒锅向里勾拉，使离锅的原料呈弧形做 180° 翻转，原料下落时炒锅向上托起，顺势接住原料落回锅中。

2）技术要领

（1）大翻锅前先晃锅，调整原料的位置。若原料形状为条状的，则要顺条翻锅，不可横条翻锅，否则易使原料散乱；汤汁要适中，否则锅中汤汁易外溢。

（2）拉、送、扬、翻、接的动作要连贯协调、一气呵成。炒锅向后拉时，要带动原料向后拉动，随即再向前送出，加大原料在锅中运行的距离。然后顺势上扬，利用腕力使炒锅略向里勾拉，使原料完全翻转。接原料时，手腕有一个向上托的动作，并与原料一起顺势下落，以缓冲原料与炒锅的碰撞，防止原料松散及汤汁四溅。

（3）大翻锅除要求翻的动作敏捷、准确、协调、衔接顺畅外，还要求做到炒锅光滑不涩。晃锅时，可淋少量油，以增加润滑度。

3）适用范围

大翻锅主要用于 扒、煎、贴等烹调方法，并适用于炒锅、单柄锅。

3. 小翻锅

小翻锅又称颠锅，是最常用的一种翻锅方法。这种方法因原料在翻锅中的运动幅度较小、速度较快，故称小翻锅。其具体方法有前翻锅和后翻锅两种。

1）前翻锅

前翻锅又称正翻锅，是指将原料由炒锅的前端向炒锅后方翻动，其方法分拉翻锅和悬翻锅两种。

（1）拉翻锅又称托翻锅，即在灶口上翻锅，是指炒锅底部依靠着灶口边缘，按照一定轨迹运动的一种翻锅技法。

① 操作方法：左手端起炒锅，以灶口边缘为支点，炒锅底部紧贴灶口边缘呈弧形下滑，至炒锅前端还未触碰到灶口前缘时，将炒锅的前端略翘，然后快速向后勾拉，使原料翻转。

② 技术要领：拉翻锅时通过前臂带动上臂的运动，利用灶口边缘的杠杆运动，使炒锅在上面前后呈弧线滑动；炒锅向前送时速度要快，先将原料滑送到炒锅的前端，然后顺势依靠腕力快速向后勾拉，使原料翻转。送、拉、勾三个动作要连贯、敏捷、协调、利落。

③ 适用范围：这种翻锅方法在实践操作中应用较为广泛，多适用于炒锅，并主要用于熘、炒、爆、烹等烹调方法中。

（2）悬翻锅是指将炒锅端离灶口，与灶口保持一定距离的翻锅方法。

① 操作方法：左手端持炒锅，将锅端起，与灶口保持一定距离（10~20 厘米），使炒锅前低后高，悬翻锅时先向后轻拉，再迅速向前送出。原料送至炒锅前端时，将炒锅的前端略翘，快速向后拉回，使原料做一次翻转。

② 技术要领：向前送时，速度要快，并使炒锅向下呈弧线运动；向后拉时，炒锅的前端要迅速翘起。

③ 适用范围：这种翻锅方法主要适用于炒锅，并可用于熘、爆、炒、烹等烹调方法中。

▲鸭翅焗鲜鲍

2）后翻锅

后翻锅又称倒翻锅，是指将原料由锅柄方向向炒锅的前端翻转的一种翻锅方法。

（1）操作方法：左手端持炒锅，先迅速后拉，使炒锅中原料移至炒锅后端，同时向上托起，当上臂与前臂成 90° 夹角时，顺势快速前送，使原料翻转。

（2）技术要领：向后拉的动作和向上托的动作要同时进行，动作要迅速，并使炒锅向上呈弧线运动。当原料运行至炒锅后端边缘时，快速前送，拉、托、送三个动作要连贯协调，不可脱节。

（3）适用范围：后翻锅一般适用于单柄锅，并主要用于烧、扒及汤汁较多的菜肴的制作中，该方法可防止汤汁溅到握炒锅的手上。

4. 助翻锅

助翻锅是指炒锅在做翻锅动作时，利用手勺协助推动原料翻转的一种翻锅技法。

1）操作方法

左手端炒锅，右手持手勺，手勺在炒锅上方的里侧。先向后轻拉炒锅，再迅速向前送出炒锅，手勺协助将原料推至炒锅的前端，顺势将炒锅前端略翘，同时手勺推翻原料，最后快速向后拉回炒锅，使原料做一次翻转。

2）技术要领

向前送炒锅的同时，利用手勺的前背部向前推动原料，送至炒锅的前端。原料翻落时，手勺迅速离开、后撤或抬起，防止原料落在手勺上。在整个翻锅过程中，左右手配合要协调一致。

3）适用范围

助翻锅主要适用于原料数量较多、原料不易翻转，或欲使芡汁均匀挂住原料的情况。

5. 转锅

转锅是转动炒锅的一种翻锅技术。转锅与晃锅不同，晃锅是炒锅与原料一起转动，而转锅是炒锅转动，原料不转动，通过转锅可防止出现原料粘锅、受热不均匀的情况。

1）操作方法

左手端持炒锅，炒锅不离灶口，快速将炒锅向左或向右转动。

2）技术要领

手腕向左或向右转动时速度要快，否则炒锅会与原料一起转，起不到转锅的作用。

3）适用范围

转锅主要用于烧、熘、焖、煨等烹调方法中，并适用于炒锅、单柄锅。

6. 手勺的使用方法

翻锅主要是由翻锅动作和手勺动作配合完成的。通过手勺和炒锅的密切配合，可使原料达到受热、勾芡、着色均匀，成熟程度一致的目的。手勺在操作过程中大致有以下几种方法。

1）拨推法

当对菜肴进行勾芡时，用手勺前部或其勺口前段向前拨推原料或芡汁，以扩大其受热面积，使原料或芡汁受热均匀、成熟程度一致。

2）翻拌法

烹制菜肴时，首先用手勺翻拌原料将其炒散，再利用翻锅方法将原料全部翻转，使原料受热均匀。

3）搅推法

有些菜肴在即将成熟时，往往要烹入碗芡或碗汁。为了使芡汁均匀包裹住原料，要用手勺从侧面搅动，使原料和芡汁受热均匀，并使原料、芡汁融合一体。

4）浇淋法

浇淋法是指在烹调过程中，根据需要用手勺舀水、油、汤汁或水淀粉，缓缓地淋入炒锅内或原料上，使之均匀分布。浇淋法也是烹调菜肴时的一种操作方法。

▲干锅什锦

▲月季鱼花

5）拍按法

在用扒、熘、烧等烹调方法制作菜肴时，首先在原料表面淋入水淀粉或汤汁，然后用手勺背部轻轻拍按原料，使水淀粉向原料四周扩散、渗透，使之均匀受热，并使成熟的芡汁均匀分布。在炒一些颗粒原料如炒八宝饭、蛋炒饭时常用此法。

烹饪工种与分工

全国各流派烹饪中的分工虽基本相同，但略有差异。以河南豫菜分工为例，在豫菜烹饪中，红、白两案统称技术人员。制作菜肴称为红案，分为灶上和案上。灶上是指烹制菜肴的人员，又分为头灶（灶头）、二灶、三灶、四灶、拉汤，工作内容包括制作头菜、爆炒菜、烧烩菜、炸制菜、素菜、制汤等。在菜肴盛装后，负责菜品整理、装饰的工作称为流水案。案上是指切配原料、确定品种，是菜肴烹制的前提和关键，并有头案（案子头）、一案、二案、三案、四案的分别，工作内容分别为配头菜、酒菜、饭菜等。白案又称面案，是指制作面食、面点的人员，主持者又称案头。分工较细的大型豫菜馆还有从属于案、灶的专门制作冷菜的拼盘，以及专门负责蒸笼的大锅。协调案灶出品、保证质量的技术管理人员称为执事。

想一想

（1）中式烹调基本功的内容有哪些?

（2）餐饮业对烹调师的要求是什么?

（3）翻锅是烹调的基本功之一，你将如何练习翻锅?

任务三　厨房的结构及烹调前的准备

知识目标

- 现代餐饮业厨房的一般结构；
- 中餐厨房的组织结构；
- 中餐厨房各组的责任和任务；
- 烹调前的准备。

一、现代餐饮业厨房的一般结构

厨房为餐厅的工作中心，除烹调外，原料的初加工、餐具的洗涤和消毒等往往也是在厨房中进行的。美国假日旅馆集团创始人凯蒙·威尔逊曾经说过："没有满意的员工就没有满意的顾客，没有使员工满意的工作场所，也就没有使顾客满意的享受环境。"由此可见，一个设置合理的厨房，是餐饮工作的良好起点。

厨房设计要依据饭店档次、餐饮规模及经营需要，着重做好以下两方面的工作。

一方面，具体结合厨房各区域生产作业与功能，充分考虑需要配置的设备数量与规格，对厨房的面积进行分配，对各生产区域进行定位。

另一方面，依据科学合理、经济高效的总体要求，依据生产风味和规模要求对厨房各具体岗位、作业点进行设备配置，并对厨房设备进行合理布局。

1. 厨房设置原则

（1）厨房设计应从人体工学原理出发，以减轻烹调师的劳动强度、便于使用、提高工作效率为原则。

（2）厨房设计时，应合理布置各种灶具、排油烟机、热水器等设备，必须充分考虑这些设备的安装、维修及使用安全。灶具的布置必须与房屋的结构和整个厨房的布局相协调，既考虑适合的排烟位置，也要适应厨房的工作流程。

（3）厨房设备的材料应色泽光洁、易于清洗。现代厨房所用设备、设施的材料一般为不锈钢，它清洁而光亮，始终表里如一，方便清洁。

（4）厨房的地面宜采用防滑、防水、易于清洗的材质。厨房的工作流程和工作方式使厨师要来回走动，厨房内部又是油水环境，所以要求厨房的地面一定要防滑、防水。

（5）厨房的顶面、墙面要选择防火、抗热、易清洁的材料。选择顶面、墙面的材料时，必须考虑厨房的工作环境，厨房是油、水、火、电、气等交汇的地方，装潢材料的选择必须适应相应的工作环境。

（6）厨房的装饰设计应不影响厨房采光、照明、通风的效果。厨房必须有好的自然采光。同时，由于烹调时会产生很多油烟，所以厨房的排风、通风效果直接影响烹调师的工作。

（7）厨房装饰设计时，应合理设计厨房布局，严禁移动煤气表，煤气管道不得做暗道，同时要考虑抄表方便。

（8）中餐厅的厨房面积约占餐厅面积的25%～27%。

2. 厨房的位置

厨房安排在饭店的什么位置是很重要的。一方面，菜肴要尽可能在较短的时间内上桌，才能保证其风味，生产和消费几乎要在同一时间段进行，所以生产的场所原则上不要远离餐厅；另一方面，要考虑厨房有垃圾、油烟、噪声的产生，厨房的位置又不能完全靠近餐厅。厨房的位置安排，要遵循以下几个原则：

（1）要保证厨房与餐厅在一起，如果不能，则要用专用通道，以保证上菜的及时和通畅。从形式上来看，厨房与餐厅连接可以有三种形式：一是厨房围绕餐厅；二是厨房置于餐厅一角；三是厨房紧临餐厅。

（2）要保证进货口与厨房连接，如果不能，则要用专用电梯保证货品能及时补充到厨房。

（3）要保证仓库与厨房有一定的距离，并保证仓库与厨房的通道通畅。

（4）要保证污水、垃圾排放和清理的方便性。要尽可能将厨房安排在低楼层，以方便货物的运输和污水的排放。

（5）如果在宾馆或饭店内建厨房，则要与客房保持一定距离，以防止气味、噪声干扰顾客。

（6）厨房必须选择在环境卫生的地方，若在居民区选址，则以所选地址为中心的30米半径内不得有排放尘埃、废气的作业场所。随着现代化建设和城市的发展，如今已经规定并要求在新建小区内设立专门餐饮区，且远离住宅楼。

（7）厨房必须选择在消防十分方便、相对独立的地方。厨房位置尽量不要在综合性饭店主楼内，或者直接建在客房下层。厨房必须选择容易排油烟的地方。厨房的排烟应考虑全年主要风向，应建设在下风或便于集中排烟的地方，尽量减少对环境的污染破坏，避免对饭店建筑、附近居民造成不良影响。

（8）厨房必须选择在方便连接和使用水、电、气等公共设施的地方，以节省建筑投资。

3. 厨房的基本结构和功能

厨房的基本结构是指厨房的风格、规模、结构、环境和相应的使用设备。厨房的基本结构要能保证厨房生产顺利进行。按照厨房的基本功能，可将厨房划分为储存区、加工区、烹饪区、洗消区、辅助区等。

1）储存区

储存区应选择在阴凉通风的区域，此区域为货物进料、过磅、验收、登记、存储的场所。所有进入厨房的原料都必须经过这几个程序。仓库的存储量必须和餐厅的供应量相匹配。据统计，每人每餐的食品原料平均需求量一般为 0.8 ~ 1.0 千克，所以根据餐厅的餐位数就可以计算出库存量。储存区的设计还必须考虑推车、磅秤、平板货架、沥水菜架的合理的尺寸要求。

2）加工区

加工区包括对原料进行加工的粗加工区和深加工区，以及随之进行的腌浆工作区。生鲜原料经过检验和过磅后，为保持其新鲜度，必须立刻对其进行分拣与加工。

3）烹饪区

烹饪区是厨房的心脏，几乎所有的菜品都是从这里加工出来的，对于这个区域的设计就更为重要。

（1）热菜配菜区：主要根据顾客的点菜或宴会的订单，将原料进行切制和搭配。该区域的主要设备是切配操作台、水池等，要求与热菜烹调区紧密相连，配合方便。

（2）热菜烹调区：主要负责将配置好的菜肴进行烹调处理，使之进入成菜阶段。该区域设备要求高，设备配置数量也至关重要，直接影响菜肴制作的速度和质量。该区域设计要求与餐厅服务联系密切，菜品质量与服务质量相辅相成。

（3）冷菜制作与装配区：负责冷菜的熟制、改刀装盘与出品等工作，该区域还负责水果的切制装配。

（4）面点制作与熟制区：负责各种主食、点心或小吃的制作，该区域一般要求将生制阶段与熟制阶段相对分离，空间较大的面点间可以集中设计。

4）洗消区

洗消区可分为洗碗间与消毒间，主要用于烹饪工具和餐具的清洗与消毒，用来保证烹饪工具、盛器的清洁，并保证食品安全和饮食卫生，防止食物中毒等。

5）辅助区

不同规模的厨房会有一些辅助区，如冰库、更衣间、淋浴间、洗手间等。冰库是食物储藏室的心脏，也有部分餐厅由于面积等原因没有冰库，取而代之的是六门冰箱、四门冰箱、冷藏工作台等。

二、中餐厨房的组织结构

由于各个餐厅厨房的规模大小和设备不同，所以厨房的结构也不一样。合理的人员设置能使工作开展得井然有序，并能充分调动员工的工作积极性。通常，中餐厨房班组人员被划分为加工组、切配组、热菜组、冷菜组、蒸笼组、面点组、打荷组等。

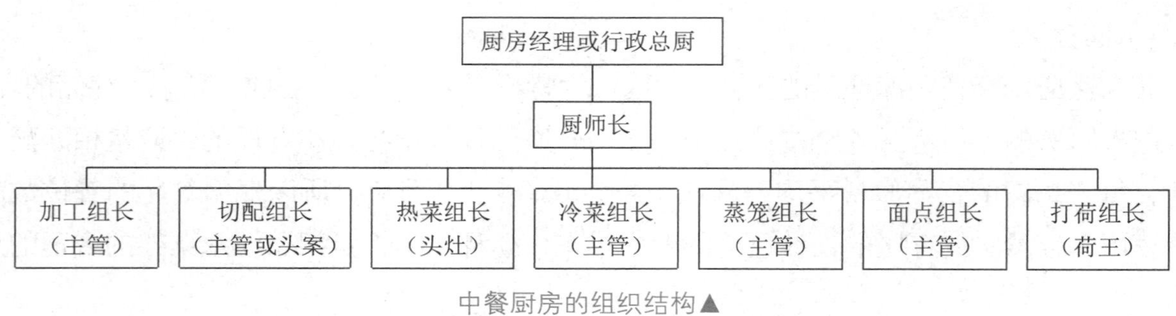

中餐厨房的组织结构▲

1. 加工组

加工组负责对采购进来的食品原料进行粗加工、水台加工、干货加工、分档出肉加工等工作，供当日生产之需。有的原料在加工后还要放进冰库冷冻或送进仓库保管、储存。

2. 切配组

切配组是厨房重要的核心岗位之一。对经过粗加工的原料，首先进行刀工处理，使其形状符合烹调菜肴的要求；然后按照菜肴要求，对主辅料进行合理、恰当的搭配，使之成为一份完整的菜肴原料。切配工作不仅直接关系每个菜肴的色、香、味、形、数量和营养，而且与准确控制菜肴成本密切相关。因此，切配工作要由有经验的烹调师把关。切配烹调师不仅要了解接待任务情况及服务对象的要求，熟悉原料的性能、特点及上市季节等，还要了解各地风味流派的特点，根据服务对象和季节变化，不断地更新菜单、创作新品种。

3. 热菜组

热菜组主要负责菜肴的烹调，也就是将切配好的生料加工成菜肴，这是菜肴制作中最重要的一道工序，它直接影响菜肴成品的色、香、味、形、质等各方面的质量，是厨房重要的核心岗位之一。

4. 冷菜组

冷菜组负责制作各种冷菜，一般从原料的加工、烹调到切配装盘，都由冷菜组人员完成。

▲果实满枝头

▲艺术冷拼：锦鸡

5. 蒸笼组

根据正常的蒸类菜品要求，蒸笼组负责提前进行各种蒸菜类原料的切配、加工、蒸制等工作，也包括一些初步热处理原料的蒸制工作，要求出菜时能保证蒸类菜肴的供应。

6. 面点组

面点组负责主食中的饭、粥、馒头、包子、点心、小吃及各种糕点的加工制作。

▲清蒸脱骨多宝鱼

▲面点：吉祥花开

三、烹调前的准备

菜肴是按由生到熟的自然加工顺序来制作的，一般经过右图所示的制作过程。菜肴在烹调前的准备包括以下几个方面的内容。

选择原料
初步加工
分档取料　干货涨发
切　配
初步热处理　挂糊、上浆
烹　调
熟料切配　勾　芡
装　盘

▲菜肴的制作过程

1. 保证设备工具正常使用

烹调前，首先应检查炉灶等设备的使用情况，查看其有无故障，是否影响烹调操作的正常进行；然后检查所用的烹调工具是否到位、备齐，并将各种工具放在固定且方便使用之处。

2. 做好用具的清洁卫生工作

用具备齐后，应对灶台、工作台、调料台、炒锅、手勺等设备及工具进行清洗，使之清洁卫生，符合卫生要求，便于使用。

3. 调料的过滤和补充

调料是烹调的基本用料，应检查调料的剩留情况，对工作后剩留的液态调料要先过滤、后使用。对有异味、变色、混浊的调料品要重新更换。对剩余量少的调料要进行适当的补充，以保证烹调操作的顺利进行。

4. 餐具的就位与消毒

为了能在烹调之后迅速出菜，必须提前将所用的餐具消毒，并放置在工作台附近的固定位置，以方便在出菜时取用。在寒冷的季节里，要对餐具采取适当的保温措施，可把餐具放入保温柜或保温箱中进行保温处理。

豫菜将厨房工作概括为“八大作”

豫菜将厨房工作概括为“八大作”，主要是指：工作前准备为劳作；干货涨发为发作；原材料处理为淘作、投作；原材料初加工为氽作；原材料补充为补作；原材料晾晒为晾作；工作后清理为收作；带料外出工作为落作。

想一想

（1）厨房的基本结构和功能有哪些？

（2）中餐厅厨房的组织结构是什么？

（3）烹调前要做哪些准备？

任务四　烹调的主要设备及用具

知识目标

- 烹调的主要设备；
- 烹调的主要用具。

一、烹调的主要设备

烹调的主要设备有炉灶和其他设备。炉灶是为烹调提供热能的设备，是制作菜肴的主要设备。炉灶按使用燃料的不同可分为煤灶、燃气灶、燃油灶、微波炉、电磁炉等，按用途可分为炒灶、蒸灶、烤炉、炸炉、煲仔炉等。

1. 煤灶

煤灶是传统的灶具，以煤、炭、柴为燃料，现在已不多用，这里不再介绍。

2. 燃气灶或燃油灶

燃气灶是以液化石油气、天然气、煤气等为燃料的灶具，是目前烹饪行业使用较普遍的一种现代炉灶。燃气灶的种类繁多，按气源不同，有液化石油气灶、煤气灶及天然气灶；按灶眼数不同，有单眼灶、双眼灶和多眼灶；按点火方式不同，有人工点火灶和电子点火灶。无论何种气源、何种形式的燃气灶，其基本工作原理及操作使用的方法都是相同的。燃气灶具有使用方便、清洁卫生、热效率高、节省时间等优点，并且能够适应各种烹调方法，因而广受人们的喜爱和青睐，是现代厨房的理想灶具。

燃油灶是以柴油、醇基合成燃料为燃料的灶具，因其异味大、浪费资源，并对人体有危害，现在已经不再使用。

燃气灶的主要特点有以下几点。

（1）燃料燃烧充分，热能利用率高。

（2）可以自由调节和控制火力，操作十分便利。

（3）符合劳动保护的要求，清洁卫生，能够改善劳动环境。

（4）引火、用火、熄火方式方便可靠，可根据需要任意延长燃烧时间，减轻烹调师的劳动强度。

3. 微波炉

微波炉的工作原理是利用微波产生较强的电磁波穿透烹饪原料内部，使原料中的水分子及其他极性分子振动并相互摩擦碰撞，从而产生热量，将原料加热。它具有以下特点：

（1）简单方便，易于操作，加热时间短。

（2）穿透能力强，对形状比较复杂的物体加热均匀性好，同时可杀菌消毒。

（3）便于控制，可自动开机、调温、停机。

微波炉的不足之处是不适宜大型原料的加工，耗电量高。如果微波炉装置不好，微波泄漏后可能会对人体细胞有一定的杀伤作用。

4. 电磁炉

电磁炉是近几年发展起来的一种新型加热设备。它是将电磁能转化为热能的炉灶，具有方便、安全、干净、无明火、无噪声的特点，现在广泛应用于烹调工作中。

5. 电蒸箱

电蒸箱是餐饮企业必备的加热设备，主要用于蒸制加热食品，既可以直接蒸制成菜，也可以对半成品进行加热、保温，还可以大批量提前加工制作，能缩短正式烹调时间，缓解热菜上菜压力。

6. 电饼铛

电饼铛是面点制作的常用加热设备，主要用于煎饼、锅贴、水煎包等的制作，可以上下两面同时加热，其火力大小可以按需调节。

7. 电烤箱（燃气烤箱、炭烤炉）

电烤箱（燃气烤箱、炭烤炉）是制作冷菜、烧烤类和面点制品的常用加热设备，如对烤鸡、烤鸭、烤鱼类，以及烤饼、点心等的制作。

8. 电炸锅

电炸锅是厨房过油常用加热设备，中餐、西餐、面点房都可使用，便于控制，可自动或人工控制，开、关、调温十分方便，是厨房常用工具之一。

9. 远红外线电烤炉

远红外线电烤炉是以远红外线作为加热手段的先进电烤炉设备，与普通电烤炉相比，具有热能利用率高、操作方便安全、菜品质量好等特点，可烤制菜肴、点心等。

10. 制馅机（绞肉机）

制馅机（绞肉机）是热菜组、冷菜组、面点组都能用到的设备，主要用于加工馅、丝、丁、片等。制馅机机械化程度高、加工速度快，可减轻烹调师的劳动强度。

11. 和面机

和面机是面点制作的加工设备，使用方便，能减轻烹调师的劳动强度，是面点房不可缺少的设备之一。

12. 煲仔炉

根据加热方式，煲仔炉分为燃气煲仔炉和电热煲仔炉；根据操作方式，煲仔炉分为台式煲仔炉和立式煲仔炉；根据功能特点，煲仔炉分为单头煲仔炉、双头煲仔炉、四头煲仔炉、六头煲仔炉、八头煲仔炉等。煲仔炉具有操控智能、无油烟、无污染等特点，集节能、环保、自动化、可调控为一体，操作简单，并兼具煲、煮、焗、焖、烩的功能。

二、烹调的主要用具

1. 炒锅

炒锅有生铁锅与熟铁锅两大类，其规格直径为30～100厘米。在厨房中，烹调菜肴的炒、炸、煎时一般用熟铁锅，煮、蒸时多用生铁锅。熟铁锅比生铁锅传热快，生铁锅摔、碰时容易碎裂。烹制菜肴的熟铁锅有双耳式与单柄式两种。

2. 手勺

手勺是搅拌锅中菜肴、加入调料及将制好的菜肴出锅装盘的工具，一般用不锈钢材料制成，过去有用铁、铝或铜制成的。勺口呈圆形或椭圆形。

3. 手铲

手铲是烹制菜肴及煮饭时进行搅拌、装盘的工具，其材质有木质、铜质、铁质、铝质、不锈钢等多种，在使用电磁炉、平底锅烹调时应用较多。手铲柄端装有木柄，其大小规格较多。

4. 漏勺

漏勺是用来漏油、沥水及从汤锅、油锅中取料的工具，用铁、铝、不锈钢等材料制成，其形状为浅底广口，中间有很多小孔。通常，铝质的漏勺较小，铁质和不锈钢的漏勺较大。

5. 笊篱

笊篱的形状较多，有圆形、方形、长方形等，用铁丝、铜丝及不锈钢制成，可在汤中捞取原料，常用于滤油。

6. 细筛

细筛是用来过滤汤汁或在油锅中捞取较小原料和杂质的工具，用细钢丝或铜丝制成。网筛分粗、细两种，滤清汤的网筛眼很小，过滤液体调料的网筛眼略大，主要用于滤去汤中、调料中、油中的杂质。

7. 油钵及调料盒

油钵是盛装烹调油的用具，每天都要清理、过滤，以保证烹调油的清洁、卫生。调料盒是盛装调料的用具，一般为圆形或方形的。油钵及调料盒一般由不锈钢材料制成。

8. 筷子

筷子是在锅中划散细碎原料或在油锅（水锅）中夹取原料的工具，传统的筷子用竹子或木材制成，现在的筷子可以用不锈钢制成，一般长度为 20~30 厘米。

9. 蒸笼/蒸箱

蒸笼 / 蒸箱是蒸制菜肴时使用的工具，传统的多用竹篾制成，也有用铝或不锈钢制成的。圆柱形的蒸笼一般是用竹篾制成的。现代大型餐饮企业多选用以电、气为热源，用铝和不锈钢制成的长方形或正方形的蒸箱来蒸制菜肴。

10. 汤桶

汤桶是厨房熬制各种鲜汤或烧煮各种汤类的工具，一般多用铝或不锈钢制成，形状为圆柱形，有锅盖，两旁有耳把，其大小规格可根据餐厅的需要灵活选择。

任务五　厨房安全生产

知识目标

- 了解厨房卫生安全操作知识；
- 掌握安全用电知识；
- 掌握防火、防爆安全知识；
- 掌握电磁炉的安全使用知识。

一、厨房卫生安全操作知识

1. 卫生安全操作的基本内容

（1）保证食品安全卫生，防止食物中毒的发生，保证消费者的人身安全。

（2）厨房内要灭除苍蝇、老鼠、蟑螂和其他有害昆虫，厨房内外要消除其滋生条件。

（3）对厨房垃圾、废物的处理必须符合卫生规程。

2. 冷菜间的卫生要求

（1）要做到专人、专用具、专用冰箱，并有紫外线消毒设备，防蝇、防尘设备要健全。

（2）每日清理所用冰箱，注意生、熟食品分开。

（3）刀、砧板、抹布、餐具等要彻底清洗、消毒后再使用；抹布要经常搓洗，保持清洁，不能一布多用，防止交叉污染。

（4）严格遵守操作规程。在工作中，凉菜加工人员应戴口罩，工作台一直保持清洁、无油腻。

（5）营业结束后，各种调味汁和原料要放置在相应的冰箱内储存；用具应清洗干净，归位摆放；清洗地面，保持地面干净。

二、安全用电知识

在工作中，要严格遵守电气设备操作和用电安全规程，避免发生触电等安全事故。

1. 触电的形式

常见的触电形式有单相触电、两相触电、跨步电压触电、接触电压触电等。

2. 厨房安全用电的措施

厨房安全用电的措施主要有以下几点：

（1）由于厨房的湿度大，油烟、水蒸气较多等，电气设备容易老化，所以必须经常对电气设备进行漏电、绝缘老化、有无裸露、断线等方面的检查，及时消除触电隐患。

（2）注意观察电器运行情况，注意电器外部的湿度、气味和声音。

（3）按要求选用熔断器，不能用铁丝、铜线代替熔丝。

（4）当断电检修电路时，闸刀开关上要挂有警告牌，必要时要有专人看管，防止他人不明情况，误合闸刀开关而造成事故。

（5）各种电气设备应具有合理、可靠的保护接地或保护接零装置。

三、防火防爆安全知识

1. 液化气灶的安全管理制度

（1）液化气灶使用人员要经过培训，掌握安全操作液化气灶的基本知识。

（2）员工进入厨房后，应首先检查液化气灶，查看是否有漏气情况，如发现漏气，则不准开启电器开关（包括电灯），并应迅速关闭总阀门，等待专职人员维修。

（3）员工进入厨房前，应打开防爆排风扇，以便通风或排出积沉于室内的液化气。

（4）员工使用液化气灶前，应确认液化气灶正常；点火时，必须执行“火等气”的原则，千万不可出现“气等火”的情况。

（5）各种液化气灶的开关必须用手开闭，不准用其他器皿敲击开闭。

（6）液化气灶每次使用完毕，要立即关闭供气开关；每餐结束后，值班人员要检查其供气开关是否关好；夜餐结束后，要首先关闭厨房总供气阀门，再关闭其他阀门。

（7）非厨房人员不得动用液化气灶。

2. 厨房化学灭火设备的类型

（1）二氧化碳灭火器。

（2）干粉灭火器。

（3）泡沫灭火器。

四、电磁炉的安全使用知识

（1）电磁炉（电磁感应灶）应放置在一个平面上使用，禁止在可能受潮或靠近火焰的地方使用。

（2）切勿在四周空间不足的地方使用电磁炉，应使电磁炉的前部及左右两侧保持干净。避免阻塞吸气口或排放口，否则将造成炉内超温，导致电磁炉损坏。

（3）电磁炉放置一段时间后被再次重新使用时，应预先通电 10 分钟，使电磁炉内部电子元件稳定后再开始操作。

（4）烹调结束后，要迅速断电，禁止电磁炉处于接通或备用状态。

想一想

（1）现代餐饮业中常用的烹调设备有哪些?

（2）现代餐饮业中烹调的用具主要有哪些?

做一做

训练持锅、握手勺的姿势，进行翻锅练习，达到考核标准要求。

我的实训总结：____

____

一、判断题

（　　）（1）职业道德是人们在特定的活动中由外在力量施加的强制性的行为规范要求。

（　　）（2）餐饮企业环境卫生要求厨房的面积和餐厅面积比例不得小于 1∶1。

（　　）（3）尊师爱徒、团结协作要求包括热爱集体、师尊徒卑、相互学习、一致对外等几个方面。

（　　）（4）厨房安全主要是厨房生产中的原料及生产成品的安全。

（　　）（5）烹饪从业人员烹制菜肴属于职业道德的范畴。

（　　）（6）厨房操作人员发现电气设备异常时要立即停电修理。

（　　）（7）道德是人类社会生活中依据社会舆论、传统习惯和内心信念，以善恶评价为标准的意识、规范、行为和活动的总和。

（　　）（8）职业道德有范围上的有限性、内容上的稳定性和连续性、形式上的多样性三个方面。

（　　）（9）在每台电气设备上张贴操作规程是厨房安全用电的基本制度之一。

（　　）（10）厨房安全是维持厨房正常工作秩序和节省额外开支的重要措施。

（　　）（11）职业道德建设应与个人利益挂钩，这样才能充分发挥个人的积极性、主动性和创造性。

（　　）（12）道德是通过利益来调节和协调人们之间的关系的。

（　　）（13）职业道德建设对社会精神文明建设具有无法替代的作用。

（　　）（14）厨房在炼油、炸制食品和烤制食品时要设专人负责看管。

（　　）（15）用于粗加工的各类食品机械在用完后应及时清洁，以防污染。

二、选择题

（1）道德是以善恶评价为标准来调解人们之间、个人与社会之间的关系的一种（　　）。

A. 行为能力　B. 意识活动　C. 言论规范　D. 行为规范

（2）道德是通过（　　）来调节和协调人们之间的关系的。

A. 义务　B. 权利　C. 善恶　D. 利益

（3）职业道德建设应与建立和完善职业道德的（　　）结合起来。

A. 技术体系　B. 服务机制　C. 监督机制　D. 传统观念

（4）树立职业理想、强化职业责任、提高职业技能是（　　）的具体要求。

A. 公正廉洁、奉公守法　B. 忠于职守、遵章守纪

C. 爱岗敬业、注重实效　D. 忠于职守、爱岗敬业

（5）厨房的煤炉、炉灶、电热源设备及电源控制柜都应有专人负责，即要求在厨房防火制度中要（　　）。

A. 明确员工责任　B. 方便生产需要

C. 强化消防知识　D. 加强火源管理

（6）厨房消防给水系统包括自动喷淋灭火系统和（　　）。

A. 消防安全管理　B. 消火栓给水系统

C. 全员管理防范系统　D. 给水设备配置系统

（7）道德要求人们在获取（　　）时，应考虑他人、集体和社会的利益。

A. 物质享受　B. 社会福利　C. 个人利益　D. 个人薪酬

（8）职工具有良好的职业道德，有利于树立良好的企业形象，提高（　　）。

A. 企业生存能力　B. 职工收益

C. 生产规模　D. 企业市场竞争力

（9）从防火的角度看，厨房设计应（　　），并须配备足够的消防设备。

A. 满足生产需求　B. 符合消防规范

C. 突出功能特色　D. 和餐厅保持一体

（10）厨房安全是指厨房生产所使用的原料及生产成品、（　　）、人员设备及厨房生产环境等方面的安全。

A. 岗位安排　B. 生产程序　C. 加工生产方式　D. 组织结构

三、问答题

（1）炒锅的使用与保养方法有哪些？

（2）菜肴制作的工艺流程是什么？

（3）翻锅在烹调专业技术上有什么作用？

项目三　刀工和刀法

任务一　刀工

剞麦穗花形

气球上片切菊花鱼

任务目标

技能目标

- 掌握磨刀方法，能够磨出锋利的刀具；
- 掌握刀工姿势中的站姿、握刀姿势、行刀姿势。

知识目标

- 刀工所使用的常用工具；
- 餐饮业对刀工的要求；
- 刀工的作用；
- 刀工的姿势。

任务学习

一、刀工所使用的常用工具

刀工又称刀功，是烹调师必须具备的基本技能之一。刀工的好坏决定主配料的成形浪费与否，直接影响菜肴的质量。那么，什么是刀工呢？一般将刀工定义为：根据烹调和食用要求，运用各种不同的刀具，采用不同刀法将原料加工成一定形状的操作过程。

1. 刀具的种类、用途

为了适应不同种类原料的加工要求，烹调师必须掌握各类刀具的性能和用途，选择相应的刀具，这样才能保证原料成形后的规格和要求。刀具的种类很多，其形状和功能各异。

餐饮业常用的刀具可分为切刀、片刀、前切后剁刀、砍刀和特殊刀五大类。

1）切刀

切刀质量为700~800克，其刀身略宽，应用较为普遍，既能用于加工无骨、无冷冻的原料，将其切成片、丝、条、丁、块，又能用于加工带细小骨头或质地较硬的原料。豫菜烹调师还将此刀的功用归纳为：前切后剁中间片，刀背砸泥把榷（què）蒜，刀头刮鳞很方便。

2）片刀

片刀又称批刀，比切刀要轻，质量为500~750克，其刀身较薄、刀刃锋利，主要用于将一些无骨、未经冷冻的动物性及植物性原料加工成片、丝、丁、条等基本形状。片刀一般采用不锈钢制成，常见的有圆头片刀、方头片刀。

3）前切后剁刀

前切后剁刀较重，质量为750~1000克，其刀身为长方形，前高后低，其刀刃前部较薄且锋利（近似于切刀），其刀刃后部略厚并稍有弧度且较钝（近似于砍刀）。前切后剁刀用途较广，既具有片刀、切刀的功能，又具有砍刀、剁刀的功能（不能剁太大、太硬的原料）。因为此刀具有多种功能，所以又称文武刀。

▲切刀

▲片刀

▲前切后剁刀

4）砍刀

砍刀在所有刀具中是最重的，质量多在1000克以上，其刀刃比较厚，多用于分割动物性原料（如砍排骨、大骨头等）。

5）特殊刀

特殊刀较轻，质量一般为200~500克，其刀身比较窄、小巧灵活、形状各不相同，其用途也不相同，常见的有以下几种。

（1）西餐刀：主要用于在西餐中分割食物。

（2）烤鸭刀：为专用刀具，主要用于烤鸭的切、片。

（3）镊子刀：其刀刃部位可用于刮、削、剜，其刀柄部位可用于夹取鸡、鸭、鹅、猪的毛等。

（4）雕刻刀：为食品雕刻专用工具，种类多，此处不再赘述。

（5）剪刀：与家庭用剪刀相似，多用于原料的初步加工，如择菜，加工整理鱼、虾、蟹类原料等。

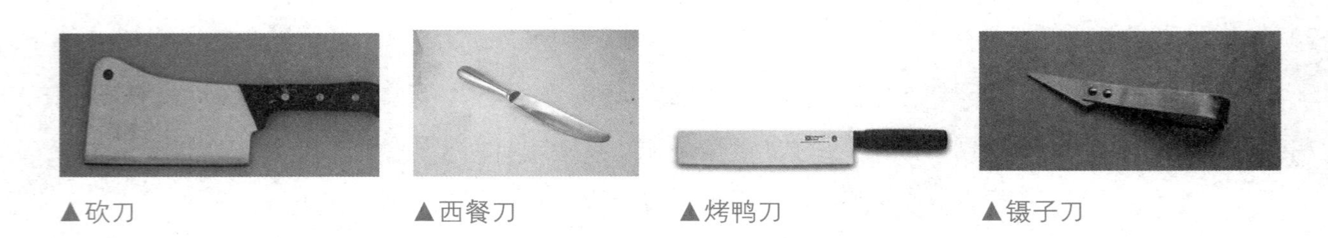

▲砍刀　▲西餐刀　▲烤鸭刀　▲镊子刀

2. *磨刀石及菜墩*

1）磨刀石

（1）认识磨刀石。

磨刀石是磨制刀具的主要工具，常见的磨刀石多为长条形。磨刀石主要有粗磨刀石、细磨刀石和油石。粗磨刀石的主要成分是黄砂，因其质地粗糙、摩擦力大，多用于给新刀开刃或磨有缺口的刀；细磨刀石的主要成分是青砂，颗粒较细、硬度适中，因其细腻光滑，适用于磨快刀锋刀刃一般先经粗磨刀石磨后，再转用细磨刀石磨；油石窄而长，质地结实，使用方便。

▲磨刀石　　▲油石

（2）磨刀。

① 准备工作：首先将需要磨制的刀具擦洗干净（主要是油污），以免磨刀时刀具打滑伤及人身。另外，磨刀石下要放置一块抹布（目的是防止磨刀石滑、移动）。将刀具放置于磨刀石上，旁边准备一些温盐水或清水，用于冷却刀刃。

② 磨刀姿势：两脚自然分开，一前一后，在前的腿呈弓形，在后的腿绷紧，胸部向前倾，收腹，右手持刀，左手按住刀面，刀口向外，将刀平放在磨刀石上。

③ 磨刀方法：首先将磨刀石放入水中浸湿、浸透，然后将刀面淋上水，这样可以加快磨刀的速度，刀身与磨刀石紧贴，保持 3° ～ 5° 夹角，反复推拉。磨完一面，再磨另一面，两面磨制次数应相同。

（3）检验磨制效果。

① 首先将刀刃向上，观察刀刃上是否有白色光泽，如有则继续磨制，如没有则表示刀刃已经锋利了。

② 用右手拇指触摸刀刃时有明显的涩感，表示刀具已经锋利了。

（4）刀具的保养。

① 刀具在使用后应用清洁的抹布擦干刀身表面的污物及水分，特别是在加工盐、酸、碱含量较多的原料（榨菜、山药等）后，要及时擦拭干净，否则黏附在刀身上的物质容易与刀具发生化学反应，使刀具腐蚀、变色或生锈。

② 刀具在使用后应放入专门的刀柜中（环境应保持干燥），这样既可以防止生锈，又可以避免刀刃损伤或伤及他人。

③ 如果刀具长时间不用，则可以在刀具两面涂上一层植物油或干淀粉，以防止刀具生锈。

④ 平时在使用刀具时，还应根据原料质地的不同选择相应的刀具，不能硬剁、硬砍，以防刀刃出现缺口。

2）菜墩的选择、使用与保养

菜墩又称墩子、砧板、砧墩，是用刀对原料进行处理时的衬垫工具。菜墩质量的好坏直接关系原料成形是否美观，所以正确选择、使用菜墩是烹调师必须掌握的基本知识。

（1）菜墩的选择。

菜墩的材质多种多样，常见的有木质菜墩、合成纤维菜墩、竹制菜墩、塑料菜墩等。各种材质的菜墩的特点各不相同。

① 塑料菜墩清洗容易，但加工时塑料容易与原料混杂在一起，进入人体后，会对人体造成伤害，并且其质地较为坚硬，会对刀刃产生伤害，所以一般餐饮行业很少选用这种菜墩。

② 合成纤维菜墩是用一种新型材质制成的，其特点和塑料菜墩相似。

③ 竹制菜墩一般是将竹子经过压紧制作而成的，其材质对人体无害，但其质地较为坚硬，同样会对刀具造成伤害。

④ 木质菜墩是选用各种木质材料（柳树、椴树、榆树、银杏树等）制作而成的，这些木质紧密坚实、弹性较好，并且不损刀口，其中银杏树制作的菜墩质量非常好。木质菜墩的高度一般为 20 ~ 25 厘米，直径为 35 ~ 45 厘米，形状大多为圆形。

▲塑料菜墩

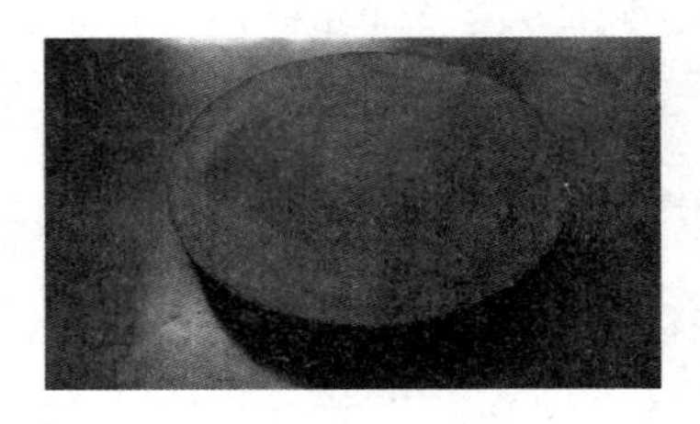

▲木制菜墩

（2）菜墩的使用与保养。

新购买的木质菜墩要放在盐水中浸泡数天或放在锅中将其煮透，其目的是让木质收缩，组织更加紧密坚实，以免出现干裂、变形而影响刀工的质量及其使用寿命。

在平时使用过程当中，应保持菜墩表面的平整，每次使用后应及时清理干净，如发现表面凹凸不平，应及时修整、刨平。

二、餐饮业对刀工的要求

（1）刀工处理后的原料必须整齐、均匀、利落。切制的原料成品应大小、长短、厚薄、均匀一致，这样才能使菜肴入味均衡、成熟时间相同、形状美观。若切制的原料成品大小、厚薄、长短不均，就会造成同一盘菜中出现味有浓淡、伴有生熟、老嫩不一，以及不美观等缺点。

（2）根据原料的不同，正确选择刀法。原料性质不同，其纹路也不同，即使同一原料，也有老嫩之别，如鸡肉应顺着纹路切，牛肉则要横着纹路切。若采取相反方法，则牛肉难以嚼烂，鸡肉烹制时易断碎。用刀要轻重适宜，把握好用力轻重，下刀要干净利落。加工丁、片、块、条、丝等，要求切开原料时，必须干净利落、一刀两断，不能互相粘连或肉断筋连。采用剞花刀的原料，如鱿鱼卷等，用力要均匀，掌握好刀距和刀深的分寸，该断则断，该连则连，保证下刀深浅、刀距一致，适度均匀，这样才能形成整齐、美观的形态。

（3）刀工处理后的原料主次要分明，以助于美化菜肴形态。菜肴大部分都由主料和配料组成，刀工处理时要考虑各种原料在形状上的配合，突出形态美，配料要衬托、突出主料。

（4）刀工处理后的原料要适于烹调和火候的需要，方便调味。刀工处理时，必须考虑烹制菜肴所采用的烹调方法、使用的火候及调味的要求。例如，炒、爆类菜肴要求使用大火，时间短，入味快，所以原料要切得小、薄；炖、焖类菜肴要求使用的火力较小，时间较长，所以原料可切得大、厚些等。

（5）统筹安排，合理用料，物尽其用。刀工处理原料时，要精打细算，做到大材大用，小材小用，杜绝浪费，尤其是在大料改制小料或者原材料中只选用其中的某些部位的情况下，对暂时用不着的剩余原料，要巧妙安排、合理利用。

（6）符合卫生安全要求，保持营养不流失。

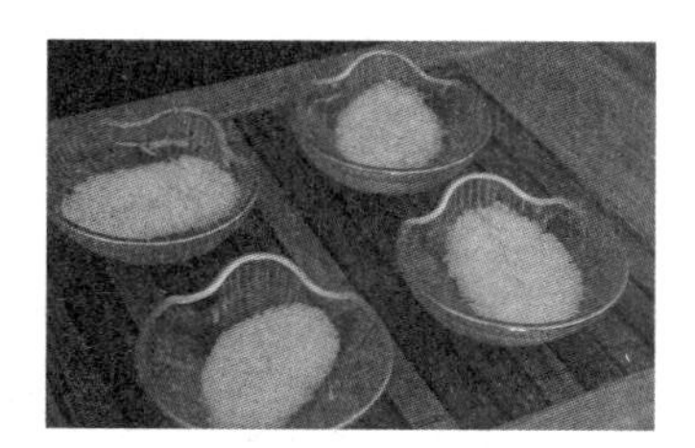

▲清汤豆腐花

▲红烧鲍鱼

三、刀工的作用

1. 方便烹调

刀工处理是解决原料加工问题的重要方面，这个环节如果没有解决好，许多菜肴的烹调就难以进行。例如，整块原料直接烹调很难成熟，调料也不易渗入原料内部。

2. 易于入味

在烹调时，整只或大块原料如果不经过刀工处理，加入调料后就不易渗入原料内部，而只能黏附在原料表面。通过刀工处理后，才容易入味，使菜肴味美适口。

3. 便于食用

整只或整块原料是不便于食用的，必须进行改刀，切成丁、块、丝、片等形状，既利于烹调，又便于食用。

▲龙凤呈祥

4. 造型美观

经过刀工处理后，原料呈现片、丝、条、块或各种花形，使原料规格一致、匀称统一、整齐、美观，从而增进就餐者食欲。通过花刀处理来造型菜肴，更需要精巧的刀工技艺，缺乏高超的刀工技术则无法达到目的。

5. 改善质感

很多原料通过刀工处理后，能使菜肴达到质嫩的效果。例如，运用刀工技术将各种动物性原料加工处理（采用切、剞、捶、拍、剁等方法）成体积大小相同，再剞上花纹而呈各异的形状，使纤维组织断裂或解体，扩大肉的表面面积，从而使更多的蛋白质周围的亲水基团暴露出来，增加肉的持水性等，再行烹制，即可取得肉质嫩化的效果。

四、刀工的姿势

▲站姿

1. 站姿

双脚应自然分开，呈八字形，身体保持自然正直，脚尖与肩齐，两腿直立，挺腰、收腹，两眼注视操作部位，腹部与菜墩之间保持10厘米距离；另一种方法是呈稍息姿势。

2. 握刀姿势

右手持刀，手心紧贴刀柄，小指与无名指屈起紧捏刀柄，中指屈起握刀箍，食指紧贴右侧刀背，拇指紧捏左侧刀身。

3. 行刀姿势

行刀是指刀的运动与双手的配合过程。行刀用力于腕、手掌，做反复弹性切割，匀速运行。

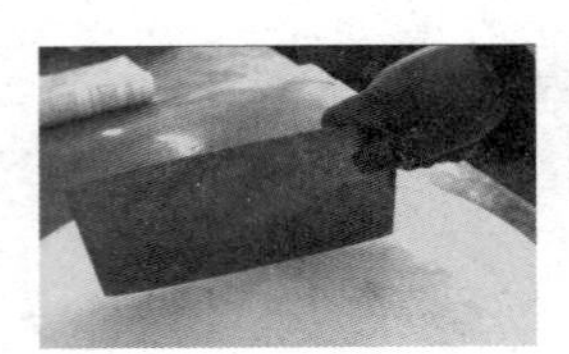
▲握刀姿势一

▲握刀姿势二

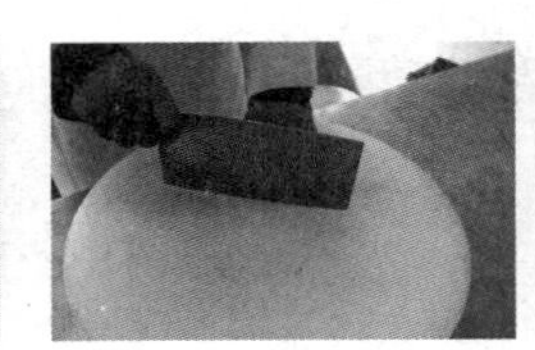
▲行刀姿势一

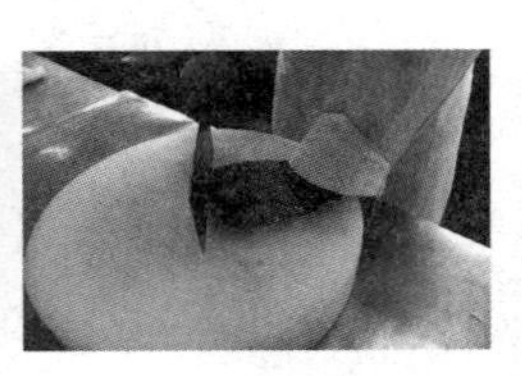
▲行刀姿势二

具体操作方法是：左手按住原料，五指自然弯曲呈弓形，拇指与小指按住原料两侧，防止切制时原料发生移动，中指与无名指靠拢按住原料上端，指尖往内侧稍屈，中指突出在最外端，中指的第一关节顶住刀身，便于控制刀距，还能够起到安全防范的作用，右手握刀要紧、稳，切制时要轻重均匀，提刀的高度不能超过左手中指的第一关节；片制原料时，左手伸直，平稳按住原料，指尖略向上倾，拇指微翘，中指调节进刀的厚度，用力要均匀，否则加工出的片会厚薄不均匀。

（1）进行刀工切配时所使用的刀具有哪些？

（2）刀工在制作菜肴中起到什么样的作用？

（3）刀工的站姿和握刀姿势应该是什么样的？

任务二　刀法

任务目标

技能目标

● 掌握直刀法、平刀法、斜刀法，能够对原料进行加工；

- 熟练掌握各种刮刀法，能够对原料进行加工；
- 掌握其他刀法，能够对原料进行加工整理。

知识目标

- 掌握直刀法知识；
- 掌握平刀法知识；
- 掌握斜刀法知识；
- 掌握剞刀法知识；
- 掌握其他刀法知识。

一、刀法的分类

刀法的种类很多，根据刀刃与菜墩表面接触的角度和刀具的运动规律，大致可分为直刀法、平刀法、斜刀法、剞刀法和其他刀法。

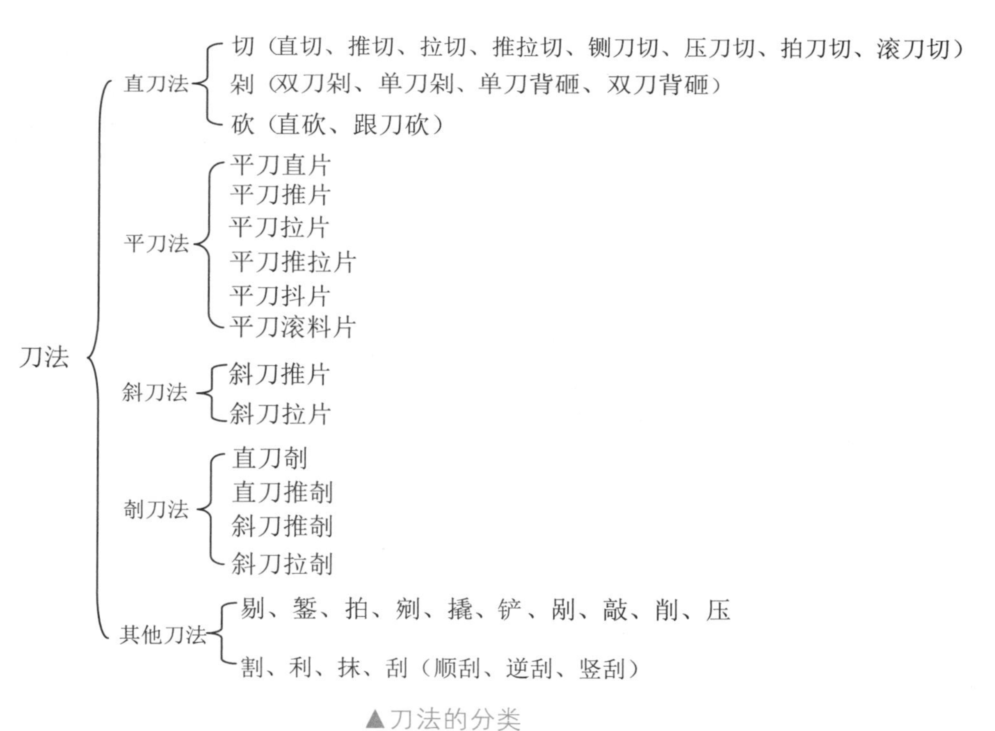

▲刀法的分类

二、直刀法

直刀法是指刀具与菜墩表面或原料接触面成直角，切制过程中刀保持垂直运动的刀法。这种刀法按照用力的大小程度，可分为切、剁、砍等。

1. 切

1）直切

（1）操作方法。右手执刀，左手按扶原料，刀体垂直落下，一刀一刀地紧贴着中指第一个关节垂直切下去。切制过程中，刀身不能向外推，也不能向里拉，保持垂直运动，将原料切断。这种刀法主要用于切片，以及在片的基础上加工成丝、段、条、丁、粒等形状。

（2）操作要求。

第一，左、右手配合完美。左手五指自然弯曲呈弓形，按住原料，随着刀的运动，手自然地按照一定距离向后移动；右手持刀以左手向后移动的距离为标准，垂直切下去，要将原料切断，克服连刀现象。

第二，右手持刀向左边移动边切，移动时要保持同等距离，保持连续且有节奏的间歇运动，即左手先移动，随即切下去，左手再移动，再切下去。移动不要忽快忽慢、偏宽偏窄，以保证切出的原料形状均匀、整齐。

第三，右手持刀要灵活运用腕力，落刀要垂直，不偏里或偏外。

第四，右手持刀切制时，左手要按稳原料，不能滑动。

（3）适用原料。这种刀法一般用于质地脆嫩的原料，如新鲜的芹菜、青菜、白菜、黄瓜、西红柿、萝卜、韭菜、莲菜、茭白、豆腐等。

2）推切

（1）操作方法。右手执刀，左手按住原料，刀体垂直落下，刀刃进入原料后，立即将刀向前推，直至原料断裂，无须再从原料内拉回，着力点在刀的中后端。这种刀法主要用于切片，以及在片的基础上加工成丝、段、条、丁、粒等形状。

（2）适用原料。一般用于细薄、易碎的软性原料或煮熟回软的脆性、韧性原料，如叉烧肉、熟鸡蛋、豆腐干、榨菜、熟肉、熟冬笋、茭白、百叶、素鸡等。

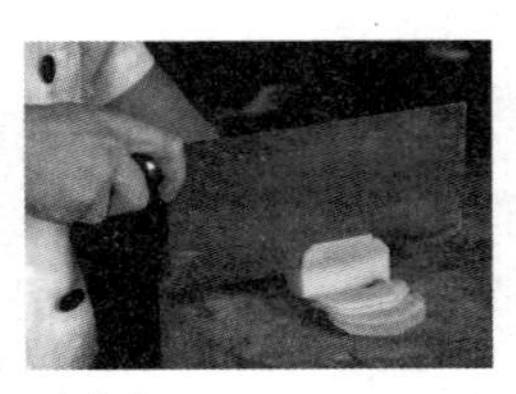

▲直切

▲推切

3）拉切

（1）操作方法。切制时，刀与原料垂直，刀由前向后拉，主要以拉为主，着力点在刀的前部。操作中是虚推实拉，这种刀法主要用于切丝、片等形状。

（2）适用原料。这种刀法一般适用于韧性较强的肉类原料，如猪肉、牛肉、羊肉、鸡肉、鸭肉、鱼肉、动物内脏等。

4）推拉切（也称锯切）

（1）操作方法。推拉切是推切和拉切两种刀法的结合使用，是比较难掌握的一种刀法。

行刀时，刀与原料垂直，先将刀向前推，然后再向后拉。这样一推一拉像拉锯一样向下切，直至把原料切断。这种刀法主要用于切丝、片等形状。

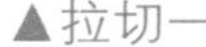

▲拉切一

▲拉切二

（2）操作要求。

第一，刀运行的速度要慢，着力小而匀。

第二，前后推拉刀面要直，不能偏里或偏外。

第三，切时左手将原料按稳，不能移动，否则原料会被切得大小、薄厚不匀。

第四，要用腕力和左手中指配合，以控制原料形状和薄厚。

（3）适用原料。这种刀法适用于较厚、无骨而有韧性的原料，以及质地松软或坚硬的冰冻原料，如面包、火腿、涮羊肉的肉片、熟肉和冰冻后的肉类及动物内脏等。

5）铡刀切

（1）操作方法。右手握刀柄，左手抓刀背的前端，刀前端自然放在菜墩表面，刀刃对准原料要切部位，用力压切下去，将原料切断。

（2）操作要求。行刀时力度要适中，原料必须稳，不移动，铡切时动作要快捷、干净利落。

（3）适用原料。这种刀法适用于带壳、带细小骨的生料和熟料，如各种蟹类、熟鸡蛋、熟鸭蛋、去大骨的熟鸡、熟鸭等。

▲推拉切

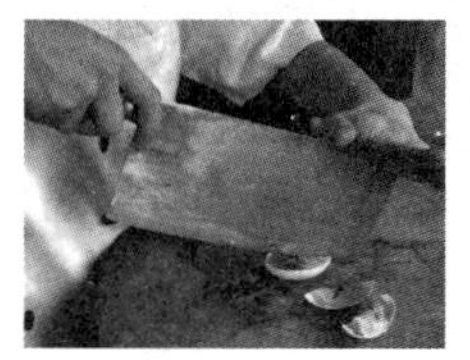

▲铡刀切

6）压刀切（摇刀切）

（1）操作方法。右手握住刀柄，左手握住刀背的前端，对准要切的部位，两手交替用力，上、下、左、右交替压切，将原料切碎。

（2）操作要求。行刀时左、右两手反复上、下抬起，交替由上向下垂直切制。

（3）适用原料。这种刀法适用于带壳、体形小、形状圆、容易滑动的生料或熟料，如花生米、核桃、花椒、海米、熟蛋黄、熟蛋白、松仁等。

7）拍刀切

（1）操作方法。右手握住刀柄，将刀提起，刀刃对准原料要切的部位，用左手掌猛击刀背，使刀刃进入原料，将原料切开。

（2）操作要求。行刀时力度要适中，如果用力较大，刀刃会进入菜墩；如果用力较小，原料无法被切断。

▲压刀切

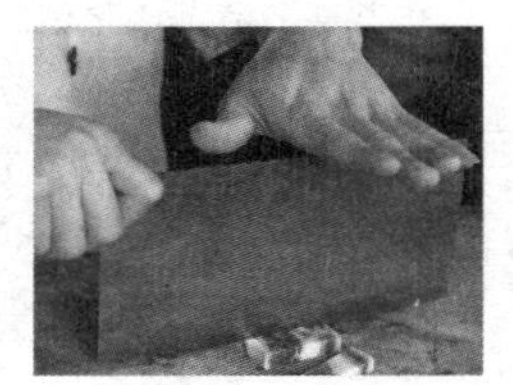
▲拍刀切

（3）适用原料。这种刀法适用于油炸、水煮后的无硬骨熟料及带壳的生料，如素火腿、素大排、肉蟹、白斩鸡等。用这种刀法切熟料，可以保证原料块形均衡整齐、不松散。

8）滚刀切（滚料切）

（1）操作方法。右手执刀，左手按住原料，右手根据切制要求，确定下刀的角度与速度，每切一刀，左手滚动一次原料，再切，再滚动，直至将原料切完。

（2）操作要求。由于原料被滚动的速度与行刀的速度、行刀的角度稍有不同，会改变原料被切出的形状。如果原料被切得慢、滚得快，则加工后的形状为块；如果原料被切得快、滚得慢，则加工后的形状为片。如果刀与原料所成的角度大，则原料被切出的形状似块；如果刀与原料所成的角度小，则原料被切出的形状似片。

（3）适用原料。这种刀法适用于加工圆形或椭圆形的脆性、软性原料，如胡萝卜、青笋、冬笋、竹笋、土豆、香肠、山药、茭白、茄子等。

▲滚刀切一

▲滚刀切二

2. 剁

1）剁

剁又称斩、排，就是在原料上，上、下垂直行刀，多次反复行刀，直至达到要求。剁一般分双刀剁和单刀剁。两者的操作方法基本相同，只是用刀数量和加工原料时的速度不同。这种刀法主要用于将原料加工成蓉、泥、末状。

（1）双刀剁。

① 操作方法。左、右两手各持一刀，两刀之间要有一定的间距，两刀一上一下，或从左到右，或从右到左剁制，剁制一会儿后，用刀面将原料翻身，反复排剁，直至加工成所需状态。

② 操作要求。剁制时的力度要适中，如果用力较大，则刀刃会进入菜墩；如果用力较小，则原料无法剁断。

③ 适用原料。这种刀法适用于各种动物肉类，以及经过初步熟处理后的各种绿叶蔬菜、熟蛋黄、蛋白、熟土豆等。

（2）单刀剁。

① 操作方法。右手持刀并且紧握在刀箍以上，左手按住原料，确定落刀准确部位，右手将刀提起并迅速剁下，剁的同时左手迅速离开原料，将原料剁断。

② 操作要求。剁制时的力度要适中，位置要准确。

③ 适用原料。这种刀法一般适用于带大骨、硬骨、质地坚硬的动物性原料及冰冻的动物性原料，如牛肉、猪肉、羊腿、大排、小排、鸡、鸭、鹅、鱼类、冰冻动物内脏等。

▲双刀剁

▲单刀剁

2）刀背砸

刀背砸可分为单刀背砸和双刀背砸两种，操作方法大致相同。操作时，右手持刀或双手持刀，刀刃朝上，刀背与菜墩表面平行，垂直上、下捶砸原料。这种刀法主要用于加工肉蓉、砸击动物性原料骨头、砸击肉原料表面以使肉质疏松、将厚肉片砸击成薄肉片等。

（1）操作方法。左手扶菜墩或按扶原料，右手持刀（或双手持刀），刀刃朝上，刀背朝下，将刀抬起，砸击原料。当原料被砸击到一定程度时，将原料铲起归堆，再反复砸击原料，直至符合加工要求为止。

（2）操作要求。砸制时用力不要过猛，避免将原料甩出，要勤翻动原料，从而使加工的原料均匀细腻。

（3）适用原料。这种刀法适合加工韧性原料，如鸡脯肉、里脊肉、净虾肉、肥膘肉、净鱼肉等。

3. 砍

砍又称为劈，是直刀法中用力最大的一种刀法，一般分为直砍和跟刀砍两种。

1）直砍

（1）操作方法。左手按扶原料，右手持刀并举起，将刀对准要砍原料部位，垂直用力向下行刀，将原料砍断。

（2）操作要求。左手离落刀处远一些，砍制时，力度要大，位置要准，一次将原料砍断。

（3）适用原料。这种刀法一般适用于带大骨、硬骨的动物性原料及质地较为坚硬的冷冻原料，如带骨的猪、牛、羊肉，冷冻的肉类、鱼类等。

2）跟刀砍

（1）操作方法。右手执刀，握住刀箍，左手按扶原料，将刀刃紧紧嵌入原料要砍的部位，左手将原料举起，向下用力砍断原料，一次没有砍断时，刀刃不要离开原料，连续再砍，直至砍断为止。

（2）操作要求。左手抓牢原料，刀刃嵌入原料内部，保证刀与原料同时起落，防止原料与刀分开或脱落。如果砍制时发现仍有少部分原料相连，则可用手掌根拍击刀背，将原料断开。

（3）适用原料。这种刀法适用于质地特别坚硬，而且体大形圆、带大骨、骨硬的原料，如猪头、鱼头、蹄髈、猪蹄、牛腿等。

三、平刀法

平刀法是指在对原料进行加工时，刀身与菜墩表面保持平行，行刀时刀与原料保持水平运动的刀法。这种刀法可分为平刀直片、平刀推片、平刀拉片、平刀推拉片、平刀抖片、平刀滚料片等。

1. 平刀直片

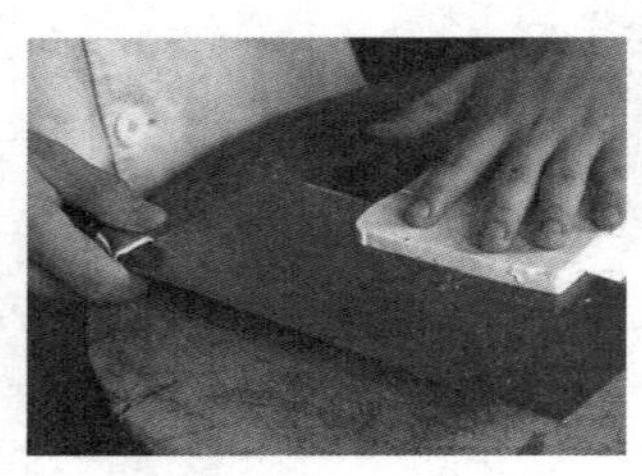

▲平刀直片

（1）操作方法。右手握住刀柄放平刀身，左手掌按在原料的上部或顶住原料，刀刃从原料的右侧片入并向左平行移动，直至完全片断原料。

（2）操作要求。刀身要平，行刀用力要平衡，不能忽轻忽重而产生凹凸不平的现象，同时，行刀时不可向下或向上用力。

（3）适用原料。这种刀法适用于无骨的嫩性、软性原料，如豆腐、皮冻、血块、豆腐干、熟土豆等。

2. 平刀拉片

（1）操作方法。左手按扶原料，右手握刀柄并放平刀身，刀刃从原料的左前方向右后方行刀，一层层将原料片开。这种刀法主要用于将原料加工成片状。

（2）操作要求。左手按扶原料要稳，刀身要平，行刀用力要充分，不能忽轻忽重而产生凹凸不平的现象。假如一刀没有片断原料，还可以连续拉片。

（3）适用原料。此种刀法适用于无骨的嫩性、软性、脆性、韧性原料，如瘦肉、鸡肉、冬笋、豆腐、皮冻、血块、豆腐干、熟土豆等。

3. 平刀推片

这种刀法要求刀身与菜墩表面平行，从右后向左前方向行刀，将原料一层层片开。它又分为上刀片法和下刀片法两种。

1）上刀片法

这种刀法即从原料上面开始片入原料，随后一层层将原料片开。

（1）操作方法。首先把原料放在菜墩右侧，左手按扶原料，右手握刀，刀刃中部对准原料上端要片部位行刀。原料片断后，将刀移至原料右端，左手捏握片下原料，离开原料，将片下原料放在菜墩左上方，如此反复推片，直至将原料片完。

（2）操作要求。左手按扶原料要稳，刀身要平，刀身平压原料，连贯进行。假如一刀没有片断原料，还可以连续推片。

（3）适用原料。这种刀法适用于嫩性、韧性较弱的原料，如里脊肉、鸡脯肉等。

2）下刀片法

这种刀法即从原料下面开始片入原料，随后一层层将原料片开。

（1）操作方法。原料放在菜墩一侧，左手按扶原料，右手握刀，刀刃中部对准原料下端要片部位行刀。原料片断后，将刀抽出，用刀前端将片下原料挑起，左手随即将其拿起，放在菜墩左上方，并用左手按扶原料，分开四指，将原料展开抚平。如此反复片制，直至将原料片完。

（2）操作要求。与上刀片法要求一致。

（3）适用原料。这种刀法适用于嫩性、韧性较强的原料，如鸡脯肉、肥肉、五花肉等。

4. 平刀推拉片

（1）操作方法。刀刃前端先片进原料，由前向后拖拉，再由后向前推进，一前一后、一推一拉，直至片断原料。

（2）操作要求。这种刀法基于平刀推片和平刀拉片两种刀法，所以要对这两种刀法熟练掌握，再将这两种刀法连贯起来使用即可。

（3）适用原料。这种刀法适用于韧性较强的原料，如肚、肥肉等，以及嫩性、韧性较弱的原料，如里脊肉、鸡脯肉等。

5. 平刀抖片

（1）操作方法。将原料放在菜墩上，刀身与菜墩平行，片进原料后，刀刃上下抖动，逐渐片进原料，直至将原料片开为止。这种刀法能将原料加工成锯齿状大片，在此片基础上运用切刀法，可将原料加工成锯齿形状的条、丝、段等。

（2）操作要求。刀在原料内上下抖动片切时，刀与菜墩表面的距离保持不变。

（3）适用原料。这种刀法适合加工固体性较软的原料，如豆腐干、松花蛋、黄白蛋糕、方火腿等，以及脆性原料，如竹笋、青笋、红白萝卜等。

6. 平刀滚料片

这种刀法在行刀时，刀身与菜墩表面平行，刀从右向左推进，原料向左后、向右不断滚动，将原料片下。这种刀法可将原料加工成片的形状。

平刀滚料片可分为滚料上片和滚料下片两种刀法。

1）滚料上片

（1）操作方法。原料放菜墩上，左手按住原料，右手持刀与菜墩表面平行，将刀刃的中前部对准原料要片部位，左手将原料向右滚动，刀随原料的滚动向左行刀，直至将原料片下为止。

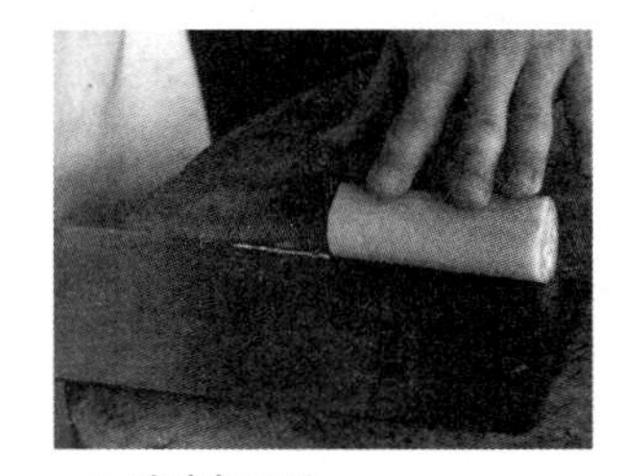

▲滚料下片

（2）操作要求。刀要端平，不可忽高忽低，否则容易将原料中途片断，影响成品规格。刀与原料在运行时要同步进行，刀推进的速度要与原料滚动的速度相等。

（3）适用原料。适合加工圆柱形脆性原料，如青笋、红白萝卜、黄瓜等。

2）滚料下片

（1） 操作方法。左手按住菜墩上的原料，右手持刀并端平，将刀刃的中部对准原料被片部位，左手将原料向左边滚动，刀随之向左边片进，直至将原料完全片开。

（2）操作要求。与滚料上片的操作要求一致。

（3）适用原料。这种刀法适合加工圆形脆性原料，如黄瓜、红白萝卜、冬笋等，以及韧性较弱的原料，如鸭心、鸡心、肉块等。

四、斜刀法

斜刀法是指刀身与菜墩表面呈一定角度（小于90°），做倾斜行刀，将原料片开的刀法。这种刀法可将原料加工成片状，并可分为斜刀推片、斜刀拉片两种刀法。

1. 斜刀推片

左手按住原料，右手持刀，刀刃中部对准原料要片部位，刀身倾斜，刀背高于刀口，刀刃向外，进入原料，由外向内推动并片断原料。

（1）操作方法。左手扶按原料，中指第一关节微曲，并顶住刀膛，刀身倾斜，用刀刃的中部对准原料被片位置，刀自左后方向右前方斜刀片进使原料断开。

（2）操作要求。左手按扶原料要稳，避免原料滑动；行刀时，刀身要紧贴原料，刀身的倾斜度要根据烹调要求灵活调整。刀与原料之间的夹角越小，片出的片越宽；反之，刀与原料之间的夹角越大，片出的片越窄。行刀一次，刀与右手同时向后移动一次，并保持刀距相等。

（3）适用原料。这种刀法适合加工韧性原料，如熟耳片、肚片、腰子、猪牛羊肉、鱼肉、白菜帮、青笋等。

2. 斜刀拉片

（1）操作方法。左手伸直扶按原料，右手持刀，用刀刃的中部对准原料被片的部位，刀自左前方向右后方运动，将原料片开。这种刀法主要用于将原料加工成片状。

（2）操作要求。刀身由左前方向右后方拉动，每行刀一次，刀与左手都向后移动一次，并保持移动距离一致。刀身倾斜角度应根据烹调要求和原料的规格灵活掌握。

（3）适用原料。这种刀法适用于加工各种脆性原料，如芹菜、白菜等，以及腰片、海参、熟肚等软性原料。

▲斜刀推片

▲斜刀拉片

五、剞刀法

剞刀法又称花刀法，是指在原料表面切割一些具有一定深度的刀纹，经过这种刀工处理后，原料受热收缩、开裂或卷曲成花形，一般分为直刀剞、直刀推剞、斜刀推剞、斜刀拉剞等。

1. 直刀剞

（1）操作方法。根据原料成形的要求和规格，运用直刀法在原料表面切割具有一定深度刀纹的刀法，适用于较厚原料。与直刀法中的直切基本相似，只是切进原料后只切到原料的

1/3～4/5，余下部分与原料相连；如果是整条鱼，必须剞至鱼骨停刀。

（2）操作要求。左手按料要稳，刀深一致，刀距均匀。

（3）适用原料。这种刀法适合加工脆性原料，如黄瓜、冬笋、红白萝卜等，以及质地较嫩的韧性原料，如猪腰、鸡肫、鸭肫、猪肉、鱿鱼、瘦肉等。

2. 直刀推剞

根据原料成形的要求和规格，运用推刀法在原料表面切割具有一定深度刀纹的刀法。可配合其他刀法，加工出荔枝形、麦穗形、菊花形等。

（1）操作方法。左手扶稳原料，中指弯曲并顶住刀身，右手持刀，用刀刃中前部位对准原料，刀自后向前方行刀，直至一定深度时停刀，然后将刀收回，再次行刀推剞。

（2）操作要求。刀与菜墩表面要保持垂直，刀深一致，刀距相等。

（3）适用原料。这种刀法适合加工各种韧性原料，如腰子、鸡肫、鸭肫、鱿鱼、鱼肉、瘦肉等。

3. 斜刀推剞

斜刀推剞与斜刀推片相似，只是在行刀时切到一定深度时停刀，在原料表面剞上斜线刀纹。可配合其他刀法加工出松果形、菊花形、荔枝形、麦穗形等。

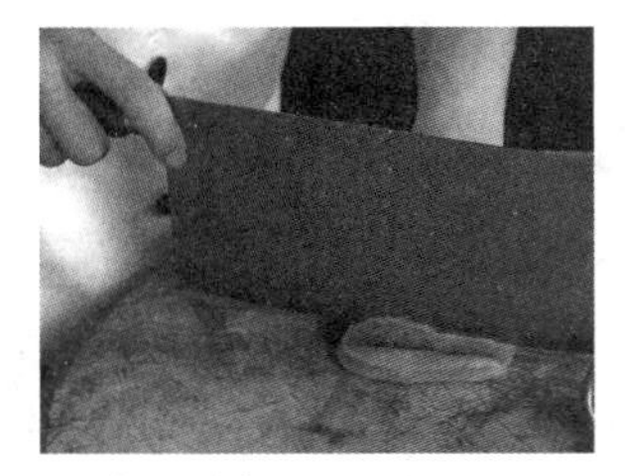
▲直刀剞

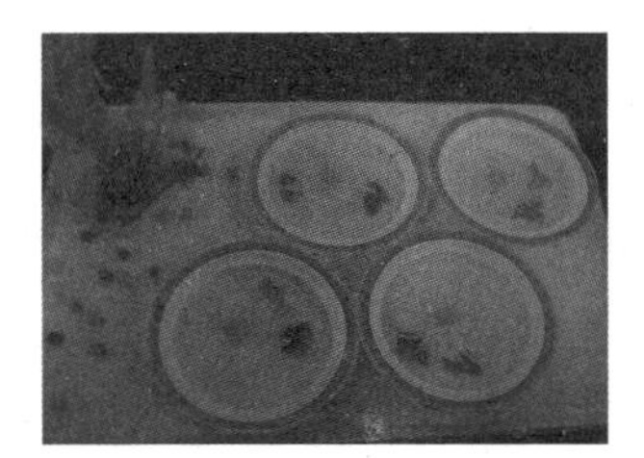
▲采用直刀剞加工的菊花豆腐

▲采用斜刀推剞加工的菊花鱼

（1）操作方法。与斜刀法中的斜刀推片基本相似，只是刀刃与原料的角度为15°～70°，片进原料的深度为原料厚度的2/3～4/5。

（2）操作要求。刀与菜墩表面的倾斜角度和进刀深度始终保持一致，刀距相等。

（3）适用原料。这种刀法适用于加工各种韧性原料，如牛肉、猪肉、猪腰、鸡肫、鸭肫、鱿鱼、里脊、鲍鱼等。

4. 斜刀拉剞

斜刀拉剞与斜刀拉片相似，只是在行刀时切到一定深度时停刀，在原料表面剞上斜线刀纹。可配合其他刀法加工出灯笼形、锯齿形、麦穗形等。

（1）操作方法。与斜刀法中的斜刀拉片法基本相似，区别在于片进原料的深度是原料厚度的2/3～4/5，刀刃与原料的接触角度一般为45°。如果是整条鱼，应片进原料至碰到鱼骨时停刀。

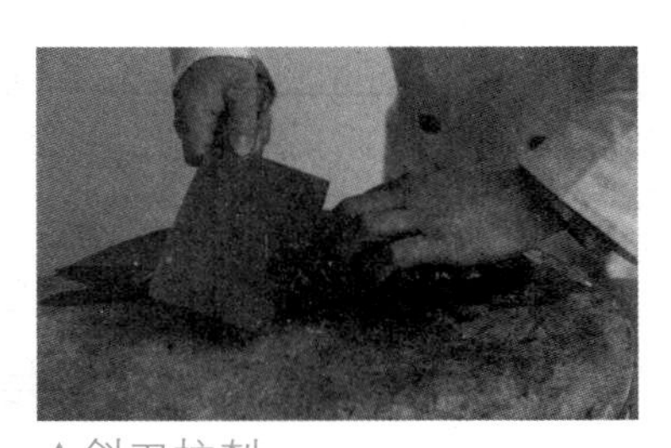
▲斜刀拉剞

（2）操作要求。刀与菜墩表面的倾斜角度和进刀深度始终保持一致，刀距相等。

（3）适用原料。这种刀法适用于加工韧性原料，如里脊肉、猪腰、青鱼、草鱼、黄鱼、鱿鱼等。

六、其他刀法

其他刀法并非成形刀法，只是在加工原料时对原料进行加工整理，作为辅助性刀法来使用。个别其他刀法中也有能使原料成形的，由于受原料、方法的局限，使用较少，也将其归入此处。其他刀法包括剔、錾、拍、剜、撬、铲、剐、敲、削、压、割、利、抹、刮，共 14 种。

（1）剔：刀尖贴骨或顺骨运行，使骨肉分离，是剔、卸加工常用的专门刀法，如各种剔骨。

（2）錾：像使用錾子一般，用刀尖或刀后跟尖在原料上錾上一些孔洞，如虾排、肉排等。

（3）拍：刀身与原料平行，猛击原料使之松裂，或者轻拍使原料平展。这种刀法适用于组织紧密、纤维较长的原料，如茭白、荸荠、瘦肉、姜块等。

（4）剜：使刀尖插入原料，随机旋转挖孔。这种刀法适用于去除霉斑、虫眼等。

（5）撬：刀刃镶入原料 1/3 后，拨开原料，使原料表面有撕裂状的纤维、毛糙的表面，用来增加原料的表面积，加快和提高对调味汁的吸附能力，或者把骨头撬开，如加工冬笋等。

（6）铲：又称登，刀刃向外，紧贴肉皮，运用推力向前推进，使肉和皮分离。

（7）剐：刀刃后部顺着骨头行刀，使骨肉分离，或者使关节处凸凹面显出或分离。

（8）敲：用刀背猛击，使骨头折断，或者用于敲打鱼肉和虾肉，使其成为片状。

（9）削：左手持原料，右手持刀，悬空片去皮或根茎部。这种刀法可分为直削和旋削两种，前者常用于蔬菜加工整理，后者主要用于圆形瓜果和蔬菜的去皮。

（10）压：刀刃一侧紧压原料，刀背略高做平面运动，将原料碾压，制碎成泥状，如压花椒面，以及制作白薯泥、鱼泥、豆腐泥等。

（11）割：运用推拉刀法，将悬空原料的一部分从整体上取下。

（12）利：刀尖前端对准原料，顺着向下用力，使原料断裂分开。

（13）抹：利用刀面将制好的蓉泥原料抹到另外一种原料表面，多用于酿（瓤）类菜肴的生胚制作。

（14）刮：刀刃紧压原料，刀身垂直，做平面横向运动，以去除原料表面鳞片、骨膜、皮层毛根及污物等。这种刀法分为顺刮、逆刮、竖刮三种。

① 顺刮：左手按扶原料，右手持刀并由左向右运动，将肉取出，常常用于刮鱼蓉等。

② 逆刮：左手按扶原料，右手持刀并由右向左运动，常用于刮鱼鳞。

③ 竖刮：原料固定好后，右手持刀并由外向内或由内向外运动，刮出肉，通常用于刮鱼蓉。

豫菜烹调技术中常用的名词和术语

▲解鱼

（1）解：解就是剞，是对原料进行花刀处理的一种技法。为使原料美观，便于成熟、入味，将刀刃切入原料的1/3 ~ 4/5后停刀，不切透，如解腰花、解鱿鱼卷等。

（2）扩：用于鸡、鱼整形初步加工时的一种方法。例如，整鸡在加热之前，为了美观、安全、便于食用，剁去嘴、爪、翅膀尖的1/3，刺破眼球（不刺破眼球，过油时易爆炸），头一破两开，剔去爪骨，砸断腿骨等。又如，整鱼为了美观，剁去胸鳍、背鳍的1/3，尾鳍修裁整齐等，也称扩一下。

（3）偷刀：是指刀口看不到，切不透。即表皮面看着是一整块，而皮下面的肉已经用剞刀法加工了。例如，蜜炙方肋这道菜的刀工就是这样处理的，将煮透后的肉方，皮向下放菜墩上，采用直刀法剞至肉皮处停刀，将肉剞成方块。还有将原料切成夹子（蝴蝶片）片形，称为“切一刀，偷一刀”。

（4）松里：在半成品原料内部加工的一种方法，即保证半成品原料表皮不变（破烂），仅原料内部的肉撕、切成小片或条，表皮放盛器内，肉放其上，并与盛器口形成一平面，从而保持菜肴外形美观，而肉质松软，便于食用，如清蒸整面鸡、清蒸整面鸭等。

（5）三搭头：是指经过细加工的烹调原料或半成品，在熟制之前的一种拼摆形式，多用于扒制菜肴，即把切成长方形的原料或半成品，先横着在盘的中间摆一行，再顺着在其两边摆两行，这两行与中间一行原料叠压（重叠）部分宽度最少达1厘米，摆成中间高两边低的形状。

（6）马鞍桥：又称马鞍形，是一种制作冷盘的拼摆方法，即将切好的菜肴在盘中先平放两行，中间留一定的距离，再在两行上面顺着架摆一行菜肴，形如马鞍。

（7）叠：是原料在烹调前挂糊（上浆）的一种手法，即将加工好的原料放入用鸡蛋和淀粉制成的糊中，用手抓匀，让糊均匀地挂匀（抱紧）原料，使其在过油时保持原料的嫩性和形状。

（8）道士帽蒜苗：是将蒜苗加工成一定形状的方法，即从蒜苗白开始切成2厘米长的段，从一端的0.5厘米处用直刀（立刀）切到1/2处停刀，改用平刀向前片0.5厘米，另一端与前一刀相对，也如法切制，形成两端平尖，中间1厘米相连，像两个道士帽对着一样。又因其无法立住，又称跟头蒜苗。

（9）象眼块：将原料加工成两头尖、中间宽，一般边长约为4厘米，中间宽度为1.5厘米，厚度为0.5厘米，其大小可根据主料、盛器的大小酌情而定。

（10）葱椒：葱椒是将花椒用料酒、盐水泡软后，与葱（量多）、姜（量少）一起剁碎，再砸成泥，即为葱椒，作为一种调料应用在菜肴或半成品加工中，如葱椒炝鱼片。

（11）花下藕：7月荷花盛开的时候，莲池下结的嫩藕称为花下藕。

（12）鲜核桃：去皮后的鲜核桃仁，可以凉拌和炒菜用。

（13）蝴蝶萝卜：将红、白萝卜竖着劈开，刻成蝴蝶形长条，然后用剞刀法（偷刀）切成片，即为蝴蝶萝卜，可用于制作糖醋萝卜或作为佐食烤鸭的码（配头）。

（14）菊花葱：将葱白切成6厘米长的段，左手持葱段的一头，右手持小刀，从另一头刻4～7刀，深度约5～5.5厘米，放清水中泡，葱即卷成菊花状。

（15）大葱：将大葱切成3.5 ~ 4.5厘米的段，轻拍一下即可使用，属配料中的“大配头”，如配红烧鱼等。

（16）大姜：姜洗净，原块或一破两半，用刀轻拍一下，属配料中的“大配头”。

（17）姜汁：把姜洗净去皮，捣成泥，加少许水浸泡成汁。

（18）葱姜水：把葱、姜去皮洗净，用刀拍一下，用清水泡着，使葱、姜味浸入水中，称为葱姜水。

想一想

（1）餐饮业对刀工的要求是什么？

（2）刀工的作用有哪些？

（3）直刀切适用于什么性质的原料？举例说明。

（4）剞刀法分几种？

（5）切肉丝和切萝卜丝在加工时有何区别？

（6）菜刀是轻而薄好？还是厚而重好？

（7）木质菜墩和塑料菜墩各有什么利弊？

（8）你知道哪些豫菜烹调技术中常用的名词和术语？

任务三　原料成形

技能目标

- 能熟练将原料加工成各种基本形态；
- 能熟练将原料加工成各种剞刀工艺型。

知识目标

- 各种基本形态知识；
- 各种剞刀工艺型知识。

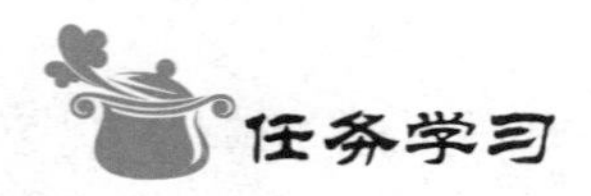

原料成形是指运用各种不同的刀法，将烹调原料加工成一定的形态。原料成形要符合烹调要求，并便于食用。原料成形可分为基本形态和剞刀工艺型两大类。

一、基本形态

基本形态是一般烹调中经常使用的简单几何形状，主要是运用不同的直刀法来完成的。常见的基本形态有丝、片、块、段、丁、米、末、蓉泥等。

1. 丝

丝一般可分为粗丝和细丝，是烹调中最常见的一种形态。加工后的丝一般要求粗细均匀、长短一致，不能出现连刀现象。

切制合格的丝时，要注意以下几个方面。

（1）切片应厚薄均匀、大小一致。

丝的成形工艺是先将原料切成片，然后再加工成丝，所以片的质量决定了丝的质量。如果片的大小不一致，切出的丝的长度就不一致；如果片的厚薄不均匀，切出的丝粗细也就不均匀。

（2）片的摆放要整齐，堆叠高度不可过高。

原料经刀工处理加工成薄片后，要重叠排列整齐，并且高度不宜过高，如果摆放过高，切制时原料容易滑动，会导致切出的丝粗细不均匀。

（3）不同的原料采用不同的切制方法。

烹调中常见的动物性原料，其肉质有老有嫩，如牛肉的肉质较老且筋络较多，就应该顶着肌肉纤维来切制，这样便于烹调；猪肉、羊肉的肌肉纤维较长，筋络相对较少，可以顺着或斜着肌肉纤维来切制；而鸡肉肉质较嫩，也应顺纹路切制，如果顶着纹路切制，烹制时就会出现散、碎现象。

丝按照成形粗细，大致可分为黄豆芽丝、火柴棒丝、细丝、牛毛丝等。丝的特点见表 3-1。

表 3-1　丝的特点

类　型	成形规格	适用范围	图　例
黄豆芽丝（粗丝）	长为4～8厘米，粗细为0.4厘米	鱼丝、蔬菜丝等	
火柴棒丝（中丝）	长为3～6厘米，粗细为0.3厘米	里脊肉丝、鸡丝、土豆丝等	
细丝	长为2～5厘米，粗细为0.2厘米	土豆丝、猪肉丝、牛肉丝、笋丝、萝卜丝等	
牛毛丝	长为2～4厘米，粗细为0.1厘米	牛毛姜丝、豆腐干丝、蛋皮丝等	

2. 片

片是运用切或片的方法加工制成的。植物性原料（蔬菜、瓜果类）一般采用直刀切，动物性原料一般采用推、拉切或片的方法。

常见的片有长方片、柳叶片、半圆片、菱形片等。片的特点见表 3–2。

表 3–2　片的特点

类　型	成形规格	适用范围	图　例
长方片	大厚片长度为 5 厘米，宽度为 3.5 厘米，厚度为 0.3 厘米； 大薄片长度为 5 厘米，宽度为 3.5 厘米，厚度为 0.1 ～ 0.2 厘米； 小厚片长度为 4 厘米，宽度为 2.5 厘米，厚度为 0.2 ～ 0.3 厘米； 小薄片长度为 4 厘米，宽度为 2.5 厘米，厚度为 0.1 ～ 0.2 厘米	土豆片、萝卜片、黄瓜片、鱼片、肉片等	
柳叶片	长度为 5 ～ 6 厘米，厚度为 0.1 ～ 0.2 厘米	黄瓜、胡萝卜、红肠等	
半圆片	厚度为 0.1 ～ 0.3 厘米，形状为半圆形	胡萝卜、黄瓜、山药等	
菱形片	厚度为 0.1 ～ 0.3 厘米，形状为菱形	青红椒、胡萝卜、山药、冬笋等	

3. 块

块大都采用直刀法制成，一般选用质地脆嫩、松软的原料。

常见的块有正方块、长方块、菱形块、滚料块等。块的特点见表 3–3。

表 3–3　块的特点

类　型	成形规格	适用范围	图　例
正方块	大块一般规格为 3 ～ 4 厘米见方； 小块一般规格为 2 ～ 2.5 厘米见方	家畜类、鱼、土豆等	
长方块	大块长度为 4 ～ 5 厘米，宽度为 2 ～ 3.5 厘米，厚度为 1 ～ 1.5 厘米； 小块长度为 2.5 ～ 3.5 厘米，宽度为 1 ～ 2 厘米，厚度为 0.8 厘米	排骨块、鱼块、土豆等	
菱形块	大块边长为 4 厘米，厚度为 1.5 厘米； 小块边长为 2.5 厘米，厚度为 1 厘米	萝卜、土豆、山药等	

续表

类　型	成形规格	适用范围	图　例
滚料块	大小根据滚动幅度来定，滚动幅度越大，块就越大；滚动幅度越小，块就越小	圆柱形或圆形的原料，如胡萝卜、黄瓜、土豆、茄子等	

4. 段

段一般采用直刀法制成，如切、剁、砍。

常见的段可分为粗段和细段。段的特点见表 3-4。

表 3-4　段的特点

类　型	成形规格	适用范围	图　例
粗段	长度为 3 ~ 5 厘米，直径为 1 ~ 1.5 厘米	韧性和脆性原料，如鳝鱼、土豆、萝卜、莲菜等	
细段	长度为 2.5 ~ 3.5 厘米，直径为 0.6 ~ 0.8 厘米	脆性原料，如土豆、萝卜、莲菜、青笋等	

5. 丁

丁的形状与正方体相似，其加工方法是先将原料切或片成大厚片，再用直刀法加工成粗细均匀的长条，最后切成大小一致的丁。

常见的丁有正方丁、菱形丁等。丁的特点见表 3-5。

表 3-5　丁的特点

类　型	成形规格	适用范围	图　例
正方丁	大丁以 1.5 厘米见方； 中丁以 1.2 厘米见方； 小丁以 0.8. 厘米见方	各种脆性、韧性原料，如家畜肉、鱼、土豆、萝卜、莲菜、青笋等	
菱形丁	其成形规格与正方丁相似	各种软性、脆性原料，如青椒、香菇、土豆、萝卜、莲菜、青笋等	

6. 米

米又称为粒，其大小比丁小，加工方法和丁相似。米的特点见表 3-6。

表 3–6　米的特点

类　型	成形规格	适用范围	图　例
米	以 0.2 ~ 0.3 厘米见方，姜米以 0.1 厘米见方	各种软性、脆性原料成形，如鱼肉、鱿鱼、墨鱼、青椒、豆腐、青笋等	

7. 末

末比米更小，其形状为不规则状，主要用于各种肉馅的制作。

▲肉末

8. 蓉

蓉质地最为细腻，餐饮业常用的蓉是用刀剁制而成的，一般为动物性原料。蓉一般采用拍、刀背砸或挤制而成。以动物性原料为主的蓉有鱼蓉、肉蓉、墨鱼蓉、鸡蓉、虾蓉等。以植物性原料为主的蓉有土豆、山药、芋头、白薯、莲子、豌豆等。蓉主要用于一些高档造型菜的制作，以及馅心、丸子的制作。

二、剞刀工艺型

剞刀工艺型又称花刀，就是运用剞刀法，在各种不同原料的表面切或片上一定深度且不断的刀纹，这些刀纹经过加热后可形成各种美观、别致的形态。花刀是烹调中美化原料的一种方法，也是一种比较复杂的刀法。餐饮业常用的花刀有以下几种。

1. 一字形花刀

一字形花刀有一字形和斜一字形花刀等。一字形花刀的特点见表 3–7。

表 3–7　一字形花刀的特点

类　型	成形方法	刀工要求	适用范围	图　例
一字形和斜一字形花刀	一般采用直刀推剞或斜刀推剞的刀法加工而成	剞刀深浅一致，刀距相等；剞刀时，鱼腹处刀纹要浅一些，鱼脊背处要深一些	各种鱼类（烹调方法多采用蒸、烧、炖等）	斜一字形花刀

2. 十字形花刀

十字形花刀有单十字形和多十字形花刀两种。十字形花刀的特点见表 3–8。

表 3–8　十字形花刀的特点

类　型	成形方法	刀工要求	适用范围	图　例
单十字形和多十字形花刀	一般采用直刀剞法，在原料表面剞上交叉十字形，刀距为 1 ~ 2 厘米	对于长且大的原料，剞刀时刀距要小；对于短且小的原料，剞刀时刀距要大	各种鱼类、家畜类、鸡脯等（烹调方法多采用炸、蒸、烧、炖等）	多十字形花刀

3. 柳叶形花刀

柳叶形花刀的特点见表 3-9。

表 3-9　柳叶形花刀的特点

类　型	成形方法	刀工要求	适用范围	图　例
柳叶形花刀	一般采用直刀推剞或斜刀拉剞法制成，刀距为 1 ~ 1.5 厘米	同一字形花刀	各种鱼类（烹调方法多采用炖、汆、蒸、烧等）	

4. 瓦楞形花刀

瓦楞形花刀的特点见表 3-10。

表 3-10　瓦楞形花刀的特点

类　型	成形方法	刀工要求	适用范围	图　例
瓦楞形花刀	一般采用斜刀推剞和拉剞的刀法制成。在原料表面均匀地剞上半圆形刀纹，似瓦楞，间距为 0.8 ~ 1 厘米	同一字形花刀	各种鱼类（烹调方法多采用炸、炖、蒸、烧等）	

5. 松鼠形花刀

松鼠形花刀的特点见表 3-11。

表 3-11　松鼠形花刀的特点

类　型	成形方法	刀工要求	适用范围	图　例
松鼠形花刀	一般采用斜刀拉剞和直刀剞的刀法制成。剁去鱼头后，刀沿脊椎骨将鱼身片开，离鱼尾 2 ~ 3 厘米时停刀，再剁掉脊椎骨，片去胸刺。接着在两片鱼肉上剞直刀，刀距为 0.4 ~ 0.5 厘米，刀深至鱼皮，再用斜刀剞并与直刀纹相交，刀纹的刀距相等，两刀相交成菱形，刀深至鱼皮。经拍粉、油炸后即成松鼠形	要选择质量为 1600 ~ 2100 克的鱼加工，刀深至皮，刀距、斜度必须一致	鳜鱼、青鱼、草鱼、黄花鱼等鱼类（烹调方法多采用炸、焦熘等）	

6. 牡丹形花刀

牡丹形花刀的特点见表 3-12。

7. 菊花形花刀

菊花形花刀的特点见表 3-13。

表3-12 牡丹形花刀的特点

类型	成形方法	刀工要求	适用范围	图例
牡丹形花刀	一般采用直刀推剞和平刀片的刀法制成。先用直刀推剞，在原料两面均剞上深至鱼骨的刀纹，然后用平刀片，向鱼头方向片进2～2.5厘米，将鱼肉翻起，最后在每片鱼肉中间再剞上一刀，刀距为1.5～2厘米。使鱼两面皆有6～10个刀纹，经拍粉、油炸后即成牡丹花形	要选择质量为1500～2200克的鱼加工，两面刀纹数量相等，鱼片大小一致	青鱼、草鱼、黄花鱼等（烹调方法多采用焦熘等）	（牡丹形鱼剞制中）（牡丹形鱼生胚）

表3-13 菊花形花刀的特点

类型	成形方法	刀工要求	适用范围	图例
菊花形花刀	一般采用两次直刀推剞法制成。先在原料上剞上一字刀纹，将原料旋转，在与原刀纹成90°夹角处剞上一字刀纹，刀深为原料厚度的4/5，改刀切成3～4厘米的正方块。经拍粉、油炸或直接加热后即卷曲成菊花形	深浅一致，刀距相等。尽可能选择肉质较厚的原料，较薄的原料可采用先斜刀片再直刀推剞的方法加工	鱼肉、通脊肉、冬瓜、土豆、鸡胗、鸭胗等（烹调方法多采用炸、焦熘、氽等）	

8. 麦穗形花刀

麦穗形花刀的特点见表3-14。

表3-14 麦穗形花刀的特点

类型	成形方法	刀工要求	适用范围	图例
麦穗形花刀	一般采用直刀推剞和斜刀推剞法制成。刀与原料成30°～40°夹角，采用斜刀推剞，剞上平行刀纹，刀深度为2/3或3/5，剞完后将原料旋转，用直刀推剞的方法与斜刀推剞刀纹相交，夹角以70°～90°为宜，相交的平行刀纹深度为4/5，最后改刀成长度为4～5厘米、宽度为1～2厘米的长方形，经加热后即成麦穗形	斜刀推剞的夹角越小，成形的麦穗就越长，反之就越短。刀距、斜度角度必须一致，深浅要严格按照成形方法中的深度要求加工	墨鱼、猪腰、鱿鱼等原料（烹调方法多采用爆、炒等）	

9. 荔枝形花刀

荔枝形花刀的特点见表3-15。

表 3-15　荔枝形花刀的特点

类　型	成形方法	刀工要求	适用范围	图　例
荔枝形花刀	采用直刀推剞的刀法制成。先用直刀推剞，剞入原料，深度是原料的 4/5，将原料旋转，还用直刀推剞，深度也是原料厚度的 4/5。两刀相交的夹角为 70° ~ 80°，最后切成边长为 3 ~ 3.5 厘米的等边三角形，经加热后即卷曲成荔枝形	深浅一致，刀距相等，大小相同	鱼肉、通脊肉、鱿鱼、墨鱼、鸡肫、鸭肫等	

10. 蓑衣形花刀

蓑衣形花刀的特点见表 3-16。

表 3-16　蓑衣形花刀的特点

类　型	成形方法	刀工要求	适用范围	图　例
蓑衣形花刀	采用直刀剞法制成。先在原料一面直刀斜剞上一字刀纹，刀纹深度为原料厚度的 3/5。然后，在原料的另一面采用同样的刀法，斜剞上一字刀纹，深度还是原料厚度的 3/5，与另一面刀纹相交，拉开原料两端即成蓑衣形	深浅一致，刀距相等	黄瓜、冬笋、青笋、豆腐干等	

11. 如意形花刀

如意形花刀的特点见表 3-17。

表 3-17　如意形花刀的特点

类　型	成形方法	刀工要求	适用范围	图　例
如意形（俗称三条腿）花刀	在原料四面各切两刀加工而成。将原料加工成 2 ~ 3 厘米大小的正方形丁，再用刀刃前端在丁的四面交错着切上两刀，刀深为原料厚度的 1/2，用手掰开，即分成两个如意形	丁必须是正方形，大小一致，分丁时要均匀	黄瓜、南瓜、胡萝卜、青笋、冬瓜等（在餐饮业中，常用于菜肴的配料或焯水拌味后围边）	切正方形 每个面两刀　用手掰开

12. 剪刀形花刀

剪刀形花刀的特点见表 3-18。

表3-18　剪刀形花刀的特点

类　型	成形方法	刀工要求	适用范围	图　例
剪刀形(俗称四条腿)花刀	采用直刀推剞和平刀片的刀法制成。将原料加工成长方形条块，分别在两个长边厚度的1/2处，进刀至原料宽度的1/3处停刀，再用直刀推剞法在原料两面剞上刀距为0.4～0.8厘米、刀深为原料厚度的1/2的刀纹，用手拉开即成剪刀形	深度一致，刀距相等，交叉角度和大小厚薄均匀	黄瓜、冬笋、青笋、南瓜、冬瓜、萝卜等	

想一想

（1）清蒸鱼应剞什么花刀？

（2）加工麦穗形花刀时如何控制麦穗的长短？

（3）麦穗形花刀与荔枝形花刀有什么区别？

（4）剪刀形花刀的操作要领是什么？

（5）除了书中介绍的花刀类型，你还知道哪些花刀类型？

做一做

（1）在餐饮业中常用的刀具有哪些种类？你是如何磨刀的？

（2）练习握刀和行刀的姿势。

（3）练习、掌握直刀切的全部操作方法。

（4）练习、掌握平刀片的所有方法。这些操作方法和操作要求是什么？

（5）练习、掌握斜刀片的刀法。

（6）练习、掌握剞刀法加工原料的各种方法。

（7）练习切制片、丁、条、丝。

（8）请写出如何剞制蓑衣黄瓜。

（9）请写出如何剞制麦穗形花刀。

（10）请写出如何加工瓦楞形花刀。

（11）灵活运用各种剞刀法，并能剞出一种花刀。

我的实训总结：________________________________

____

____

知识检测

一、判断题

（　　）（1）剞刀虽然扩大了原料的面积，但不利于原料中异味的散发、剞卤汁的裹附。

（　　）（2）加工麦穗形花刀时，刀的夹角越小，麦穗越短。

（　　）（3）在原料成形中，米比蓉大一些。

（　　）（4）牛毛丝长度为 3 ~ 6 厘米，直径为 0.3 厘米。

（　　）（5）斜刀推剞片进原料的深度为原料厚度的 1/2。

（　　）（6）砍比剁用力要大。

（　　）（7）刀工美化就是采用刻刀将原料雕刻成不同的形态。

（　　）（8）经过刀工美化处理可以方便美化原料的形态。

（　　）（9）在所有烹调刀具中最重的刀是砍刀。

（　　）（10）整齐划一是刀工基本要求之一。

二、选择题

（1）麦穗形花刀与原料成 30° ~40° 夹角，采用斜刀推剞，剞上平行刀纹，刀深度约为（　　）。

A. 原料厚度的 1/4　　B. 原料厚度的 3/4

C. 原料厚度的 3/5　　D. 原料厚度的 1/5

（2）剞刀扩大了原料的表面积，便于原料中（　　）。

A. 营养素的保存　　B. 质地的改变

C. 异味的散发　　D. 香味的保存

（3）牡丹花刀适用于（　　）的鱼类。

A. 体壁窄而肉薄　　B. 体壁窄而肉厚

C. 体壁宽而肉薄　　D. 体壁宽而肉厚

（4）剞刀有利于美化（　　）。

A. 装盘效果　　B. 配料形状　　C. 主料形状　　D. 食材形状

（5）（　　）刀身形体呈长方形。

A. 文武刀　　B. 羊肉刀　　C. 片刀　　D. 分刀

（6）适宜加工切割菜墩的木质材料是（　　）。

A. 榉木　　B. 杨木　　C. 泡桐木　　D. 柳木

（7）在切割过程中，细肉丝粗细程度的切割要求一般是（　　）。

A. 0.5 厘米　　B. 0.4 厘米　　C. 0.3 厘米　　D. 0.2 厘米

（8）下列原料适宜采用麦穗花刀造型处理的是（　　）。

A. 鱿鱼　　B. 黑鱼　　C. 鳜鱼　　D. 青鱼

（9）在正确的站案姿势中，腹部与菜墩应保持（　　）。

A．5厘米　　B．10厘米　　C．15厘米　　D．20厘米

（10）磨制刀具时，刀具与磨刀石的夹角为（　　）。

A．1° ~ 2°　　B．3° ~ 5°　　C．6° ~ 8°　　D．10° ~ 15°

（11）把鸡心片成片状，应该使用平刀法中的（　　）。

A．滚料片法　　B．推拉片法　　C．拉刀片法　　D．平片

三、简答题

（1）餐饮业对刀工的要求是什么？

（2）刀法分几种？每种刀法又细分为多少种？

（3）剞刀法分几种？举例说明六种常用剞刀法。

（4）其他刀法包含多少种？

（5）丝分几种？各适用哪类菜肴？

（6）片分几种？各适用哪类菜肴？

项目四　火　　候

任务一　火候知识

火候控制

任务目标

技能目标

- 餐饮业如何鉴别火力。

知识目标

- 什么是火候、火力；
- 鉴别火力的知识；
- 影响火候的因素；
- 热的传递方式；
- 加热对原料的作用。

任务学习

一、火候、火力

在加工烹调过程中，根据成菜的质量要求，并考虑原料的性质、形状、数量等因素，运用不同的传热介质，通过一定的加热方式，在一定的时间内传递给原料一定的热量，使之发生一定的理化变化，最后制成菜肴成品。原料通过吸收热量，发生一系列的理化变化，进而使菜肴在色、香、味、形、质、养等方面发生变化并达到要求。

▲明火烹调

所谓火候是指烹调过程中，将原料加工或制成菜肴所需温度的高低、时间的长短和热源火力的大小。

中式烹调多用明火，其火力大小除受气候冷暖和炉灶结构等因素影响外，主要取决于燃料的种类、质量、数量及空气的供应情况。燃料燃烧过程属化学变化范畴，空气供应充足，燃料就能充分燃烧，可释放出最大热量；反之所释放的热量就小。因此，以燃料燃烧作为热源的炉灶，在使用同种燃料且数量、质量均一定时，调节火力大小的关键是控制炉灶内空气的流通。

所谓火力是指各种能源或燃料，经物理或化学变化转变为热能的程度。燃料处在剧烈燃烧状态下，火力就大。

二、餐饮业如何鉴别火力

目前在餐饮业中，以各种燃料为热源的加热设备多为明火，人们习惯将炉灶在燃烧时表现的形式，如火焰的高低、色泽、火光的明暗及热辐射的强弱等现象作为依据，来鉴别火力的大小。根据火焰的直观特征，可将火力分为微火、小火、中火、旺火四种。

1. 微火

微火又称慢火。微火的特征是火焰细小或看不到火焰，呈暗红色，供热微弱，适用于焖、煨、酥等烹调方法，以及菜肴成品的保温，是最弱的一种火力。

2. 小火

小火又称文火。小火的特征是火焰细小、晃动、时起时落，呈青绿色或暗黄色，光度暗淡，热辐射较弱，是火力中较小的一种。小火多用于烹调质地老韧的原料或制成软烂质感的菜肴，适用于烧、焖、煨、炖、扒、收等烹调方法。

3. 中火

中火又称文武火，是仅次于旺火的一种火力。中火的特征是火苗较旺，火力小，火焰低而摇晃，呈红白色，光度较亮，热辐射较强，常用于炸、蒸、煮、炒、烧、扒、烩等烹调方法。

4. 旺火

▲旺火烹调

旺火又称武火、大火、猛火、烈火等。旺火的特征是火焰高而稳定，呈黄白色，光度明亮，热辐射强烈，热气逼人，是火力中最大的一种，多用于炒、熘、爆、炸、汆、烩等烹调方法。

火力从大到小或从小到大，很难严格地划定界限，上述四种火力，只是根据人的感官对火力表面现象的描述，按餐饮业烹调中的习惯而划分。四种火力的用途在烹调实践活动中往往要根据需要交替或重复使用，并不是一成不变的，应根据菜肴的不同要求而施用。

三、影响火候的因素

热源的火力、传热介质的温度和加热时间是构成火候的三个要素。在火候的运用中，三个要素总是相互作用、协调配合的。改变其中任何一个要素，都会对火候的功效带来较大的影响。了解影响火候的因素对掌握和运用火候，是十分必要的。

1. 原料性状对火候的影响

原料性状是指原料性质和原料形状。原料性质包括原料软硬度、疏密度（俗称原料的老嫩）、成熟度、新鲜度等。不同的原料，由于化学成分、组织结构等的不同，原料性质上也会存在差异。相同的原料由于生长、养殖（或种植）、收获季节、贮藏期限等的不同，也会造成原料性质的差异。其性质上的差异必然会导致原料在导热性和耐热性上的不同。因此，在满足成菜质量标准的前提下，必须依据原料性质和原料形状来选择传热介质和火候，一般在成菜制品要求和原料性质一定时，形体大而厚的原料在加热时所需的热量较多，反之所需热量较少。所以，在制作菜肴时，应根据上述因素的变化来调节火候。

2. 传热介质用量对火候的影响

传热介质的用量与传热介质的热容量有关，对传热介质温度产生一定的影响。种类一定的传热介质，用量较多时，要使其达到一定温度就必须从热源获取较多的热量，即传热介质的热容量较大，少量的原料从中吸取热量不会引起温度大幅度的变化。反之，热源传输较少的热量给传热介质就达不到同样高的温度，此时传热介质的热容量较小，温度会随着原料的投入而急剧下降。要维持一定的烹调温度，就必须适当增大热源火力。可见，传热介质用量的多少会影响温度的稳定性。

3. 原料投入量对火候的影响

原料投入量也是影响传热介质温度的因素。一定的原料要制成菜肴时，就要在一定的温度下用适当的时间进行加热，原料投入后会从传热介质中吸取热量，因而导致传热介质温度降低。要保持一定的温度，就必须有足够大的热源火力相配合，否则温度下降时，只有通过延长加热时间来使原料成熟。因此，原料投入量的多少对传热介质温度有影响。原料投入量越多，对传热介质温度的影响就越大。

4. 季节变化对火候的影响

一年四季中，冬季、夏季温度差别较大，环境温度一般都有几十摄氏度的差异。这必然会影响到菜肴烹调时的火候。冬季气温较低，热源释放的热量中有效能量会有所减少。夏季气温较高，热源释放的热量和传热介质载运的热量，较之冬季损耗要少得多。在冬季应适当增强热源火力、提高传热介质温度或延长加热时间；在夏季则要适当减弱热源火力、降低传热介质温度或缩短加热时间。故在制作菜肴时，应考虑季节变化对火候的影响。

四、热的传递方式

烹调过程中，大都采用传热能力强、保温性能优良的厨具。其目的就是便于更好地进行热传递，把热能通过厨具传给传热媒介或直接传给被烹原料，使其成熟。一般来说有三种基本传热方式，即热传导、热对流和热辐射。热传导、热对流均须借助于传热介质实现，而热辐射则是无介质传热。

1. 热传导

热传导是由于大量分子、原子或电子的相互撞击，使热量从物体温度较高的部分传至温度较低部分的传热方式，是固体和液体传热的主要方式。例如，将金属调羹放在热汤羹中，很快就会感到手与调羹把儿接触的地方变热甚至烫手。烹调技法中的盐焗、泥烤、竹筒烤等属于热传导。

2. 热对流

以液体或气体的流动来传递热量的传热方式，称为热对流。热对流是以液体或气体作为传热介质，在循环流动中，将热量传给原料。热对流是由于分子受热后膨胀，能量较高的分子流动到能量较低的分子处，把部分能量传给能量较低的分子，直至达到能量平衡为止。例如，把手放在炉灶、沸腾的水锅或蒸笼上，立刻就会感到温暖。烹调技法中的蒸、炸、煮、汆等属于热对流。

3. 热辐射

热辐射是热传递的一种基本方式，也是自然界最普遍存在的传热现象。它无须任何传递介质，既不依靠流体质点的移动，又不依靠分子之间的碰撞，而只是借助于不同波长的各种电磁波来传递热量。烹调中热辐射的方式主要是电磁波。电磁波是辐射能的载体，它被原料吸收时，所运载的能量便会转变为热能，对原料进行加热并使之成熟。根据波长的不同，电磁波可分为很多种，在烹调传热中主要运用的是红外波段的直接致热辐射和间接致热的微波辐射。

五、加热对原料的作用

原料在烹调加工过程中会发生多种物理变化和化学变化。主要的物理变化有分散、渗透、熔化、凝固、挥发、凝结等。主要的化学变化有变性、糊化、水解、氧化、酯化等。原料在物理变化和化学变化的作用下，其形状、色泽、质地、风味等均有所变化，其中火候的运用是其变化的关键之一。研究这些变化，对于恰当的掌握火候、最大限度地保持食物中营养成分，以及制成色、香、味、形俱佳的菜肴具有指导意义。

1. 分散作用对原料的影响

分散作用是指原料成分从浓度较高处向浓度较低处扩散（还包括固态成分的溶解分散）。分散作用包括吸水、膨胀、分裂和溶解等。例如，制汤时所选用的制汤原料，以水作为传热介质，原料在煮制过程中所含的营养成分受热后，其分子受到水和温度的作用加速运动，促进了分散作用，使营养成分外溢，使水变为汤汁，各种营养成分均匀分布，当达到一定的浓度，汤汁就变得味道鲜美了。又如，新鲜蔬菜和水果中富含水分，细胞间起连接作用的植物胶素硬而饱满，加热时，植物胶素软化，溶解于水中成为胶液，同时细胞破裂，其中部分矿物质、维生素及其他水溶性物质也溶于水中，整个组织变软。所以，蔬菜和果品加热后，其汤汁中含有丰富的营养素，是菜肴营养的重要组成部分，不宜弃去，应尽量食用，当然在烹调中一般会采用勾芡处理，使汤汁黏附在原料上。另外，果品自身含果胶较多，烹调中利用分散作用，可加入少量水制成各种果酱、果冻和蜜汁类菜肴。

烹调时，淀粉的变化过程最为典型。淀粉是烹调时制作菜肴常用的辅助性原料，当其在水中被加热到60 ~ 70℃时，就会吸水膨胀分裂，形成体积膨大、均匀、黏度很大的胶状物，这就是淀粉的糊化。烹调时的勾芡就是利用了淀粉的糊化，使菜肴中的汤汁变得浓稠，让汤汁完全黏附在主、配料的表面，使菜肴的色、香、味、形俱佳。挂糊、上浆时，淀粉与原料中的蛋白质形成溶胶，混合受热糊化后可在原料表层形成凝胶状保护层，从而达到保护菜肴水分和营养成分不外溢的目的。

▲小米高汤煨海参

▲双吃龙利鱼

2. 水解作用对原料的影响

原料在水中加热或在非水物质中加热，使营养素在水的作用下发生分解，称为水解作用，此作用属于化学变化。例如，淀粉虽属多糖类，但本身无甜味，水解后产生部分麦芽糖和葡萄糖而略有甜味。肉类（瘦肉、蹄筋）结缔组织中的胶原蛋白质，水解后可使原料达到软烂的质感，并成为有较大亲水性的动物胶（明胶），冷却后即凝结成冻胶，利用这一原理可制作肉皮冻等类菜肴。蛋白质可水解成各种氨基酸，氨基酸是鲜味的主要来源之一，是水解作用的结果。所以在制作鲜汤时，一般都选用含蛋白质多的原料，以使蛋白质充分水解，使汤汁醇厚。在各种烹调技法中，制汤是水解作用的典型应用。

3. 凝固作用对原料的影响

凝固作用是指原料在加热过程中，原料中所含的水溶性蛋白质发生凝结现象，即热变性。例如，鸡蛋液受热后结成块状；肉丝在滑油时，长时间加热会使肉质变得老韧；汤中的盐使蛋白质沉淀析出等。一般来讲，蛋白质的凝固过程受吸收热量的多少和电解质的影响，吸收热量越多，温度升高越快，蛋白质热变性就越快。如果溶液中有电解质存在，蛋白质的凝结速度会加快。食盐在烹调中起调味作用，它也是一种强电解质，可促进蛋白质的凝结。因此在烹调蛋白质含量较多的原料时，若先加盐，则会使蛋白质的凝结过早，影响原料中营养成分溶解，并导致原料不易吸水膨胀而软烂。所以，制汤或采用烧、炖、煨等烹调方法制作菜肴时，不宜过早放盐，以保证营养成分外散，使汤汁浓、味鲜美，在菜肴成品的质感完美后，才能调入盐味。因此，放盐的时机应根据不同菜肴的具体情况而定。

▲石榴包

4. 酯化作用对原料的影响

酯化作用是指脂肪（醇类物质）与水一起加热时，部分脂肪发生水解后形成脂肪酸和甘油，与有机酸（醋、酒）共同加热，产生具有芳香气味的酯类化学反应。例如，原料中的氨基酸、核酸、脂肪酸，食醋中的乙酸与料酒中的乙醇等共同加热，均可发生不同程度的酯化反应，生成芳香气味的酯类。酯类具有较强的挥发性，有极浓的芳香气味，故有些动物性原料在烹调加热时烹入适量料酒，尤其做鱼时适量烹入料酒、食醋，不仅能增加芳香气味，还可去腥解腻。

5. 氧化作用对原料的影响

原料中所含的多种维生素与空气接触时容易发生氧化破坏现象，这种现象称为氧化作用。氧化作用是一种化学反应，在烹调加热时，食用油脂及维生素最易发生这种反应。油脂的加热是暴露在空气中的，并在高温下连续使用，在这种状态下油脂与空气中的氧在高温下直接接触，发生高温氧化反应所产生的某些醛、醇、酸及过氧化合物对人体危害极大，所以烹调中使用的油脂要避免高温反复加热，且油脂要经常更换。这与常温下油脂的自动氧化是有区别的。原料中多数维生素在加热时与空气接触，很容易被氧化破坏，并使原料变色。如果再与碱性物质和铜器接触，氧化更为迅速。原料在烹调时损失最多的是维生素，尤其是维生素 C，其次是维生素 B_1、维生素 B_2 等。这些维生素多存在于新鲜蔬菜中，所以在烹调蔬菜原料时要采用旺火速成的烹调方法，如爆、炒等。另外，烹调时要尽量减少原料在炒锅内的加热时间，且不宜放碱性物质及选用铜制炊具。

6. 其他作用对原料的影响

原料在加热时，除产生上述作用外，还会产生其他各种各样的物理变化和化学变化。例如，油脂经高温处理，会产生一些芳香物质；肉类蛋白质与糖高温下的美拉德反应（变色反应）；鸡蛋黄中的铁与蛋的硫化反应；淀粉及其他糖类物质的糊精反应及焦糖化反应，形成金黄和棕红色等。这些反应相互作用，对菜肴的色、香、味、形、质、养等都会产生不同的影响。

中国烹调一直十分重视火候的运用，谈到用火等就一定要了解伊尹。

伊尹（约公元前1630～公元前1550），商朝著名思想家、政治家、军事家、元圣（第一个圣人），我国历史上第一个贤能相国、帝王的老师、中华厨祖、烹调圣祖。他是提出“五味调和”学说的中华第一人。据史料记载，伊尹幼年时寄养于开封的庖人之家，得以学习烹调之术，长大以后成为精通烹调的大师，并由烹调之法而通晓治国之道，说汤（皇帝）以至味，成为商汤心目中的智者、贤者，被任用为相，影响较大。

以伊尹来比喻技艺高超厨师的词语有不少，如“伊尹煎熬伊尹侧身像”（枚乘《七发》)，“伊公调和”(梁昭明太子《七契》)，“伊尹负鼎”(《史记》)，“伊尹善割烹”(《汉书》) 等。早在两千多年前，伊尹总结创作的烹调理论，被《吕氏春秋•本味篇》收录，书中这样记载道：“凡味之本，水最为始。五味三材，九沸九变，火为之纪，时疾时徐。灭腥去臊除膻，必以其胜，无失其理。”

北宋大诗人苏轼，常常亲自烧菜，并以红烧肉最为拿手。苏轼在《食猪肉》中写下“……慢着火，少着水，火候足时它自美。”清朝美食家袁枚对火候的一番阐述甚为精当，“熟物之法，最重火候。有须武火者，煎炒是也，火弱则物疲矣；有须文火者，煨煮是也，火猛则物枯矣；有先用武火而后用文火者，收汤之物是也，性急则皮焦而里不熟矣；有愈煮愈嫩者，腰子、鸡蛋之类是也；有略煮不嫩者，鲜鱼、蚶蛤之类是也。肉起迟，则红色变黑。鱼起迟，则活肉变死。屡开锅盖，则多沫而少香，火熄再烧，则走油而味失矣。”此类相关火候的精妙之论，不胜枚举。

这些总结，都是在阐明火候是菜肴制作及做成特色风味的重要条件。烹调菜肴时，火候是变化多端、精密奇妙的，往往与菜肴制作的成败有直接关系。只有弄清楚这些关系和道理，火候的效用才能得到完美的体现。

议一议

（1）火力分为微火、小火、中火、旺火四种，中火多用于炒、熘、爆等烹调方法。

（2）影响火候的因素主要有原料性状、传热介质用量、原料投入量、季节变化等。

（3）做“红烧鱼”时将鱼进行过油，就是采用热传导的方式对原料进行加热的。

（4）日常生活中，我们经常看到这样的现象：一定浓度的鱼汤、猪蹄汤在常温条件下凝结了，形成了所谓的冻；一定浓度的瘦肉汤在常温条件下还是汤，没有成冻。你能说明这是为什么吗？

任务二 掌握火候

技能目标

- 灵活掌握火候。

知识目标

- 掌握火候知识；
- 掌握火候的原则。

一、如何掌握火候

掌握火候就是根据不同的烹调方法和原料成熟状态对总热容量的要求，调节控制好加热温度和加热时间，使其达到最佳状态。

由于原料种类繁多、形状各异，加热方法多种多样，要使菜肴达到烹调的要求，就必须在实践中不断地总结经验，掌握其规律，这样才能正确地掌握和运用火候。

菜肴烹调过程中的火候千变万化，根据烹调过程中传热介质的不同，依据原料受热后的变化，恰当地掌握调味、勾芡及出锅的时机，是掌握火候的关键。

1. 通过烹调菜肴过程中油温的变化来判定火候

判断锅内油温高低，应以油面状态和原料入油后的反应为依据。在实际操作中，一般靠目测的方法来判断油温（在本项目任务三中将详细学习），餐饮行业中一般把油温分为凉油锅、温油锅、热油锅、旺油锅四个油温段。

▲炒蟹肉

▲排骨炖蟹

2. 通过鉴别原料成熟度来确定火候

通过炒锅中原料的变化来确定火候。例如，动物性原料是根据其血红素的变化来确定火候的。油温在60℃以下时，肉色几乎无变化；油温在65 ~ 70℃时，肉色呈现粉红色；油温在75℃以上时，肉色完全变成灰白色。又如，猪肉丝入锅烹调后变成灰白色，即可判定其基本断生。

3. 运用翻锅技巧掌握火候

熟练地运用翻锅技巧对于掌握火候也是很重要的，根据菜肴在炒锅中的变化情况来判断，到了翻锅的时机就要及时翻锅，这样才能使原料受热均匀，使调料均匀入味，使芡汁在菜肴中均匀分布。若不及时翻锅或出锅不及时，就会造成菜肴生熟不均，或过火或煳焦，甚至失饪。

二、掌握火候的原则

在烹调菜肴的过程中，人们根据原料的性状差异、菜肴制品的不同要求、传热介质的不同、原料投入量的多少、烹调方法的不同等可变因素，结合烹调实践总结出以下掌握火候的一般原则。

▲桃仁青瓜

（1）质老、形大的原料要用小火长时间加热。

（2）质嫩、形小的原料要用旺火短时间加热。

（3）对于要求质感脆嫩的菜肴，其原料要用旺火短时间加热。

（4）对于要求质感软烂的菜肴，其原料要用小火长时间加热。

（5）对于以水为传热介质且要求质感软嫩、脆嫩的菜肴，其原料要用旺火短时间加热。对于以水为传热介质且要求质感酥烂的菜肴，其原料必须用中火或小火长时间加热。

（6）对于以水蒸气为传热介质且要求质感鲜嫩的菜肴，其原料要用大火短时间加热。对于以水蒸气为传热介质且要求质感软烂的菜肴，其原料则要用中火长时间加热。

（7）对于采用炒、爆烹调方法制作的菜肴，其原料要用旺火短时间加热（旺火速成、急火快炒）。

（8）对于采用炸、熘烹调方法制作的菜肴，其原料要用旺火短时间加热。

（9）对于采用炖、焖、煨烹调方法制作的菜肴，其原料要用小火长时间加热。

（10）对于采用煎、贴、塌烹调方法制作的菜肴，其原料要用中火或小火长时间加热。

（11）对于采用汆、烩烹调方法制作的菜肴，其原料要用旺火或中火短时间加热。

（12）对于采用烧、煮烹调方法制作的菜肴，其原料要用中火或小火长时间加热。

综上所述，火候的掌握应以菜肴的质量要求为准，以原料性状的特点为依据，还应根据实际情况随机应变、灵活运用。

议一议

（1）猪肉丝在滑油时，长时间加热会使肉质变得老韧，肉丝入锅烹调后变成灰白色，则可以判断其基本断生。

（2）逐个分析回锅肉、火爆腰花、牡丹燕菜、糖醋里脊、芙蓉蛋羹、拔丝苹果六道菜肴应选择什么火候对原料进行加热。

任务三　油温知识

技能目标

- 正确识别油温；
- 灵活掌握油温。

知识目标

- 如何识别油温；
- 如何掌握油温。

一、识别油温

油温是指锅中的油经过加热所达到的热度（或者说温度）。一般的食用油最高可加热至

240℃左右，如果超过此温度，则个别油脂有可能燃烧。只有正确鉴别各种油温，才能更好地运用过油方法，对原料进行恰当的热处理。

目前在西式快餐行业影响下，有多种先进的油炸方法。例如，常压深层油炸锅得到广泛应用；多功能测温勺可助于精确控制油温。现代烹调中，用明火加热油时，温度变化较快，同时火力的大小、原料投入量的多少等都会对油温产生直接的影响，加之油的反复使用，其中掺入的水和杂质等对油温也产生影响，这些都使油温的鉴别更加困难。

在现代餐饮行业中，主要还是凭借实践经验，目测鉴别。

油温的分类、识别及适用情况详见表4-1。

表4-1　油温的分类、识别及适用情况

名　称	俗　称	温度(℃)	加热时油面的表现	原料入油后的反应	适用情况
凉油锅	一二成热	25～60	因为是常温油，没有任何反应	下入原料没有任何反应	适用于炒、炸干果，以及干货原料第一阶段涨发
温油锅	三四成热	90～120	无青烟、无响声，油面较平静。手离油面3寸时，感觉热，但不觉得烫	原料下锅后周围出现少量气泡	适用于滑油，以及浸炸等
热油锅	五六成热	150～180	微有青烟生成，无响声，油从四周向中间徐徐波动或从中间向四周波动。手离油面3寸时，感觉烫	原料下锅后出现大量气泡，有轻微的爆炸声	适用于炒、炸、烹、贴、煎等
旺油锅	七八成热	190～220	青烟四起，油面较平静，用炒勺搅动有响声。手离油面3寸时，感觉巨烫无比，手无法静置	原料下锅后周围出现大量气泡并带有一定的爆炸声	适用于爆、复炸等

在餐饮业中，油温通常俗称为“几成热”，“每成热”为30℃左右，一般烹调菜肴所用油温在100～200℃之间，油温变化幅度较大，特别是在旺火热锅内变化极快，若缺乏经验，则难以掌握。烹调用油依靠对流作用传递热量，油能达到的最高温度比水高得多，炸、滑油等方法用的油量大，要从油受热后，锅中的状态与变化来判断油温的高低，并灵活掌握。

一般炒菜，放油不要太多，油温也不要太高，这时将原料下锅翻炒即可。用炸烹调方法制作菜肴时，锅内油多，又不好用温度计去测量油的温度，只能通过感观来进行判断。使用不同油温的油锅的首要条件就是要懂得怎样识别油温。

二、掌握油温

油温必须根据火力大小、原料投入量，以及原料性状来判定。

1. 根据火力的大小灵活掌握油温

在其他条件一定的情况下，如果火力大，原料下锅时油温可以低一些，这是因为旺火可使油温迅速升高，如果原料下锅时火力大、油温高，则容易使原料粘连，出现外焦里生的现象；如果火力小，原料下锅时油温可高一些，其原因是火力小，油温上升较慢，如果原料在火力小、油温低的情况下入锅，则油温会迅速下降，造成脱糊、脱浆等不良现象；如果火力太大、油温上升太快且不能立即调控，则应端锅离火或在不离火的情况下加入冷油，灵活调节火力，把油温控制在过油所需要的温度范围以内，这是十分重要的。

2. 根据原料的形状、质地掌握油温

各种原料在过油时，由于原料的形状、质地不一样，过油时的油量和过油时间也不尽相同。一般来讲，对于体积大、质地细嫩的原料，宜用旺火、热油，炸制时间也较短，如整条鱼、鱼块等；对于体积小、质地细嫩的原料，宜用中火、温油，过油时间要短些，如上浆的虾球、肉丝等；对于体积大、质地较韧的原料（如整只鸡、鸭），宜用中火、温油，但炸制时间要长一些；对于体积小、质地坚韧的原料（如猪排骨），宜用中火、温油，炸制时间也宜长一些；对于体积大又较为坚韧的原料，一般不宜炸制（如大块的生牛、羊肉），而应采用煮、卤或酱等方法制作。

▲菊花蛋酥

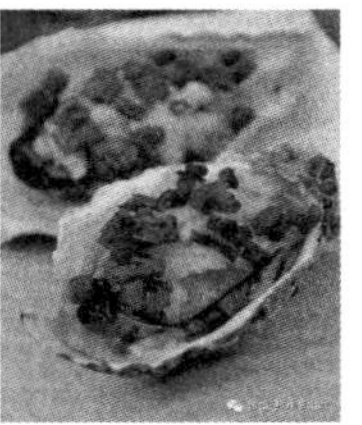
▲葱香牡蛎

3. 根据原料的多少掌握油温

如果原料投入量多，油温应高一些，因为原料投入量比较多，所要吸收的热量也多，油温会迅速下降，油温回升较慢；如果原料投入量少，油温应低一些，这是因为原料投入量少，油温降低的幅度较小，油温回升较快。

4. 根据用油的多少掌握油温

如果用油多，油温可低一些；如果用油少，油温可高一些。在一般情况下，当用油量为原料的 3~4 倍时，这样在操作时才能使原料受热均匀。

总之，以上这些因素是相互依存的，必须根据烹调菜肴的要求综合考虑，灵活运用来掌握油温。

5. 根据油的性质灵活掌握油温

油的精炼程度、使用次数的多少、含水及杂质的量等，都会对油温产生一定的影响。

需要注意的是，油不宜高温长时间加热及反复使用。因为在长时间高温加热时，会使油脂在高温作用下发生氧化和热降解反应，产生对人体有害的物质，如亚硝基吡啶、多环芳香烃类、过氧化物等。所以，为减少和防止这些物质的产生，应在油炸原料时，尽量避免油温过高和时间过长，一般以不超过 190℃为佳，时间以 30~60 秒为宜。另外，在油炸原料时，用油丝不断地清理油中的杂质，防止有害物质大量蓄积，还可以加入一些新油，减少连续反复使用的次数，保证油炸食品的卫生与安全。

当然，掌握油温必须综合考虑，视各种条件，合理地调控油温，这样才能烹调出合格的美味菜肴来。

想一想

（1）油温三四成热，其温度在90 ~ 120℃，直观特征为油面无青烟，无响声，油面基本平静，当滑制原料时，原料周围出现大量气泡，对吗？

（2）质地细嫩、形状较小的原料，下锅时油温应低一些（如滑鱼肉丝），反之，油温则应高一些，如糖醋里脊中的里脊条的二次复炸。

做一做

（1）训练正确识别和掌握油温。

（2）训练和掌握油温。

我的实训总结：____

____

知识检测

一、判断题

（　　）（1）温油锅加热时油面的表现是：微有青烟生成，无响声，油从四周向中间徐徐波动或从中间向四周波动，手离油面 3 寸时感觉烫。

（　　）（2）对于以水蒸气为传热介质且要求质感鲜嫩的菜肴，原料要用大火短时间加热。对于以水蒸气为传热介质且要求质感软烂的菜肴，原料要用中火长时间加热。

（　　）（3）旺油锅，俗称七八成热，油温为 190 ~ 220℃，烹调方法适用于爆、复炸等。

（　　）（4）对于采用炸、熘烹调方法制作的菜肴，原料要用中火短时间加热。

（　　）（5）如果原料投入量多，油温应低一些；如果原料投入量少，油温应高一些，根据加工烹调原料的多少来掌握油温。

二、选择题

（1）旺火的特征是（　　）。

A. 火焰高而稳定，呈白黄色，光度明亮，热气逼人

B. 火焰高而摇动，呈白黄色，光度明亮，热气较大

C. 火焰低而稳定，呈红黄色，光度较暗，热气不大

D. 火焰低而摇动，呈蓝红色，光度暗淡，热气很小

（2）小火和微火适用于较长时间烹调的菜肴，如（　　）类菜肴等。

A. 油炸　　B. 油爆　　C. 清炒　　D. 煨或炖

（3）烹调质老、形大的原料要用（　　）。

A. 大火长时间加热　　B. 小火长时间加热

C. 大火短时间加热　　D. 旺火短时间加热

（4）（　　）是决定原料获取热量多少、变化程度大小的关键因素。

A. 热媒温度　　B. 加热时间　　C. 热源火力　　D. 原料性状

（5）（　　）和时间长短的变化情况称为火候。

A. 程度高低　　B. 火光颜色　　C. 火力大小　　D. 火焰高低

（6）一般（ ）成热的油温为 90 ~ 120℃。

A. 一二　　B. 二三　　C. 三四　　D. 四五

三、简答题

（1）热的传递方式有哪些？

（2）在餐饮业中，如何掌握火候？

（3）在餐饮业中，掌握火候的原则是什么？

（4）简述你是如何识别和掌握油温的。

项目五　烹调前准备

任务一　初步热处理

任务目标

知识目标

- 初步热处理的概念；
- 原料初步热处理的方法及作用；
- 对初步热处理的要求。

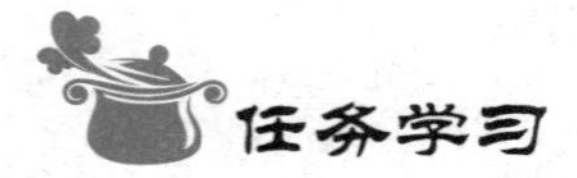

任务学习

每一种原料在制作成可口的美味佳肴之前，都必须经过一系列的加工工序，原料经过初步加工处理之后，在正式烹调菜肴之前有一个重要工序，就是对原料进行初步热处理，在餐饮行业中常常称其为烹调前准备。烹调前准备是菜肴烹调中的一个重要过程，与菜肴的色、香、味、形、质等各个方面有直接的关系。

一、初步热处理的概念

原料的初步热处理又称初步熟处理。它是指在正式烹调菜肴之前，根据菜肴制作的特点和风味要求，将原料在水、油、水蒸气中进行初步加热，直至半熟、断生或刚熟状态的操作过程。

在烹调技术加工过程中，对原料进行初步热处理，除了能将原料加热至断生或刚熟的状态之外，还具有去除原料的血污、异味、定型、上色、增鲜、增加营养等作用。在餐饮行业中，一般把对原料的初步热处理作为一项独立的原料加工技术来讲述。

二、初步热处理的方法及作用

对原料进行初步热处理的方法有很多，常用的有焯水、气蒸、过油、走红、水煮等。在当今高科技时代，也可利用微波、光波等辐射加热手段完成对原料的初步热处理。这些方法在操作方式、适用范围、目的和作用等方面都各不相同。对原料进行初步热处理的方法多样且各有技巧，在操作过程中要灵活掌握。

初步热处理的作用有以下几点。

（1）去腥解腻，消除异味。有些动物性原料除了含有大量的油脂之外，本身还具有腥膻等异味，经过初步热处理可以全部去除或去除一部分腥膻等异味，为菜肴正式烹调中的增鲜、提香奠定良好的基础。

（2）杀菌消毒，利于饮食安全。在高温的作用下，可以杀灭一些病毒、病菌，保证菜肴饮食的卫生与安全。

（3）美化菜肴的形态与色泽。经过不同的初步热处理，可以使一些原料基本定型，增加原料的鲜艳程度，使制作出的菜肴更为美观悦目。

（4）可以调整原料的成熟时间。不同的原料成熟时间差异很大，制作菜肴时，经常由两种或几种质地不同、成熟时间不同的原料搭配在一起成菜。对原料进行初步热处理，可使它们的成熟时间趋于一致，从而调整各种原料的成熟度，最终在正式烹调时达到同时成熟的目的。

（5）可以缩短烹调时间。在菜肴制作中，有些快速成菜的技法，如爆、炒、熘等，要求出菜速度快，因此在正式烹调前对原料进行初步热处理，可以缩短菜肴正式烹调的时间。

三、对初步热处理的要求

随着时代的发展，人们生活水平不断提高，越来越多的人不再简单满足于吃饱的现状，而是开始更多地追求膳食的营养和安全，因此在餐饮业中，对初步热处理有以下几点要求。

（1）根据原料的形态大小、质地老嫩、软韧等不同，掌握好初步热处理的加热时间。

（2）根据烹调的要求，掌握好加热时间的长短和原料成熟程度。

（3）根据原料的质地选择适当的热处理方法。

（4）不同性味的原料在热处理时，应防止不同原料之间相互串味、生熟不一。

▲银杏百合炒芦笋

（5）尽量减少原料中营养成分的流失。

（6）原料必须清洁卫生，初步热处理同时应起到消毒、杀菌的作用，保证饮食安全。

想一想

（1）初步热处理有哪些方法？

（2）在餐饮业中，对初步热处理有哪些要求？

任务二 焯水技术

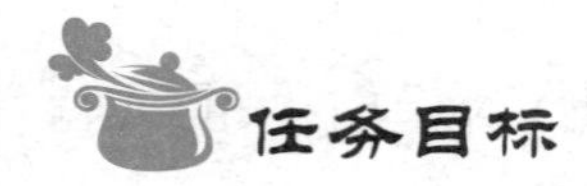

技能目标

- 掌握冷水锅焯水技能方法；
- 掌握沸水锅焯水技能方法。

知识目标

- 焯水的概念及作用；
- 焯水的分类、注意事项及适用范围；
- 对焯水的要求。

一、焯水的概念及作用

1. 焯水的概念

焯水又称过水、撞菜、出水或飞水，是指将经过初步加工的原料，放入水锅中加热，直至半熟或全熟的状态，以备正式烹调所使用的一种初步热处理的方法。它是烹调中不可缺少的一道工序，对菜肴的色、香、味起着一定的作用。

2. 焯水的作用

▲鱼鹰觅食

1）改善蔬菜的颜色

焯水可以破坏食物中的氧化酶系统，防止蔬菜进一步变色，如山药、土豆等。绿色蔬菜中含有丰富的叶绿素，加热时叶绿素中的镁离子与蔬菜中的草酸在高温下容易形成脱镁叶绿素，导致蔬菜颜色变暗。正式烹调前的焯水可以通过加热和稀释作用，有效除去蔬菜中的草酸，使烹调原料的 pH 值接近中性，防止和减少脱镁叶绿素的产生，从而达到保持原料颜色鲜艳的目的。例如，豆角焯水后颜色更显碧绿。另外，新鲜蔬菜的表面或薄或厚地裹着一层蜡膜，这是植物防御病害的自我保护膜。这些蜡膜在一定程度上阻碍了人们对蔬菜颜色的感受，使蔬菜看上去比较灰暗。通过焯水可熔化蔬菜上的蜡膜，提高人们对蔬菜颜色的感受，给人更加鲜艳的感觉。

2）除去异味、血污、油腻并利于营养吸收

个别原料中有异味和血污，如鱼类的腥味、羊肉的膻味等，均可在焯水过程中得以不同程度的消除。血污较大的动物性原料也可通过焯水除去血污。植物性原料中含有过多的草酸，在菜肴制作过程中容易与钙结合生成草酸钙，不仅影响人们对钙等矿物质的吸收，甚至还可能在人体形成结石，给人体器官造成伤害。通过焯水可以去除大量的草酸。例如，鲜笋、菠菜焯水后，能够除去草酸的涩味；萝卜焯水后，能除去芥子油的苦辣味等。

3）缩短正式烹调时间

经过焯水的原料具有一定的成熟度，能自然缩短菜肴的正式烹调时间。例如，炖技法中的清炖鸡块、清炖排骨等，焯水热处理不仅去除了原料中的血污，还增加了原料的成熟度，缩短了正式烹调时间。

4）使同一菜肴中不同质地的原料成熟时间趋于一致

各种原料由于质地及形状不同，在成熟时间上差异很大。有的需要几个小时，而有的只需几秒钟。在正式烹调时，要把这些质地不同、形状各异、成熟时间不同的原料搭配在一起，经过同样的火力、同样的加热时间，烹制成一道恰到火候的精美菜肴，这就需要在烹调前对成熟时间较长的原料进行热处理，从而在正式烹调时达到同步成熟的目的。

5）使某些原料便于去皮或切制成形

在烹调中，为了提高菜肴可观赏性和档次，须要保证有些原料具备完好的自然形态与造型。有些原料直接去皮是比较困难的，并且容易破坏自然形状，如西红柿、花生米、栗子、荸荠、山药等，而其焯水后去皮就容易多了。另外，一些质地较软的原料不容易刀工成形，如某些肉类、动物内脏等原料，通过焯水后较之生料更容易切制成形，切出的形状更加整齐美观。

6）可使某些原料质地脆嫩

在烹调中，应尽量保持原料中的水分不外溢或少外溢，因为菜肴的嫩度主要与含水量有关，含水量多则嫩，含水量少则不嫩或老韧，甚至干、柴。焯水就是保持原料水分的一种有效措施，特别是热水锅焯水法，能够避免原料中水分过度损失，以达到保持原料脆嫩的目的。

二、焯水的分类

根据水温高低和投入原料的时间，焯水可分为冷水锅焯水和沸水锅焯水两种方法。

1. 冷水锅焯水

冷水锅焯水就是将初步加工好的原料，放入常温水的锅中加热，待水沸腾，原料质地达到烹调要求后捞出的一种焯水方法。

1）工艺流程

锅中注入冷水→投入初步加工好的原料→加热至水沸→翻动原料→控制加热时间→达到质地要求→捞出备用。

2）适用范围

（1）动物性原料。冷水锅焯水适用于腥膻味较重、血污较多的动物性原料，如牛肉、羊肉及动物的内脏。这些原料如果下入沸水锅中，因突然受热，其表面蛋白质凝固、纤维收缩，而使动物性原料内部的异味及血污不易排出，影响半成品的质量，破坏菜肴的滋味。因此，上述动物性原料必须采用冷水锅焯水的方法。

（2）植物性原料。冷水锅焯水适用于萝卜、笋、马铃薯、芋头、山药等植物性原料。因为这些植物性原料带有较浓苦涩味等，只有在冷水中逐渐加热才易消除。另外，体形较大、质地坚实的植物性原料，如用沸水加热易出现外烂而内不熟的现象。

3）注意事项

（1）锅中的水量要浸没原料。

（2）异味重、易脱色的原料应单独焯水，如羊肉、动物内脏、山药等。

（3）在加热过程中，注意及时翻动原料，使其受热均匀。

（4）应根据原料的性质及烹调的要求，掌握好成熟度和出锅时机。

2. 沸水锅焯水

沸水锅焯水就是把初步加工好的原料，放入烧至沸腾的开水锅内，待原料质地达到烹调要求后迅速捞出的一种焯水方法。

1）工艺流程

加工整理原料→放入沸水锅中→继续加热→翻动原料→水锅再次沸腾或没有沸腾→达到质地要求→捞出备用。

2）适用范围

（1）植物性原料。沸水锅焯水适用于要保持色泽、脆嫩及含水量较多的植物性原料，如芹菜、菠菜、青菜等。如果这些植物性原料下入冷水锅中，加热时间过长，原料中的水分会大量流失，失去脆嫩的口感，并且质地受到影响，色素细胞也会遭到破坏而失去鲜艳的光泽。更重要的是，加热时间过长，植物性原料中的水溶性维生素及其他营养成分易溶于水或遭到破坏。

（2）动物性原料。沸水锅焯水适用于腥膻味少、血污不多、鲜味足的动物性原料，如鸡、鸭、蹄髈、猪肉等，或者加工成片、丝、丁、块后的小型动物性原料。这些动物性原料下入沸水锅中无须很长的加热时间就能除去血污、减小异味，还能使肉表面蛋白质迅速凝固，阻止可溶性营养物质溶于汤中。

3）注意事项

（1）加水量要足，火力要大，一次投入的原料不宜过多。

（2）根据菜肴质量需要，控制好火候及加热时间。

（3）深色、易脱色的原料与无色或浅色原料应分别焯水。

（4）焯水后的原料（特别是植物性原料）应立即投凉。

（5）尽量缩短焯水后原料的放置时间，即焯水后原料应尽快使用。

三、对焯水的要求

焯水是餐饮业中常用的一种初步热处理方法，应用广泛。由于原料的品种繁多，性质有别，其形状、大小、气味、老嫩、色泽各不相同，焯水时应区别对待。否则，会影响菜肴质量。在厨房的日常工作中，焯水必须掌握以下原则。

（1）有异味的原料与无异味的原料应分别焯水。如芹菜、羊肉、动物内脏等与一般无味原料同用一锅水焯制时，会使无味原料也染上异味，所以必须分别焯水。如果为了缩短时间，节约用水，必须分先后次序，即无味原料先焯、有味的原料后焯。

▲酿鲜笋

（2）深色原料与无色、浅色原料应分别焯水。原料有无色、有色之分，又有深色与浅色之别。因此，不可同时下锅或颠倒焯水的顺序，应先焯无色原料、再焯有色原料，先焯浅色原料，再焯深色原料，这样无色、浅色原料就不会串色。

（3）必须根据原料性质的不同，适当掌握焯水时间。各种原料形状、大小、薄厚、老嫩均不相同，在焯水时间上应分别对待。例如，叶类蔬菜焯水时间不可过长，而笋等焯水时间要长些。

知识拓展

（1）豆类制品焯水的时候，水里放些盐，可以让原料更好入味。

（2）新鲜蔬菜焯水的时候，水里放些油，可以让原料色彩更鲜艳。

（3）脆性原料焯水时间不能过长。

（4）动物性原料焯水后应立即烹调。

想一想

（1）焯水的分类有哪些？其适用范围是什么？

（2）在餐饮业中，原料的焯水应该注意哪些事项？

任务三　过油技术

任务目标

技能目标

● 掌握滑油、焐油、走油的技能方法。

知识目标

● 过油的概念及作用；

● 过油的分类及适用范围；

● 对过油的要求。

一、过油的概念及作用

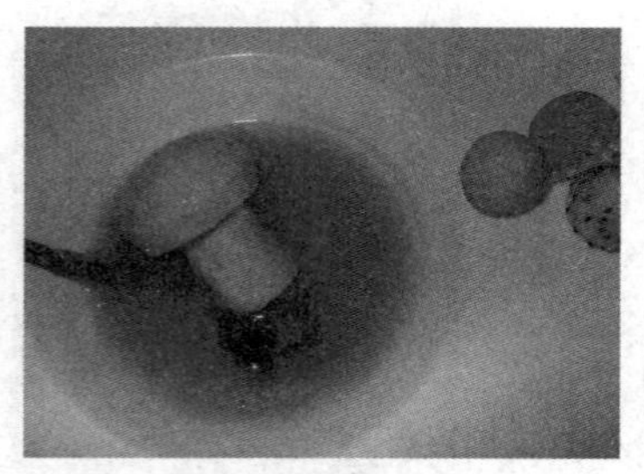
▲浓汁象形蘑菇

1. 过油的概念

过油又称油锅、走油等，是指将加工成形的原料，放在不同油温的油锅中加热至半熟或全熟的一个初步热处理过程。

过油是热处理中的重要手段之一，能使菜肴口味滑嫩软润，保持和增加原料的鲜艳色泽，形成菜肴的风味特色，还能去除原料的异味。过油时要根据油量的多少、原料的性质及投入量等方面，正确地运用和掌握油温。如果掌握不好过油时的油温，会使原料出现老、焦、夹生等现象，达不到香酥脆嫩和色泽美观的特点。因此，过油是一项技术性很高的技艺。

2. 过油的作用

1）丰富菜肴的质感

过油可使原料外酥里嫩或滑润等。过油时利用不同的油温和不同的加热时间，使原料的水分与初始状态产生差异，从而形成外酥里嫩的质感。

2）保持或增加原料的色泽

过油是通过高温使原料表面的蛋白质类物质发生化学反应，使淀粉转化成糊精，从而达到改变原料色泽的目的，使原料颜色具有金黄、红润、洁白、鲜艳明亮等效果。

3）使原料散发香气，丰富菜肴的风味

过油处理过程中，在不同油温的作用下，原料中具有芳香气味的醇、酯、酚等有机物就会散发出来。过油还可使油渗透到原料内部，给缺少脂肪的原料（如茄子、土豆、豆腐等）补充营养，在增加营养素的同时，也可丰富菜肴的风味。

4）改变或确定原料的形态

过油时，原料中的蛋白质类物质在高温状态下会迅速凝固，可使原料的原有形态或加工后的形态固定下来，并在正式烹调中不被破坏，如麦穗腰花、荔枝鸭胗、墨鱼卷等。

二、过油的分类及对过油的要求

在不同烹调技法的要求下，不同质地原料的过油处理方法也不同，所用油量、过油时的油温都不同。因此，过油可分为滑油、焐油和走油三种方法。

1. 滑油

滑油又称拉油，是指将加工后的原料放入中油量的温油锅中加热滑散，制成半成品的一种处理方法。

1）工艺流程

净锅置火上→入油→加热至三四成热→投入原料→迅速滑散→原料刚熟→倒出控油。

2）适用范围

（1）适用于鸡、鸭、鱼、猪肉、牛肉、羊肉及部分海鲜等质地比较细嫩的原料。

（2）适用于形状一般是丝、丁、片、条、粒等的原料。

（3）多用于使用爆炒、滑炒、滑熘等烹调方法制作的菜肴，如清炒虾仁、银芽爆鸡丝、滑溜鱼片等。

3）操作要求

（1）锅应清洗干净，先放火上烧热，后倒入油，避免滑油时粘锅。油要提前练熟，防止影响原料的色泽和香味。否则原料下入油锅后，会产生大量泡沫溢出锅外，造成烫伤及失火事故。

（2）掌握好油温。如果油温太低，原料则会脱浆，失去上浆的意义，并柴老；如果油温过高，原料则易粘连在一起，不易滑散，出现外焦里不熟的现象。

（3）掌握好原料与油的比例。油量一般为原料量的 2~3 倍。

（4）对于要求颜色洁白的菜肴，在滑油操作时应选用洁净的油，以免油中出现黑星或油色过重，影响菜肴色泽。

2. 焐油

焐油是利用热油或温油中积存的热量，将原料中的水分汽化除去，使原料变得酥脆或膨化的一种处理方法，一般只适用于干果脱水和干货类原料涨发。干果如花生、腰果、核桃、夏威夷果等，经过焐油，使内部水分蒸发，变得干香酥脆；干货类如肉皮、蹄筋、鱼肚等，经过焐油，可使原料膨润滑嫩（油发的第一步）。

另外，焐油操作应注意的是：原料要冷油下锅，小火加温，控制好加热时间，加热时要注意原料形状和颜色的变化，使原料内部水分与外部水分同时汽化，达到外酥脆的质感。焐油时，油温不可过高，以免原料外表受热过多结成硬壳，影响内部水分蒸发。另外，原料出锅要及时，出锅后的原料要摊开，因为原料内部余温会继续对原料加热。

3. 走油

走油又称油炸，就是将加工成形的原料，投入大油量的热油锅内加热制成半成品的一种方法。

1）走油的工艺流程

净锅置火上→入油→加热至五六成热→投入原料→翻动加热→定型上色→半成品→捞出控油备用。

2）适用范围

（1）根据原料形状的不同，走油一般适用于较大的片、条、块或整形原料，如家畜、家禽、水产品、豆制品及某些蔬菜类等均可。

（2）走油适用于使用炸、烧、扒、煎、

▲龙腾盛世

▲牡丹鱼花

焖、锅烧等烹调方法制作的菜肴，如红烧鱼、红扒蹄髈、糖醋里脊等。

3）注意事项

（1）用油量要充足，油量要浸没原料，油温一般掌握在五成热以上。对于要求外酥里嫩的菜肴，原料过油后必须重油，又叫复炸。

（2）注意原料下锅的方法。 走油时，原料下锅的方法与前有所不同，例如，有皮的原料下锅时，皮要朝下，这是由于肉皮组织紧密、韧性较强，不易炸透，皮朝下受热较多，能达到起小泡、酥松的效果。又如，经过焯水后的原料，表面含水量较多，必须控干水分或用洁布揩干水分后再投入油锅，以减少热油的飞溅。大块儿原料入锅时，尽量顺着锅边下入。

（3）入油时应注意安全，防止热油飞溅烫伤。当原料投入旺油锅中时，原料表面的水分因骤然受高温影响，会立即汽化，并带着热油四处飞溅，容易造成烫伤事故，应采取防范措施，其办法有以下三种。

① 下锅前，将原料表面的水分控干。

② 原料下锅时，与油面的距离尽量缩短。

③ 原料入锅后，应立即盖上锅盖遮挡飞溅的油滴。

（4）挂糊的原料要分散下锅，以免粘连在一起。个别粘连的原料要等到原料结壳后，使其分开。过早下锅，会使原料糊浆脱落，致使原料质地变老；过迟下锅，原料会粘连在一块，不易分散，影响成形。

想一想

（1）过油有哪些方法？适用范围是什么？

（2）过油的作用有哪些？

（3）滑油的操作要求是什么？走油应注意哪些事项？

任务四　走红技术

技能目标

- 掌握卤汁走红技能方法；
- 掌握过油走红技能方法。

知识目标

- 走红的概念及作用；
- 走红的分类及适用范围；
- 对走红的要求。

任务学习

一、走红的概念及作用

1. 走红的概念

走红又称着色、红锅等，是指将原料投入各种有色调味汁中加热上色，或者将原料表面涂抹上有色调料或糖类后，经过油炸上色，使原料着上颜色的一种热处理方法。走红主要决定着菜肴成品的色泽、口味与质感。

2. 走红的作用

1）能为原料增色添彩，使菜肴诱人食欲、丰富营养

很多原料本身的颜色不够鲜艳，如鸡、鸭、鱼、五花肉等原料在正式烹调时，其颜色暗淡发白，根据不同菜肴的要求，这些没有颜色的原料很难达到诱人食欲的效果。经过走红处理，可使原料附着上浅黄、金黄、金红、酱红、红褐等颜色，不仅能丰富原料的色彩，而且能增加原料的香美滋味和营养。

▲茄汁凤冠里脊

2）缩短菜肴正式烹调时间

在制作凉菜菜肴的时候，整只或大块的动物性原料直接烹调耗时较长，如果经过走红处理再进行卤制，制作时就比较省时、省力。利用扒、烧、蒸、炖等烹调技法制作菜肴时，经过走红上色之后，根据菜肴烹调的要求改刀成形，再进行烹调，可以缩短正式烹调的时间。

3）可以使原料除异味、增香味

部分动物性原料本身具有腥膻等异味，经过走红能有效地去除异味。因为在走红的卤汁当中加入了很多具有上色、增香的调料，通过较长时间的加热，这些香味进入原料内部，可使原料中的异味得到很好的挥发，所以走红能对原料起到除异味、增香味的作用。

4）使原料定型

经过走红处理，可以使原料形状基本确定，即使一些走红后还要继续切配的原料，也确定了其大致形状。

二、走红的分类

根据传热介质不同，走红可分为卤汁走红和过油走红两种方法。严格地讲，走红只是用于原料上色（卤汁走红法附带入味）的手段，并非是一种独立的初步热处理方法。走红主要适用于制作凉菜，或者用于烧、煨、焖、蒸等方法制作一些有韧性的原料，如鸡、鸭、家畜肉或蛋制品等，经过走红的菜肴如梅菜扣肉、红烧肘子、樟茶鸭子等。

1. 卤汁走红

卤汁走红就是将经过焯水或过油等方法处理后的原料，放入锅中，加入鲜汤或水及有色调料，先用旺火烧沸，撇去浮沫，随即改用小火加热，使调料的色泽缓缓浸入原料而上色的

一种方法。常用着色调料有糖色、酱油、红曲米、料酒及各种香料等。

1）工艺流程

加工整理原料→调配卤汁并加热→放入加工好的原料→继续加热至上色→取出原料待用。

2）适用范围

卤汁走红一般多适用于鸡、鸭、鹅、鸽等禽类，以及方肉、肘子和家禽内脏等原料的上色。卤汁走红适用于凉菜及蒸、烧技法烹调的菜肴。例如，九转大肠、四喜肉等均用此法着色。

3）注意事项

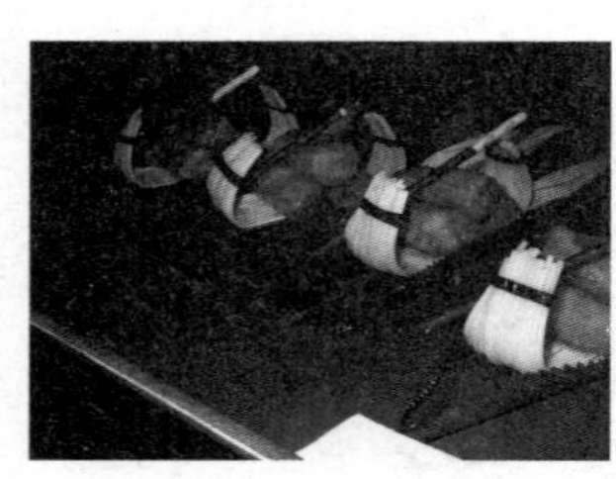

▲三鲜卷

（1）应按菜肴色彩的需要掌握好着色调料用量比例及卤汁颜色的深浅。

（2）一般是先旺火烧沸，再改用小火加热，使菜肴原料的着色和入味同步进行。

（3）为防止原料粘连锅底、原料煳焦，在操作前，先在锅底放上一个垫底的器物，如竹箅、不锈钢蒸箅等。另外，对于有皮的家畜肉原料，放在底层时，其皮面朝上、肉朝下；放在上层时，其肉朝上、皮面朝下。

（4）先用旺火烧沸，撇净浮沫，然后中火烧制，并在烧制过程中不断翻动，使原料上色均匀。根据成品菜肴的需要，严格控制加热时间，把握成熟度，确保菜肴风味。

2. 过油走红

过油走红就是在经过初加工整理后的原料表面涂上有色调料或其他原料后，放入油锅中加热至原料上色的一种方法。常用的有色调料有酱油、老抽、饴糖、蜂蜜、糖色、料酒、面酱、酒酿汁等。

1）工艺流程

加工整理原料→焯水→表面涂抹调料→风干→锅内加入食用油→加热→投入原料→加热→上色→取出原料备用。

2）适用范围

过油走红一般多适用于鸡、鸭、鱼、肉、蛋制品，以及整只或大块原料的上色。过油走红多适用于炸、蒸、卤、扒等烹调技法，如豫菜中的料子鸡、虎皮鸽蛋、汴京烧鸡、芥菜肉等。

3）注意事项

（1）原料表面涂抹调料要均匀并风干。原料上色时要涂抹均匀，等原料表皮风干之后再过油，否则会导致半成品色泽不均匀，过油时热油易爆炸、飞溅。

（2）原料入锅时动作要轻，原料尽量距离油面近一些，入锅后立即盖上锅盖，防止热油飞溅而发生烫伤事件。

（3）要掌握好油温，一般控制在五六成热的温度范围内，不宜过高或过低，否则会出现皮软或外皮焦煳的现象。

三、对走红的要求

在餐饮业中，对走红的要求如下。

1. 根据菜肴的不同要求，控制好原料在走红中的成熟程度与成熟时间

根据菜肴的不同要求，不同原料的加热时间是不相同的。因为原料走红上色是一个受热成熟的过程，但走红还不是烹调的最后阶段。所以要尽可能在上好原料颜色的前提下，迅速出锅，再进入烹调阶段，并最终完成菜肴的制作。避免原料因在走红过程中过分成熟而变得质地老化等。过长的加热时间也会使原料中的香味挥发，导致菜肴失去应有的风味。

2. 根据菜肴的不同要求，控制好原料在走红中的颜色

卤汁走红时，要控制好卤汁颜色的深浅，把握好投放有色调料的量；过油走红前对原料表面涂抹的上色调料要厚薄均匀，并能准确判断出炸制后原料颜色的变化，这样才能控制好半成品的颜色，完美地制作出不同风味的菜肴。

3. 根据菜肴的不同要求，保持好原料在走红中的形态

由于制作菜肴的不同要求，有的菜肴须要保持完美的形态。原料在走红过程中基本决定了成菜后的形状，走红前一般要将鸡、鸭等整好形状，并保持原有形状，便于下一道工序使用。

想一想

（1）什么是走红？走红的方法及操作注意事项是什么？

（2）在餐饮业中，对走红的要求有哪些？

任务五 气蒸技术

技能目标

- 掌握旺火沸水蒸方法；
- 掌握中火沸水蒸方法。

知识目标

- 气蒸及其作用；
- 气蒸的分类及适用范围；
- 对气蒸的要求。

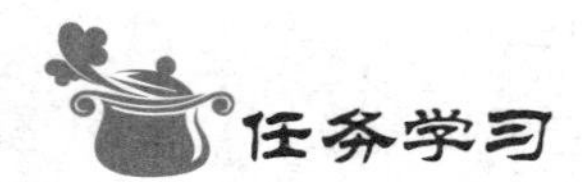

任务学习

一、气蒸及其作用

▲麒麟鸡

1. 什么是气蒸

气蒸又称气锅、气蒸熟处理、蒸锅等，是将初加工整理过的原料放入蒸锅（蒸箱）或蒸笼中，以水蒸气为传热介质，使原料成为半成品的一种方法。气蒸容易使原料成熟，还能保持原料完整形状、原料的营养成分和风味特色，缩短正式烹调的时间。

2. 气蒸的作用

1）加快原料的成熟速度

在水沸的情况下，蒸笼或蒸箱内水蒸气的温度保持在 100℃。在密封或加压的情况下，水蒸气的温度一般会保持在 100℃ ~ 110℃，因此原料成熟的速度相对要快一些。

2）保持原料的完整性

原料在蒸制过程中，完全靠水蒸气的对流作用促使原料成熟，原料内部的水分与蒸笼内的水蒸气基本处于平衡与饱和状态，这样原料内部的水分不容易溢出，所以原料不会出现干瘪现象。气蒸的时候是在封闭状态下加热，其形态始终保持不变。

3）避免原料中营养成分的损失

气蒸处理中的原料在湿度高度饱和的环境中受热，其内部的水分不易外溢，原料中的水溶性营养物质流失较少，相对营养成分损失也较小。同时原料相对被封闭，盛器内的汤汁增减不大，因此能保持原料的原汁原味。

二、气蒸的分类

根据原料的性质、蒸制时间的长短和原料蒸制后应具备质感的不同，气蒸通常分为旺火速蒸、中火沸水蒸、小火沸水慢蒸。其中，小火沸水慢蒸主要是保温，本书不详细介绍。

1. 旺火速蒸

旺火速蒸是用旺火加热至水沸腾，利用充足的水蒸气快速将原料蒸制为半成品的一种方法。

1）工艺流程

原料初加工→原料置入蒸笼内→旺火气蒸→原料达标→取出备用。

2）适用范围

旺火速蒸适用于新鲜度高、质地细嫩易熟、体积较小的原料，如清蒸鳜鱼、香菇蒸滑鸡等。旺火速蒸也适用于质地较老、韧性较强、形体较大、不易酥烂的原料（如海参、鲍鱼、莲子等）干货原料的涨发，以及用鸡、鸭、肘子等原料做成的扣碗类菜肴的熟处理。旺火速蒸还适用于锅烧、酥炸等烹调技法的半成品制作等。

3）注意事项

（1）火力要大，蒸气要足。

（2）根据原料质地老嫩、形状大小及菜肴需要的成熟程度，掌握好原料的成熟时间。

（3）水量要多，这是因为蒸制时间较长，以免将锅中的水蒸干而使原料煳干，甚至失饪。

（4）中途不要开蒸笼，以免造成蒸笼内的温度和气压下降，使原料表面温度急剧下降引起表皮收缩形成隔离层，造成热量难以透入原料内部的气死局面。

2. 中火沸水蒸

中火沸水蒸是利用饱和水蒸气对原料进行长时间的加热，将原料蒸制成半熟或全熟的半成品的方法。

1）工艺流程

原料初加工→蒸笼加水旺火烧沸→原料置入蒸笼内→中火气蒸→原料达标→取出备用。

2）适用范围

中火沸水蒸主要适用于新鲜度高、质地细嫩易熟、不耐高温的原料及拼摆成形的菜肴，如八宝苹果、绣球鱼翅、水蛋等菜肴的预热处理，以及黄蛋糕、白蛋糕、鱼糕、芙蓉等半成品的制作。

3）注意事项

（1）蒸制过程中要求火力适当、水量充足、水蒸气冲力不大，这样才能保证蒸制原料的形状和质量。如果火力过大、水蒸气过足会使原料质地过老、起蜂窝眼、颜色发生变化，有的造型菜还会因此冲乱形态。

（2）发现水蒸气过足，就要减小火力或放气处理，以降低笼内温度和气压。

▲一品梅花鱼

（3）注意控制蒸制时间，防止蒸过。

（4）嫩蛋、蛋糕、虾糕、鱼糕等，以及造型菜肴，可以在盛器上面封一层保鲜膜，以防止水蒸气落入原料，形成水珠，影响形态。

三、对气蒸的要求

在餐饮业中，对气蒸的要求如下。

1. 掌握好火力和加热时间

根据原料质地的老嫩、体积的大小、盛装的多少、水蒸气温度高低及烹调的要求，灵活控制火力和时间，使原料达到气蒸的效果，以便于切配和正式烹调。

2. 注意原料上笼的顺序

（1）在上笼时，将不易成熟的原料装在下层，容易成熟的原料装在上层，以便于出笼。

▲金钱肉

（2）将有卤汁的原料放在下层，无卤汁的原料放在上层，避免出笼时不慎将卤汁滴入无卤汁的原料上，而影响原料的质量。

（3）将有异味的原料放在下层，无异味或异味较少的原料放在上层。这样有异味的原料的汤汁不会溅入其他原料上，否则容易造成串味。

3. 注意笼中的水量变化

在气蒸时，一定要注意蒸笼内的一切变化，防止蒸笼跑气、漏气或干烧。除蒸笼安全减压阀外，蒸笼应尽量封闭，防止大量跑气、漏气现象，进而影响原料的加热时间和菜肴的质量。一般蒸车都有自动上水功能，但是，操作的时候一定要注意时刻检查水位表。对于不会自动上水的蒸笼、蒸锅，在开始加水的时候水量要一次性加足，防止因长时间加热，锅中水被烧干，而使菜肴失饪，甚至导致事故。

4. 掌握气蒸在烹调中的灵活应用

在烹调的过程中，有的菜肴须要先炸后蒸，有的菜肴须要先蒸后炸，有的菜肴须要经过其他初步热处理后再进行气蒸熟处理，其方法多样、操作繁杂，一定要灵活掌握好气蒸方法与其他烹调技法之间的互相配合。

想一想

（1）气蒸的方法及适用范围有哪些？

（2）气蒸的作用有哪些？

（3）在餐饮业中，运用气蒸处理的方法可以制作哪些菜肴？

任务六　制汤技术

任务目标

技能目标

- 掌握普通清汤制作方法；
- 掌握高级清汤制作方法；
- 掌握白汤制作方法；
- 掌握浓白汤制作方法；
- 掌握常用素汤制作方法。

知识目标

- 制汤的概念；
- 制汤的作用；
- 常用汤的种类、原料和制作方法；
- 制汤的关键。

任务学习

制汤与喝汤在北宋时已经十分盛行。陆游诗云："斮取溪藤便作香，炼成崖蜜旋煎汤。萧然巾履茅堂上，不畏人间夏日长。"到了清朝，制作皇宫御膳时，更是注重汤的使用。康熙皇帝每日早朝听政之前必进燕窝羹一碗。乾隆除夕家宴时，伴随着钟弦之乐，御厨送上汤膳食盒一对，左内有红白鸭子大菜汤膳一品，右内有燕窝鸡汤膳一品等。这些都说明汤在烹调和膳食中的重要作用。

从古至今，制汤工艺是烹调加工工艺中的重要环节。在餐饮业中，流传着这样一句话："唱戏的腔，厨师的汤。"古代时，还有"有汤接客，无汤关门"之说。这都说明了汤在烹调加工中有着举足轻重的重要作用。汤的主要风味是鲜味，其用途非常广泛，是用于烹调菜肴的鲜味调味液和制作汤菜的底汤，制作大部分的菜肴都要用鲜汤来进行调味。在传统的烹调工艺中，学会制汤是一项重要的基本功，制汤和用汤被视为烹调中的重要环节，是制作菜肴的重要辅助原料，也是形成菜肴风味特色的重要组成部分。

一、制汤的概念

制汤又称吊汤、炖汤、汤锅、熬汤等，就是将新鲜富含蛋白质、脂肪、核苷酸等营养物质的原料放入水中加热，使其所含的营养成分溶于水中，制成鲜香、味醇汤汁的过程。制汤时，经常使用的原料有老母鸡、老鸭、猪棒骨、肘子、金华火腿、干贝、羊肉、羊骨、牛肉、牛骨、竹笋、鱼类及菌类等。

▲上汤菊花鸡丝

二、制汤的作用

1. 增加菜肴鲜味，促进菜肴美味的形成

在制汤过程中，原料中大量呈鲜物质融到汤汁里，使制作好的汤富含大量营养物质和呈鲜物质，将其加入菜肴中，就会增加菜肴的鲜美滋味，这类菜肴如清汤菊花豆腐、上汤娃娃菜、清汤荷花莲蓬鸡等。

本身没有鲜味的原料，通过鲜汤的煨、烧等方法，使原料变为鲜美的菜肴，这类菜肴如扒广肚、大葱烧海参、烧酿羊素肚等。

2. 丰富菜肴的营养，提高菜肴营养价值

俗话说："吃肉比不上喝汤，汤里富有好营养。"利用鲜汤制作菜肴时，汤里的营养物质会溶入食材中，从而增加菜肴的营养成分，提高菜肴营养价值，这类菜肴如白扒蹄筋、奶汤蒲菜等。

3. 促进食欲，便于消化吸收

制作菜肴时，加入鲜美的汤汁能刺激人们的味蕾，提高人们的食欲。很多地方宴席中都有开胃汤、过口汤、收口汤等，这些汤的主要作用就是便于食物被人体消化和吸收。

三、常用汤的种类和制作方法

1. 汤的分类

在餐饮业中，汤的种类很多，一般有以下分法。

1）按汤汁的色泽分类

按汤汁的色泽可以分为清汤和白汤。清汤又可分为普通清汤和高级清汤，其口味清纯鲜美、汤清见底；白汤又可分为普通白汤和浓白汤，其口味浓厚、汤色乳白。

2）按制汤所用原料不同分类

▲原味鳄鱼汤

按制汤所用原料不同可分为荤汤和素汤。荤汤以动物性原料为主，配以葱、姜和料酒等制成，可分为三合汤、鸡汤、鸭汤、肉汤、鱼汤、海鲜汤等。素汤是制作素菜肴常用的汤，一般选用豆芽、扁尖笋、鲜竹笋、冬菇、口蘑等植物性原料制成。根据用料不同，素汤可分为豆芽汤、鲜笋汤、菌菇汤等。

3）按汤汁的质量与制汤的工艺方法分类

按汤汁的质量与制汤的工艺方法可分为普通汤和高级汤两大类。普通汤又称一般汤、毛汤、二汤，一般为一次制成，汤没有经过提炼；高级汤又称高汤、上汤、顶汤、吊汤，是在普通汤的基础上经过几次提鲜调制而形成的鲜美汤汁。

4）按汤的口味分类

按汤的口味分为咸汤和甜汤两类。

5）按汤料品种的多少分类

按汤料品种的多少可分为单一料汤和混合汤，单一料汤是指用一种原料制作而成的汤，如鲫鱼汤、排骨汤等；混合汤是指用两种以上原料制作而成的汤，如双蹄汤、蘑菇鸡鲜汤等。

2. 制作方法

1）普通清汤

普通清汤又称一般清汤。多以老母鸡为原料，也可选用鸡、鸭骨架、猪骨、猪蹄髈等原料，将其洗涤后，下入凉水锅中（原料与水的比例应在 1∶3 与 1∶6 之间），大火加热至沸腾，除净浮沫，放入葱、姜、料酒，改用小火长时间加热，使汤汁处在似沸非沸的状态，待原料中的蛋白质等营养成分及鲜汁溶于汤中即成。普通清汤的特点是汤汁稀薄、清澈度差、鲜味一般，多用于普通菜肴的制作和制作高级清汤的基础原汤。

2）高级清汤

高级清汤具有清澈透明、滋味鲜香、鲜醇浓厚的特点。高级清汤是在一般清汤的基础上，进一步调制而成的。制作高级清汤必须用“哨”来调制。哨分红哨和白哨两种，红哨是将瘦猪肉、鸡腿肉、牛肉等制成蓉再加水而制成。白哨一般是将鸡脯肉制成蓉，再加水而制成。另外，简单高级清汤可用鸡蛋清打散后，再加水来调制。

（1）原料：一般清汤、鸡肉、葱姜水、料酒、水。

（2）制作方法分以下两种。

① 温汤调制法：先过滤除去一般清汤中的渣状物，再将其置火上，加热至 60℃左右，然后将鸡腿肉剁成蓉，加葱姜水、料酒及水抓拌均匀，倒入一般清汤中，用炒勺顺一个方向搅动，并用旺火加热，边加热边用炒勺向同一方向搅动。刚搅动时，一般清汤先发浑，等渐渐澄清后停止搅动。待一般清汤即将烧沸时，哨浮于汤面，随即改用小火或将汤锅端离火源，不能使汤面出现翻滚，撇净浮沫后，此汤即成为高级清汤。

② 沸汤调制法：先将鸡脯肉剁成蓉，然后加入葱姜水、料酒及水并抓拌均匀，再将一般清汤烧沸，放入一半哨，用手勺顺着一个方向搅动，等待哨浮于汤面，改为小火，撇净浮沫，然后放入余下哨，用手勺顺着一个方向搅动，待汤微沸时改为小火，撇净浮沫后，此汤即成为高级清汤。也可将撇出的哨压成饼状，慢慢放入汤中，使哨中营养在汤中继续浸出，此汤即成为高级清汤，使用高级清汤时再将哨捞出。

▲顶汤贝壳鱼

在以上吊汤的基础上，再用哨制作一次，汤汁会更加鲜醇透明，调制次数越多，口味越鲜醇浓厚。

（3）适用范围：适用于高档菜肴、高级汤菜的制作，这类菜肴如清汤鸽蛋、清汤蓑衣鲍、开水白菜等。

3）普通白汤

普通白汤又称一般白汤。这种汤的制作较为普通和简单。普通白汤的主要特点是用料普通、操作简单、易于掌握、鲜味一般，多用于烹调一般菜肴。普通白汤有以下两种制作方法。

（1）将煮过浓白汤的猪肉骨、专供制汤用的猪蹄，以及猪骨筋膜、碎皮等下脚料，加一定量的清水和葱段、姜块烧沸，撇去浮沫，再加绍酒，盖上盖继续加热 2~3 小时，待煮到骨髓溶于汤中、骨酥肉烂，用筛滤去残骨烂渣。普通白汤汤色乳白，但汤质浓度不如浓白汤，鲜味也较差，可作为一般菜肴用汤。普通白汤在浓度上并无严格要求，因此用料与加水的比例也比较随意。

（2）将鸡、鸭骨架、猪骨、火腿骨等几种原料焯水、洗涤干净后，放入锅中，加适量的清水、葱、姜、料酒等，采用急火或中火煮炖，等待汤色呈乳白色，除去浮沫，过滤即成。

4）浓白汤

浓白汤又称奶汤、高级奶汤等，具有汤色乳白、质浓味鲜的特点。

（1）原料：猪肉、猪骨（最好是棒骨砸断）、猪蹄、腊肉、蹄髈等。

（2）制作方法分以下两种。

① 原料洗涤干净，入汤锅，另外可将初步热处理的肉禽类原料放入汤锅中，加葱、姜、料酒等，待烧沸时撇去浮沫，加盖用中、小火焖煮，适时将合乎要求的蹄髈、方肉等取出，留住其他制汤原料，改为大火烧沸，保持汤汁沸腾，加热 1~3 小时，直至汁浓，呈乳白色，离火，过滤即成，倒入盛器内备用。

② 以普通白汤为基汤，加入鸡肉、猪肉等原料，待烧沸时撇去浮沫，加盖用中、小火焖煮，直至汤浓、肉烂，离火，过滤即成。河南把此汤称为“煒白汤”。

（3）适用范围：适用于烹调的白汁菜肴或汤羹，这类菜肴如白扒广肚、白扒豆腐、炖吊子、奶汤炖广肚等。

5）鱼浓汤

制作方法：将鱼头、鱼脊骨或小鲫鱼、小杂鱼剁成小块，锅里放猪油，先下葱、姜片炸香，然后下鱼块煸炒，至鱼块部分脱水，加料酒，注入沸水，加盖，旺火烧沸，改中火焖煮 15 分钟左右，煮至鱼肉烂碎、脱骨，汤呈乳白色似牛奶，过滤即成。

鱼浓汤一般用于奶油鳜鱼、奶汤鲫鱼、鲫鱼豆腐汤、鱼头炖豆腐等菜肴的制作。通常，原料为 500 克，加水量为 2.5 千克，可制汤 2 千克左右。

6）牛肉清汤

（1）原料：牛肉、牛骨等。

（2）制作方法：将原料洗净放入汤锅，注入清水，加上葱段、姜块、绍酒（西餐制法加洋葱头、胡萝卜，将其原料切成片，在炉板上略烤，与鲜芹菜一起放入汤中），用中火烧沸，撇去浮沫，改用小火，在似沸非沸的状态加热 3 ～ 4 小时，待可溶性成分充分溶解于汤中，用纱布过滤即成。如果想使汤汁更加鲜醇、澄清，可用牛肉、蛋清等原料调制。

（3）特点：汤汁澄清、口味鲜醇，一般用于高档菜肴或宴会菜的制作。

7）混合汤

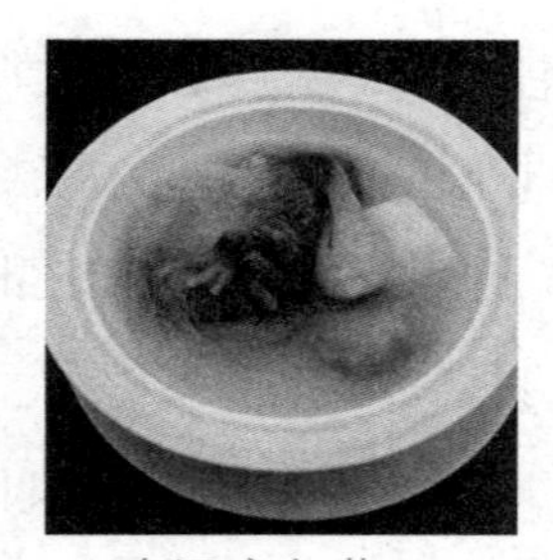

▲金汤鹿角菌

（1）原料：以老母鸡、精肉、火腿为原料，也有的地方用老母鸡、鸭子、猪肘子等原料。各地制法不同，但必须以老母鸡为主料，其他原料为辅料，这种汤俗称三合汤。

（2）制作方法：将三种原料焯水后投入汤锅中，加一定量的清水。用中、小火慢慢烧沸，撇去浮沫，加绍酒、葱段、姜块（拍松）后盖上锅盖，用中、小火长时间加热（时间约 3 小时），如需要清汤，则必须用小火，汤不能沸腾，否则即成白汤。三合汤所用的原料和水的比例一般为 1∶2 或 1∶3。

8）豆芽汤

制作方法：取新鲜黄豆芽，用豆油煸炒至八成熟，加入开水，盖上锅盖，用旺火焖煮半个小时，使汤呈乳白色，汤浓味鲜，滤去豆芽即成。此汤浓白，味道鲜醇。通常，豆芽为 5 千克，加水量为 14 千克，可以制得 12 千克鲜汤。此汤可以炒、烩、煮白色菜肴及白色汤菜。

9）扁尖笋汤

制作方法：把扁尖老笋部分和较嫩部分分离，将扁尖老笋洗净，投入锅中，加清水煮 3 小时左右，待营养成分溶于汤中，捞去笋渣，过滤，再将较嫩部分用温水浸泡后放入汤中，略煮即成。一般笋尖用量为 5 千克，加水量为 15 千克，可制得鲜汤 12 千克。扁尖笋汤的汤质澄清，汤色淡黄，鲜味浓郁。

10）鲜笋汤

制作方法：取用全年四季鲜笋（春季用竹笋、夏季用毛笋、秋季用鞭笋、冬季用冬笋）的老笋段、笋衣、嫩笋段等煮的汤。取老笋段和笋衣，投入大汤锅，加清水烧 3 小时左右，滤去老笋段和笋衣（老笋段和笋衣低温保存好，还可进行二次使用）。另将嫩笋段加清水烧 1 小时左右，捞出熟笋，笋汤滤清，与前面煮出的汤合在一起使用。通常，用笋量为 5 千克，加清水量为 15 千克，可制得 12 千克鲜汤。由于汤味过浓，可与黄豆芽汤合并使用，比例为 1 ∶ 2。鲜笋汤的口感鲜味浓郁，汤色绿黄。此汤可用于高级素菜的制作，这类菜肴如珍菌上素、西湖莼菜汤等。

11）鲜蘑菇汤

制作方法：汤锅加清水烧沸后，投入鲜蘑菇，待烧沸持续 5 分钟，捞出鲜蘑菇，舀出汤水静置沉淀，去除沉淀物，将汤过滤去渣即成。通常，鲜蘑菇为 10 千克，加清水量为 23 千克，可制得 20 千克鲜汤。鲜蘑菇汤的汤色灰褐，味鲜，可作为一般菜肴用汤。

12）口蘑汤

制作方法：干口蘑洗净入锅，加水烧沸，改小火煮 30 分钟，待口蘑恢复软嫩即可捞出，将汤倒出，待泥沙沉淀，取上层清汤，再过滤即成。口蘑汤的汤色灰暗，汤质鲜醇。通常，干口蘑为 0.5 千克，加清水量为 1.5 千克，可制得 1.2 千克鲜汤。口蘑汤是水发口蘑的原汤，可用于较高级的菜肴和汤菜的制作，这类菜肴如罗汉斋、口蘑锅巴汤等。

13）香菇汤

香菇汤是水发香菇（冬菇、厚菇、花菇）的原汤。可将香菇发制的汤水（凉水发和煮发）合在一起使用，可作为高档菜肴调味用汤，这类菜肴如红扒猴头菇等。

制作方法：先将菌柄和菌盖分开。菌盖（即食用部分）加清水（一般用凉水，也可用热水）浸泡 2 小时左右，将香菇抓捏，使泥沙脱落于水中，同时也使香菇内部养分挤压于水中，捞出香菇，再换清水抓捏一次，把两次抓捏挤压出的水合为一体，待沉淀后除去泥沙，再过滤去渣状物。通常，干香菇为 0.5 千克，加清水量为 3 千克，可制得 2.5 千克原汤。另外，菌柄放锅中加水煮 2~3 小时捞出，倒出汤水，沉淀除去泥沙，经过滤即成汤。通常，菌柄为 0.5 千克，加清水量为 2 千克，可制得 1.5 千克左右的汤。

四、制汤的关键

1. 必须选用新鲜、无腥膻气味的原料

▲鲜炖扇贝

制汤所用的原料必须是新鲜的，而且鲜味比较浓厚，无腥膻气味。例如，动物性原料可以是鸡、鸭、瘦猪肉、肘子等为主，植物性原料则以豆芽、香菇、笋尖等为主。根据菜肴的风味来选择制汤的原料，必须遵循以下原则。

（1）牛肉、羊肉因含有大量的低分子挥发性脂肪酸，从而带有特殊的气味，因此，除非用于烹调牛肉、羊肉菜肴，一般不使用牛肉、羊肉作为制汤的原料； 鱼肉十分鲜美，但是其放置时间稍久，氧化三甲胺还原为气味浓烈的三甲胺的同时，还会分解出有腥味的有机化合物，因此除了鱼类菜肴可以使用鲜鱼汤外，其他菜肴一般不用鱼汤。

（2）制汤的原料中应富含鲜味成分，如核苷酸、氨基酸、酰胺、三甲基胺、肽、有机酸等。这些成分在动物性原料中含量较为丰富，所以制作鲜汤的原料应当以动物性原料为主。在动物性原料中，首选原料是肥壮老母鸡，并以“土鸡”为好。鸭子应选用肥壮的老母鸭，不宜选用嫩鸭和瘦鸭。猪瘦肉、猪肘子、猪骨头一般宜从肥壮阉猪身上选用，不宜从种猪身上选用。在选择火腿、板鸭时，以选用色正味纯的金华火腿和南京板鸭为好。另外，冬笋、香菇、竹笋、鞭笋、黄豆芽等都是制作素菜汤的理想原料。

（3）不同性质的汤，选料不同。

制作奶汤的原料要具备以下条件。

① 含有丰富的动物性蛋白质，这是鲜味之源。

② 要有一定的脂肪，这是奶汤变白的一个重要条件。

③ 要有能产生乳化作用的物质，也就是说要有一定量的骨骼原料。

④ 要含有一定量的胶原蛋白原料，使奶汤浓稠，增加味感和辅助乳化作用，使水油均匀混合。

制作清汤的原料要具备以下条件。

① 一定要选择老母鸡，保证清汤充足的鲜味。

② 所选原料不能含有过多的脂肪，防止清汤变色。

③ 要选用含胶原蛋白少的原料，避免汤汁混浊。

2. 制汤的原料事先要用清水浸泡

制汤的原料事先要用清水浸泡，这样可以漂洗掉原料表面的灰尘和杂质，还可以使原料的组织在正式制汤前疏松，原料中的营养成分易于溶解于汤汁中。

3. 冷水下锅，掌握好原料与水的比例，中途不宜加水

制汤时，通常是将原料与冷水同时下锅，如果水沸后下入原料，则原料表面骤然受热收缩，表面的蛋白质凝固，就会影响原料内部蛋白质的溢出，汤汁就达不到鲜醇的要求。此外，还要根据制汤的质量要求，正确掌握汤汁的多少，水要一次性加足，中途不得加冷水，否则

会影响汤的质量。

4. 要掌握好火力和时间

根据汤的种类和要求，掌握好火力和时间极为重要。一般来讲，制白汤先用旺火烧沸，撇净浮沫，加盖，并改用大、中火，使水保持沸腾状态，促使蛋白质、脂肪等营养成分的分子激烈运动、相互碰撞，凝成许多白色的微粒。制清汤时，先用旺火烧沸，撇净浮沫，再改用中、小火，如果火力过猛，时间掌握不当，会影响汤的质量。

5. 必须掌握好调料的投放顺序和数量

制汤所用的调料有料酒、姜、葱、盐，在使用时，应掌握好投放顺序和数量。尤其是盐不能放得过早，因为盐能使蛋白质凝固而使其不易充分溶于汤内，影响汤的浓度和鲜味。此外，葱、姜、黄酒等不能加得过多，否则会影响汤汁本身的鲜味。

6. 制汤时应加盖保鲜

制汤时，加盖的目的是减少营养成分的挥发和鲜味的散发，促使原料中的营养成分溶解在汤中。值得一提的是，清汤制作时切忌加盖。

传统豫菜名品

十大名菜：软熘鱼焙面、煎扒青鱼头尾、炸紫酥肉、扒广肚、牡丹燕菜、清汤鲍鱼、大葱烧海参、葱扒羊肉、汴京烤鸭、炸八块。

十大风味名吃：开封拉面、郑州烩面、高炉烧饼、羊肉装馍、胡辣汤、羊肉汤、牛肉汤、博望锅盔、羊双肠、炒凉粉。

五大名羹：酸辣乌鱼蛋汤、肚丝汤、烩三袋、生汆丸子、酸辣木樨汤。

十大面点：双麻火烧、鸡蛋灌饼、蒸饺、开封灌汤包、韭头菜盒、烫面角、酸浆面条、开花馍、水煎包、萝卜丝饼。

五大卤味：开封桶子鸡、道口烧鸡、五香牛肉、五香羊蹄、熏肚。

▲大葱烧海参

▲酸辣乌鱼蛋汤

▲开封灌汤包

▲开封桶子鸡

想一想

（1）制汤的作用是什么？

（2）汤的种类有哪些？

（3）简述高级清汤的制作方法。

（4）根据菜肴的风味来选择制汤的原料，应遵循的原则是什么？

（5）你了解多少传统豫菜名品？

做一做

（1）练习、掌握焯水技术，写出焯水的制作要求。

（2）怎样熟练掌握过油技术？

（3）实际练习气蒸的方法。

（4）走红方法有几种？如何掌握其操作技术？

（5）怎样掌握制作白汤和清汤的技术？

（6）制作你喜欢的三种素汤。

我的实训总结：____

____

知识检测

一、判断题

（　　）（1）原料在经过刀工处理到正式烹调之间，还有一个预制处理的环节，在这个环节里，将对原料进行初步热处理和造型。

（　　）（2）牛腩、猪肺在初步热处理时既可以冷水焯，也可以沸水焯。

（　　）（3）对于没有任何滋味的原料，如鱼翅、燕窝等，更需要好汤的调理，以助其味。

（　　）（4）为了保持原料的口感脆嫩，色泽鲜艳，植物性原料必须放入沸水锅焯水。

（　　）（5）制好的汤汁要立即使用，注意保鲜。

（　　）（6）制汤时原料应一次性下入冷水中，制作时汤水不足时可以多次加水。

（　　）（7）任何一种原料，都适合走红技法。

（　　）（8）滑油的温度不高，走油的温度比滑油的温度高。

（　　）（9）气蒸的几种方法适合于不同的原料，如鲜鱼适合高压气蒸法。

（　　）（10）制汤要选用新鲜的含可溶性营养物质和含风味物质较多且无异味的原料。

（　　）（11）汤按色泽可划分为高级清汤和浓白汤两类。

（　　）（12）为操作使用方便，汤炉的隔板一般都设计成圆形的斜坡状。

（　　）（13）制汤原料中含丰富的肌肉组织，可使汤汁乳化增稠、浓白油厚。

（　　）（14）油加热预熟处理是将食物中的水分脱去，或使原料上色、增香、变脆的方法。

（　　）（15）速蒸预熟处理有放气速蒸和足气速蒸两种方法。

（　　）（16）久蒸预熟处理法一般适用于体积大、味腥臊的原料。

二、选择题

（1）高级清汤是在一般清汤的基础上进一步提炼精制而成的，（　　），滋味更加鲜醇。

A. 所用原料更多　　B. 汤色更加澄清

C. 色泽更加美观　　D. 口味更加特别

（2）鲜汤的用途很广，如汤菜制作和鱼翅、海参、燕窝、蹄筋等（　　）的原料烹调时都要用到鲜汤。

A. 质优价高　B. 味道鲜美　C. 无味或味淡　D. 营养丰富

（3）浓白汤又称（　　），汤色乳白、质浓味鲜，常取用猪骨、猪蹄等原料。

A. 高汤　B. 白汤　C. 奶汤　D. 清汤

（4）焯水就是把原料放入水锅中加热至（　　）或刚熟的状态。

A. 酥烂　B. 酥嫩　C. 半熟　D. 酥软

（5）初步热处理的关键是（　　）。

A. 原料加工　B. 刀工成形

C. 选料　D. 根据原料情况掌握加热

（6）以水作为传热媒介的目的是（　　）。

A. 去除异味　B. 达到一定成熟度

C. 排除血污　D. 护色保持嫩度

（7）气蒸能更有效地保持原料（　　）和原汁原味。

A. 质地脆硬　B. 口味香脆　C. 营养成分　D. 口味脆嫩

（8）走油就是把成形原料放入油锅中加热（　　）或炸成半熟制品的一种熟处理方法。

A. 半生　B. 呈淡黄色　C. 成熟至酥烂

（9）走红能增加原料色泽（　　），除异味，并使原料定型。

A. 增香　B. 增甜　C. 除香味　D. 除鲜味

（10）不同性质原料要（　　）焯水。

A. 分别　B. 一起　C. 同时　D. 混合

（11）油加热预熟处理是将食物中的水分脱去，或使原料（　　）的方法。

A. 脱色、增味、变脆　B. 上色、增味、变软

C. 脱色、增香、变软　D. 上色、增香、变脆

（12）制汤要选用新鲜的含可溶性营养物质和含（　　）较多且无异味的原料。

A. 香味物质　B. 调料　C. 风味物质　D. 矿物质

（13）制汤要选用新鲜的含（　　）等可溶性营养物质和含风味物质较多的原料。

A. 矿物质、脂肪　B. 维生素、脂肪

C. 蛋白质、矿物质　D. 蛋白质、脂肪

（14）汤按色泽可划分为清汤和（　　）两类。

A. 顶汤　B. 白汤　C. 浓白汤　D. 毛汤

（15）汤按制汤原料性质划分为（　　）和素汤两类。

A. 肉汤　B. 鸡汤　C. 荤汤　D. 鸭汤

（16）下列汤的分类中，按色泽划分的是（　　）。

A. 荤汤、白汤、素汤　B. 鸭汤、海鲜汤、鸡汤

C. 鲜笋汤、香菇汤、豆芽汤　D. 单吊汤、双吊汤、三吊汤

（17）在制汤原料中，可溶性物质和风味物质含量越高，煮制过程中，浸出的（ ）就越大，浸出速率就越高。

A. 溶解度　B. 推动力　C. 体积　D. 阻力

（18）在制汤原料中，可溶性物质和（ ）含量高，经一定时间的煮制后，所得到的汤汁就会比较浓且鲜美。

A. 风味物质　B. 矿物质　C. 蛋白质　D. 调料

（19）在制汤原料中，含丰富的（ ），可使汤汁乳化增稠。

A. 胶原蛋白质　B. 完全蛋白质

C. 同源蛋白质　D. 活性蛋白质

（20）在制汤原料中，含一定的脂肪特别是卵磷脂，对汤汁（ ）有促进作用，使汤汁浓白味厚。

A. 增鲜　B. 酯化　C. 乳化　D. 氧化

（21）制汤时，若过早地加入食盐，会使汤汁溶液的（ ）增大，加快原料中蛋白质的变性凝固，从而导致原料中的可溶性物质难以浸出，影响汤汁的滋味。

A. 清澈度　B. 渗透压　C. 黏稠度　D. 溶解度

（22）（ ）的煮制只能选用小火。

A. 鱼汤　B. 鸡汤　C. 清汤　D. 肉汤

（23）白汤的煮制多用（ ）。

A. 大火和小火　B. 微火和小火　C. 中火和大火　D. 中火和小火

（24）在原料一定的情况下，白汤与清汤的煮制与（ ）的关系极为密切。

A. 火候　B. 时间　C. 设备　D. 调味

（25）速蒸熟处理法一般适用于（ ）的原料，如蛋制品、蓉泥制品等。

A. 新鲜度高　B. 无腥臊味　C. 体小质嫩　D. 体大味美

（26）久蒸预熟处理法一般适用于（ ）的原料。

A. 体积大、易成熟　B. 体积小、质量好

C. 体积大、味腥臊　D. 体积大、质量好

三、简答题

（1）原料的初步热处理有哪些要求？

（2）举例说明焯水原料的范围。

（3）过油有几种方法？都有哪些要求？

（4）气蒸方法有几种？都有哪些要求？

（5）走红方法有几种？操作要求是什么？

（6）汤分为哪几类？

（7）制作白汤和清汤所选用原料的相同点和不同点是什么？

（8）举例说明制作一种素汤的原料及制作过程。

项目六　调　　味

任务一　味和味觉

任务目标

技能目标

- 通过制作菜肴，品尝出复合味的口味；
- 通过制作菜肴，对比感悟味觉现象。

技能目标

- 味的概念；
- 味的种类；
- 常见的味觉现象。

任务学习

中国有句俗话：“开门七件事：柴、米、油、盐、酱、醋、茶”，其中四件是调料，可见调味在日常生活中的地位。

味是菜肴的灵魂，味正则菜成，味失则菜败，这句话充分说明了调味在烹调中所起的作用。那么什么是调味？调味的具体实施手段是什么？在餐饮业中，对调味的要求和常用的调味方式等都是烹调师必须通晓的调味知识。只有掌握这些知识，不断提高烹调技术，才能烹制出色、香、味、形、质、养等俱佳的美味菜肴。

一、味的概念

味又称味觉、味道、滋味，是把食物送入口腔，经咀嚼后引起感觉的过程，这里的“味”是一种综合味觉，细分时还可以分为以下几种。

（1）心理味觉：对菜肴的形状、色泽、原料等因素的感觉。

（2）物理味觉：对菜肴的质感、温度、浓度等因素的感觉。

（3）化学味觉：对菜肴的滋味和嗅觉等因素的感觉。

同时，味觉也是一种生理感受，在这个生理感受过程中，味蕾对食品的溶液感受是最敏感的。当菜肴在口腔中咀嚼时，必须有充足的唾液将其稀释，稀释后的食品溶液会很快渗入味蕾中的味孔，进入味管并引起味神经的冲动，即呈味物质→口腔味蕾孔→味觉神经→大脑→感受→判断。

味觉在口腔中的激发时间是很短的，从呈味物质开始刺激到感觉有味，仅需1.5～4.0毫秒，其中又以感觉甜味最快、感觉苦味最慢。典型的味觉，都是由于菜肴中可溶性成分溶于唾液，或者菜肴的溶液刺激口腔内的味蕾，再经过神经纤维传达到大脑的味觉中枢，经过大脑识别分析的结果。口腔内的味感受体主要是味蕾，味蕾在舌膜褶皱处的乳突侧面稠密分布，所以在舌头上面咀嚼食物时，味感受体最容易兴奋。

味蕾有明确的分工，舌的前缘主要分布着品尝甜味、咸味的味蕾，两侧主要分布着品尝酸味的味蕾，舌的中后区则分布着品尝苦味的味蕾。需要指出的是，味蕾持续接触一种或几种呈味物质时会产生疲劳，疲劳后的味蕾会适应某种刺激，并对这种刺激反应迟钝。这种生理反应上的迟钝，要求我们在调味菜肴时，味道要富于变化，使味蕾和味觉神经始终处于兴奋状态；另外，味蕾的这种迟钝可以使人们习惯于某种味道的刺激，并逐渐上瘾，这就是不同国家、不同地区、不同民族都具有爱好自己家乡菜点和口味的原因。

所以，味觉又可以定义为是某些溶解于水或唾液的化学物质作用于舌面黏膜上的味蕾所引起的感觉。

二、味的种类

味是某种物质刺激味蕾所引起的感觉，也就是滋味。味分为两类：一类是自然存在的单一味；另一类是有两种或两种以上的单一味复合组成的复合味。

1. 基本味

基本味又称单一味，就是能够独立存在，无须复制就可以直接使用，就像是构成物质的元素一样，它也是复合味的基础。菜肴的味道是千变万化的，各具特色的风味菜肴都是由几种基本味复合而成的，所以又把基本味称为母味。根据在烹调中的运用及味觉、嗅觉器官的感觉，基本味通常分为七种，即咸、甜、酸、辣、苦、鲜、香。由于地区和风俗习惯等方面的不同，这些基本味又有一些区别。

1）咸味

咸味是百味之首，是基本味中的基本味。大部分菜肴先有咸味，然后再调和其他味。因此就有“盐为百味之主”“佳肴百味离不开咸盐”“无盐就无味”等说法，这些说法充分说明了咸味在调味中的重要性。咸味调料主要有盐、酱油等。

例如，咸味在烹调中既能独立调味，以突出原料的鲜香，又能与其他味道搭配形成复合味，咸味还有解腻、压异味的作用。又如，甜酸口味的菜肴必须加入少许的咸味，吃起来才会酸甜带香。在做糖、油用量较多的甜味点心时，往往也要加些盐在里面，这样吃起来香而不腻。

2）甜味

甜味在调味中的作用仅次于咸味，尤其在我国南方更显得突出。甜味是菜肴中的一种主要滋味。在烹调中，甜味和咸味一样是能够单独调味的基本味。甜味调料主要有白糖、红糖、冰糖和蜂蜜等，化学甜味剂有糖精、甜蜜素（又称蛋白糖）等。这些甜味调料除了能使菜肴变甜，还可以增强菜肴的鲜味、调和各种味道、缓和各种烈味的刺激感，具有增香、解腻、增浓的作用，但是其用量过多反而会压制或抵消其他味道，破坏菜肴本身所具有的鲜味，甚至抑制食欲。

在烹调中，应用甜味调料要注意以下三点。

（1）在制作甜菜时，用量不宜过大，掌握好“甘而不浓”“甜而不腻”的度。

（2）调和其他味时，掌握好放糖而不甜，以增加鲜味和增浓复合的味感，例如，在鲜咸味、家常味、酸咸味菜肴调味时，加入适量的糖。

（3）调制复合味要恰如其分。例如，在糖醋味、荔枝味、番茄味菜肴调味时，必须恰当地表现出甜味程度。

3）酸味

酸味在烹调中经常用到，是很多菜肴不可缺少的基本味之一。它具有促进钙质溶解、吸收，促进蛋白质分解，保护维生素，刺激食欲，帮助消化的功用，有较强的去腥、解腻、增鲜的作用。酸味调料主要有红醋、白醋、熏醋、柠檬汁、酸梅、番茄酱、山楂酱等。在烹调中应该引起注意的是，酸味调料在高温条件下易挥发，从而失去酸味；当遇到碱时会发生反应，生成盐和水，失去酸味的作用等。在调味时，要掌握好“酸而不苦”“咸味足醋才酸”的原则。

4）辣味

辣味具有强烈的刺激性和独特的芳香，并有除腥、解腻、增进食欲、帮助消化的作用。辣椒是外来品，所以饮食、烹调的古籍中没有“辣”只有“辛”。辛味调料主要有姜、蒜、葱、芥末等，人食用了辛味的原料，感觉是向上冲的，也就是说从口腔向鼻子、眼睛、耳朵上冲，就是传统中医常说的“利窍”。辣味调料主要有辣椒、胡椒及复合调料咖喱粉等。

▲花篮鸡片

辣味分为香辣和辛辣两种。烹调运用中要掌握“辛而不烈”，辣味用量不宜过大，以免压抑鲜香味。

5）苦味

苦味是一种特殊味道，不能单独调味，不受人们所喜爱。但在烹调中少加一些苦味调料，可使菜肴别具一格，形成特殊的味道。另外，苦味可使菜肴清爽可口，表现出独特风味。天然苦味主要来源于一些植物和动物的胆汁。在餐饮业中，常用的苦味调料有陈皮、杏仁、柚皮、苦瓜等。

6）鲜味

鲜味可使菜肴鲜美可口，能够补充和强化菜肴风味，增加菜肴的鲜美滋味，其作用有增鲜、和味等。鲜味主要来源于原料本身所含有的氨基酸、核苷酸等物质。鲜味调料主要有味精、鲜汤、鸡精、鸡粉等。烹调中一定要注意，鲜味必须在有咸味的基础上才能呈现出来。另外，鲜味调料入锅后，不要长时间加热。鲜味调料不宜在碱性条件下使用。

7）香味

香味是嗅觉器官对食物的感觉，应用在烹调中的香味是复杂多样的。香味主要作用是刺激食欲、去腥、解腻。香味调料主要有酒、葱、姜、蒜、香菜、桂皮、茴香、花椒、五香粉、酒糟、香油、油脂等。

在我国饮食历史长河中，对于味道常以“五味”来形容，即酸、苦、甘、辛、咸，也就是我们现在所说的甜、咸、酸、辣、苦。在古代，当谈到调味时，必是“五味调和”和“五味中和”，就是说各种菜肴的甜、咸、酸、辣、苦，要浓淡适度、宁淡勿浓。《吕氏春秋·尽数》说“大甘、大酸、大苦、大辛、大咸，五者充形，则生害矣”。五味过浓会损伤机体，五味过淡则不能激发食欲，因而要五味适度，要做到吃的时候口中舒服，吃了以后心中舒服，排泄时肠中通畅。如果只图吃的时候口中够味，吃后却引发心中难受、排泄困难，则对身体有害无益。随着对饮食、烹调的科学研究，在现代餐饮业中，常将咸、甜、酸、辣、苦、鲜、香七种味道作为基本味。

2. 复合味

复合味是由几种单一味组合而成的。目前，在餐饮业中经营的多数菜肴都呈现复合味，是比较舒适的口味，深受人们欢迎。复合味的种类较多，由于各地区的习惯不同，复合味大致分为以下几种。

▲茄汁里脊丝

1）酸甜味

酸甜味由酸味、甜味和咸味组合而成。烹调中由于酸和甜的呈味程度不同，又把酸甜味分为以下四种。

（1）酸味、甜味并重且酸甜味较浓的糖醋味，具有这种味道的菜肴如软熘鲤鱼焙面、糖醋里脊、糖醋鱼等。

（2）酸味、甜味并重且酸甜味较淡的糖醋味，具有这种味道的菜肴如荔枝鸡、荔枝腰花等。

（3）甜味明显、酸味弱的糖醋味，具有这种味道的菜肴如樱桃肉等。

（4）酸味明显、甜味弱的糖醋味，具有这种味道的菜肴如黄河醋鱼、西湖醋鱼等。

我国各流派制作酸甜味时，糖和醋的用量不尽相同，一般来说，南方较甜，北方较酸。

2）甜咸味

甜咸味由甜味和咸味并辅以鲜味合成，突出咸中带甜或甜中带咸，鲜香可口，具有这种味道的菜肴如冰糖肘子等。

3）香辣味

香辣味由咸味、辣味、香味、鲜味等调和而成。香辣味调料有辣椒油、豆瓣酱、辣椒酱、辣酱油等，具有这种味道的菜肴如香辣鱼、干煸鸡条等。

4）鲜咸味

鲜咸味是菜肴的基本味道，它由咸味和鲜味组成。在中国各地广泛使用。在餐饮业中，常用的鲜咸味调料有虾酱、虾子酱油、鲜虾露、鱼露等，具有这种味道的菜肴如红烧鱼、扒广肚、烧素什锦等。

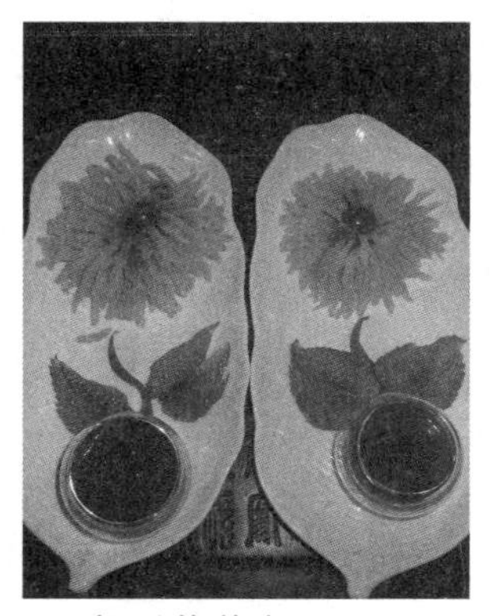

▲象形菊花鱼

5）鱼香味

鱼香味是由咸、甜、酸、辣、鲜等合成的特殊味道，具有这种味道的菜肴如鱼香肉丝、鱼香茄子等。

6）麻辣味

麻辣味由花椒或麻椒的麻味、辣椒的辣味，辅以咸味和其他香味合成，具有这种味道的菜肴如麻辣兔、水煮肉片、麻辣鱼、麻婆豆腐等。

7）怪味

怪味是由甜、酸、麻、辣、鲜、咸、香等多种味道组成的复合味，具有这种味道的菜肴主要是冷菜。怪味的特点为“咸、甜、酸、辣、麻、鲜、香”七味并重而和谐。怪味因集众味于一体，其中各味互不压抑，相得益彰，且制法考究，故而以褒义的“怪”字命名。调制怪味时，要注意各种调料的使用比例要恰当，使之相互配合、互不侵犯、彼此共存，这样才能体现出怪味的特点。怪味调料主要有芝麻酱、酱油、白糖、香醋、精盐、味精、葱花、姜蒜蓉、花椒面、香油、红油辣椒、熟芝麻等。在不同的餐饮企业中，除运用以上各种调料外，由于不同菜肴及风味所需，还可酌情选用豆瓣酱、花生酱、油酥花生碎、糟蛋泥、醪糟汁等调料参与调味。

三、常见的味觉现象

当人们品尝两种或几种味道时，由于味道之间的变化而会导致出现一些味觉现象。常见的味觉现象如下。

▲茄汁鸡丸

1. 对比现象

对比现象又称突出现象，是指菜肴中两种或两种以上的呈味物质，以适当的浓度调配在一起，并使其中一种呈味物质的味觉更加突出、协调适口的现象。例如，人在品尝菜肴时，第一次入口感到味强，第二次入口感到味弱；又如，制作糖醋汁时，除了要加入糖和醋以外，还要加入适量的盐，这样可使甜味的味感增强。

2. 相乘现象

相乘现象又称相加现象，是指两种或两种以上的呈味物质，以适当的浓度混合后，其呈味效果比单一物质的呈味效果大大增强。例如，肌苷酸和谷氨酸的相乘现象，在 1% 的食盐溶液中加入 0.02% 的谷氨酸钠，另外，在 1% 的食盐溶液中加入 0.02% 的肌苷酸，品尝两者仅有咸味而无鲜味，当把两种溶液混合后，就会产生强烈的鲜味。在餐饮业中，特别是调料生产公司利用这种现象，可以制作出许多鲜美的调料。

3. 相抵现象

相抵现象又称消杀现象、掩盖现象，是指一种味因为另一种味的存在，而使其明显变弱的现象。例如，在烹调中，感觉菜肴咸味较淡时，可重新加入精盐或酱油来施救；如果咸味过重，可加入适量白糖或味精。采用味精缓解菜肴过咸、过酸，也是味觉相抵现象的实际运用。

4. 转化现象

转化现象又称变味现象，是指多种味道不同的呈味物质先后使用，使各种呈味物质的味发生变化的现象。例如，吃了鱿鱼干后，再吃蜜橘，会感觉后者很苦。因此在筵席中，上菜时特别讲究先上味道清淡的菜肴，后上味道浓烈的菜肴；先上咸味的菜肴，后上甜味菜肴，尽量避免味道的转化。

想一想

（1）味觉可细分为哪几种？形状、色泽、温度应该属于什么味觉？

（2）生活中菜肴的味道属于什么味觉？

（3）哪些单一味能作为菜肴独立的味？

任务二　调味的作用和要求

技能目标

- 通过制作菜肴，理解对调味的要求。

技能目标

- 调味的概念；
- 调味的作用。

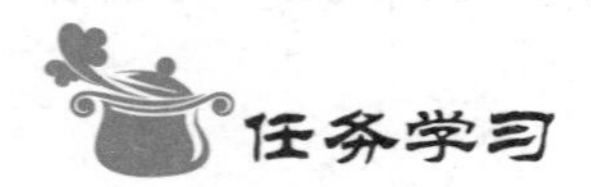

一、调味的概念

简单地说，调味就是调和菜肴的滋味。具体地说，调味就是运用各种调料和有效的调制手段，使调料与主、配料之间相互作用、协调配合，从而赋予菜肴一种新的滋味。调味是菜肴调制的组成部分，是菜肴调制的核心，是评价菜肴质量优劣的重要标准之一，它直接关系到菜肴风味的成败。烹调菜肴的目的是供人品尝食用，要掌握调味技术，就必须了解味觉和影响味觉的因素、调料的性质、调味的方法及调味的原则等知识。

所以，调味可概括为是利用各种调料和调制手段，在烹调前后来影响原料的味道，使制成的菜肴具有一定口味的一种方法。

俗话讲："烹三鲜，调五味香"，就肯定了调味在烹调中占据主要地位，调味是决定菜肴质量的关键所在。了解调料的种类、性质、作用，了解口味的种类及我国各地人群的口味，掌握调味的方法，是学习烹调技术的基础。

二、调味的作用

1. 去异味

所谓异味就是不正常的特殊味道，或者说是人们不愿意接受的味道，如牛、羊肉的膻味，水产品的腥味，脏腑类的臭味，一些蔬菜的苦涩味等。这些味道如果大量存在于菜肴中，就会影响人们的食欲。通过调味则可除去或减少这些异味。

2. 提鲜味

虽然许多原料的质量很好，但如果不加入调料来烹制，其鲜美之味就不能得到发挥，制作出来的菜肴很难受到人们的欢迎。如果用适当的调料进行调制和烹制，制出的菜肴就会香气飘飘、口味醇厚、诱人食欲。一些高档菜肴，如用海参、鱼翅等原料制作的菜肴，其本身则少有鲜香之味，主要依靠调料和配料来增加其鲜美滋味，而形成脍炙人口的美味佳肴。

3. 定滋味

调味可以确定菜肴的滋味。俗话说："五味调和百味香。"通过调味可以使一种原料做出多种口味的菜肴。例如，用黄花鱼制作菜肴，可以做成糖醋味、鲜咸味、香辣味、甜咸味等味型。

4. 增加色彩

有些调料本身有一定的颜色，如辣椒油、酱油、面酱等，如果使用了这些调料，在烹制过程中，菜肴就会呈现出特定的美丽色彩，增进人们的食欲。例如，用少量酱油会使菜肴呈金黄色，多用些酱油会使菜肴呈紫红色；用大酱可使菜肴呈酱红色；在炒好的菜上淋上辣椒油，可使菜肴油红发亮等。

三、对调味的要求

1. 调味必须准确、适时

在烹调时，调料的用量多少必须准确恰当和适时。这是鉴定烹调师水平高低的一环，也是烹调师的基本功之一，所以要求烹调师能掌握好所烹制菜肴的口味。调味时，要注意分清复合味中各种味道的主次和先后次序。例如，有些菜以酸甜为主，咸味为辅；有些菜以麻辣为主，香、咸、鲜味为辅。另外，制作酸味、酒香等菜肴时，由于醋和酒受热容易挥发，制作菜肴时一般要分别下入一到两次，每次投入的数量一定要心中有数。例如，在"鱼香肉丝"这道菜的烹调中，首先应知道这道菜的味型是咸、甜、酸、辣味俱全，葱、姜、蒜香味突出，

▲奶汤炖广肚

芡汁适中，色泽红亮，在操作过程中，应先下入豆瓣酱油煸，再入姜、蒜和原料，投入少许酱油、白糖、味精、胡椒粉、辣椒油，最后入醋、勾芡、淋油即可成菜。在烹制操作前，应了解菜肴的类型、需要哪些调料、比例如何、顺序及时间怎样，切勿张冠李戴，否则会弄巧成拙。烹调师应做到操作熟练、下料准确而适时，并且要求下料规格化、标准化，做到一种菜肴无论重复制作多少次，保证口味质量不变。

2. 严格按照烹调要求调味，保持风味特色

我国早已形成了特色独具的地方风味流派，以及经过百年、甚至千年积淀的名菜。在烹调菜肴时，必须按照烹调技术特点、地方特色风味要求进行调味。同时，注意原料和调料的数量一定要合适。做到“炒什么菜，就是什么菜”，防止随心所欲的调味，禁止把菜炒得鱼目混杂。当然，这并不是反对在保持和发扬风味特色的前提下，发展创新菜肴和调味。

3. 根据季节变化进行调味

《礼记·内则》载曰：“凡和，春多酸，夏多苦，秋多辛，冬多咸，调以滑甘，多其时味，所以养气也。四时皆调以滑甘，象土之寄也。”我国乃至世界历史上著名的医学家和药物学家、被人们尊为“药王”的孙思邈曰：“春少酸增甘，夏少苦增辛，秋少辛增酸，冬少咸增苦，四季少甘增咸。”这些经典知识都说明了季节气候的不同，人体对菜肴口味和营养的要求也不同。在天气炎热的夏季，人们往往比较喜欢口味清淡或苦味，以及颜色较淡的菜肴；在寒冷的冬季，则喜欢口味比较浓厚、颜色较深的菜肴。所以，要在保持风味特色的前提下，根据季节变化，灵活进行调味。

4. 根据原料的不同性质进行调味

▲鱼米菊花

在餐饮业中，谈到调味时经常说：“有味使其出，无味使其入，异味使其除。”应以原料鲜美本味为中心，无味者，使其有味；有味者，使其更美；味淡者，使其浓厚；味浓者，使其淡薄；味美者，使其突出；味异者，使其消除。我国菜肴品种丰富多彩，举世闻名，所选用的原料数不胜数，性质也各有不同。因而要根据原料的不同性质进行调味。

（1）对于新鲜的原料，应突出其本身的美味，不能用调料的滋味掩盖和压抑其鲜味。例如，新鲜的鸡、鸭、鱼、虾、蟹等，调味均不宜过重，也就是不宜太咸、太甜、太酸或太辣。因为这些原料本身都具有鲜美的滋味，人们品尝这些菜肴，就是要领略它们本身的鲜美，如果调味太重，反而失去了清鲜的滋味。

（2）对于本身无显著滋味的原料，要适当增加鲜美滋味。例如，广肚、海参、豆腐、蹄筋等，本身都没有什么滋味，调味时必须使用增香、增鲜的调料，并加入鲜汤烹制，以增加和弥补其鲜味的不足。

（3）对于具有腥膻气味的原料，要酌情加入去腥、解腻的调料以除去异味。例如，牛、

羊肉，内脏，某些水、海产品都具有一些腥膻气味，在制作时，应根据不同原料酌情加入花椒、香叶、茴香、绍酒、葱、姜、蒜等调料，以去除其腥膻气味。

5. 根据食客口味要求进行调味

“食无定味，适口者珍”，调味时应根据地方区域、风土人情、风俗习惯的不同，因人调味，灵活调味，充分满足客人的要求。例如，河南人喜中合味道，江苏人喜甜味，山西人喜酸味，四川人喜辣味，广东人喜清淡。假如四川客人要求在“清炒菜心”中放入辣椒，我们就应该打破清炒的常规，在调味过程中加入辣椒，这样才能满足客人的需要，才能真正达到烹调的目的和作用。

6. 必须选用优质调料

清代诗人、散文家、美食家袁枚指出“善烹调者，酱用优酱，先尝甘否，油用香油，须审先熟，酒用酒酿，应去糟粕，醋用米醋，须求清测。且酱有清、浓之分，油有荤、素之别。酒有甜、酸之异。醋有陈、新之述。不可丝毫错误，其他葱、椒、姜、桂梅、盐虽用之不多，而应宜选上品”。所以，在调味过程中，所用调料是否优质，决定着菜肴的成功与否。所以无论烹调什么菜，所用调料必须上乘。同时要求烹调师必须掌握烹调理论知识，有极强的鉴别伪劣调料的能力。只有这样，才能在烹调过程中加入正宗调料，制作出上乘的美味佳肴。

想一想

（1）调味的作用是什么？

（2）对调味的要求是什么？

任务三 调味的方法和调料的存放

技能目标

- 掌握常用的调味方法；
- 掌握调料的合理放置。

技能目标

- 调味的方法；
- 调味的过程；
- 调料的存放。

一、调味的方法

调味的方法是指在烹调加工中，使原料入味（包括附味）的方法。按烹调加工入味的方式不同，调味一般可分为以下几种方法。

1. 腌渍调味法

腌渍调味法是指将调料与菜肴的主、配料调和均匀，或者将菜肴的主、配料浸泡在溶有调料的溶液中，经过腌渍一定时间使菜肴主、配料入味的调味方法。例如，炸制类菜肴，在加热前都要对原料进行腌渍调味，使之达到入味的目的。

2. 分散调味法

分散调味法是指将调料溶解于原料中，或者分散于汤汁中的调味方法。例如，制作丸子类菜肴时，对肉蓉的调味用的就是此法，以使调料均匀地分散在原料中，从而达到调味目的。

3. 热渗调味法

热渗调味法是指在热力的作用下，使调料中的呈味物质渗入菜肴的主、配料中的调味方法。此法是在上述两种方法的基础上进行的，常在烧、烩、炖、蒸等烹调方法中应用。例如，烧制类肴，采用中、小火长时间加热的方法，使汤汁中调料由表及里地渗入原料内部，从而使原料入味且味道鲜美。

4. 裹浇、黏附调味法

裹浇、黏附调味法是指将液体或固体的调料黏附于原料表面，使之带有滋味的调味方法。裹浇调味法在调味的不同阶段均有应用。例如，冷菜“怪味鸡”和热菜“糖醋脆皮鱼”是将原料制成装盘后，将调味汁浇淋其上进行调味的。黏附调味法是在原料加热前后进行调味的。例如，创新豫菜“炸焦鱼”是将炸好的焦鱼，放在芥末汁中黏附后，装盘而成。

5. 辅助调味法

辅助调味法是将调料装入小碟或小碗内，随菜肴一起上席，供用餐者蘸而食之的调味方法。这种方法在冷菜、热菜中均有应用。例如，炸制类菜肴可外带几种调料，供进餐者自行佐食。

二、调味的过程

在餐饮业中，常用的调味方式分为三种，即加热前调味、加热中调味、加热后调味。

1. 加热前调味

加热前调味属于基本调味，又称麻味、码味，是指原料在正式加热前，将调料放入原料中拌匀，即采用腌渍等方法对其调味。加热前调味主要利用调料中呈味物质的渗透作用，使原料从里到外有一个基本的味道，又称入底味、底口，同时能够去掉一些腥膻等异味。另外，也能改善原料的气味、色泽、质地及持水性。

加热前调味有两种方法：一是将原料直接放入调配好的调料溶液内；二是将调料直接和

原料放在一起拌匀。此调味方法一般适用于炸、煎、烧、炒、熘、爆等烹调方法制作的菜肴。

要根据菜肴品种、制作要求的不同及原料质地、形状的差异，掌握好调味的时间长短。

2. 加热中调味

加热中调味属于定型调味，是指原料在加热过程中，根据菜肴的要求，采用热渗、分散等调味方法，在烹调菜肴过程中将调料放入炒锅中，对原料进行调味。其目的是使菜肴中所用的各种原料的味道融合在一起，并且相互配合、协调一致，从而确定菜肴的味型。

加热中调味一般适用于炒、爆、熘、烧、炖、焖、煮等烹调方法制作的菜肴。由于加热中调味是定型调味，是基本调味的继续，对菜肴成品的味型起着决定性作用。所以调味时应注意调味的时间和顺序，把握好使用调料的数量。

3. 加热后调味

加热后调味属于补充调味，又称辅助调味，是指原料加热结束后，根据菜肴需求和客人需要，或者部分菜肴加热过程中不能调味的，在菜肴出锅或出笼后，采用散撒、浇淋、拌裹、外带味碟等方法进行的调味。其目的是补充前期调味不足，或者增加风味特色，或者使菜肴口味更加丰富等，最终使菜肴成品的滋味更加完美。

加热后调味一般适用于炸、熘、炖、蒸、煮、烤、涮等烹调方法制作的菜肴。调味时应根据菜肴特点要求，选用不同的调料做相应、适当的调味。

上述三种调味方式在烹调中既可以单独使用，也可以几种方法共同使用，它们之间能够相互影响、相互联系、互为基础。调味方式的选择，要根据菜肴烹调要求来确定，以最终实现理想的好滋味。

三、调料的存放

调料装盛与保管必须妥当。如果装盛的容器不符合要求，保管整理的方法不当，就可能导致调料变质或串味，操作时使用紊乱，影响调味和烹调。

1. 调料的装盛器皿

调料的装盛器皿应根据调料不同的物理和化学性质区别选用。由于调料的品种很多，有固体的、液体的及易于挥发的芳香物质，因此对器皿的选用有严格要求。

（1）金属器皿不宜储藏含有盐分或酸醋的调料。盐、酱油、醋等容易和金属器皿发生化学反应。盐和醋对很多金属有腐蚀作用，易使容器损坏，调料变质。而且金属物质溶解在醋中，还会引起污染。

（2）透明的器皿、塑料制品不宜储放油脂类调料。如果用透明的器皿、塑料制品盛装调料，在受热和吸收日光后，会发生化学反应而不能使用。

（3）陶瓷、玻璃、塑料器皿不能注入高温热油。当陶瓷、玻璃、塑料器皿注入热油时，器皿因瞬间受热而容易爆裂或收缩。

2. 存放调料的环境要求

（1）存放调料的环境温度不宜过高或过低。如果存放调料环境温度过高，则白糖易溶化，醋易浑浊、挥发，绍酒或料酒易挥发，葱、蒜易变色；如果存放调料的环境温度太低，葱、蒜等易冻坏变质。

（2）存放调料的环境不宜太潮或太干。如果存放调料的环境太潮湿，精盐、白糖易溶化或结块，面酱、酱油易生霉，鸡粉易结块成团。

（3）有些调料不宜多接触日光、高温和空气。如果油脂类原料多接触日光和高温，则易氧化变质；如果姜接触日光，则易生芽；如果香料多接触日光、高温和空气，则易散失香味等。

3. 调料的保管原则

（1）不同性质调料应分类储存并注意保管原则。在餐饮业中，对不同性质调料的分类储存和保管有十分严格的要求，以防止调料之间相互污染和混淆。例如，同是植物油，没有使用过的新油和炸过原料的浑油，必须分别放置；油类不能与碱类物质混放；干淀粉离水源要远；湿淀粉适时更换清水；酱油如储存较久，可煮沸一下继续储存，以免生霉。酱油、醋内可放入几瓣蒜，以防止霉变等。

（2）“先购进的先用，后购进的后用”原则。调料一般均不宜久存，所以使用调料时，应“先购进的先用，后购进的后用”，避免调料储存过久而变质。绍酒、黄酒是越陈越醇香，但开坛后也不宜久存。有些调配或熬制好的调味汁当天未用完，要放冰箱保存，第二天重新烧开后再使用。

（3）加工量适度原则。需要事先加工的调料，一次不可加工太多。例如，常用复合调味汁、湿淀粉、香糟、切碎的葱花、蒜蓉等，都要根据每餐营业大概用量，灵活加工，避免一次加工太多而使用不完，造成变质浪费。

4. 调料的合理放置

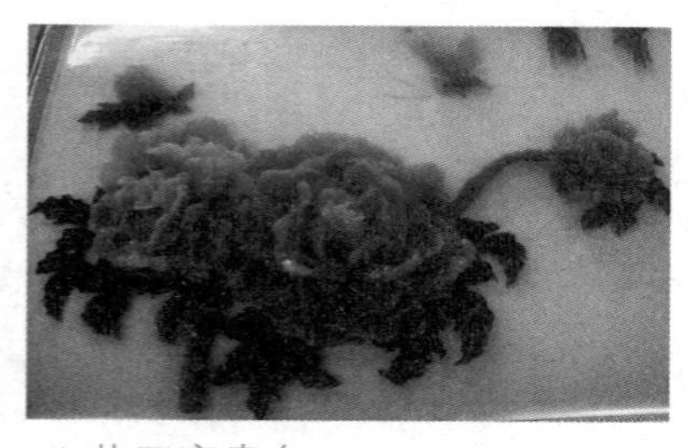
▲花开富贵鱼

烹调菜肴时必须下料准确，动作迅速，这就要求常用调料器皿须放在靠近右手的灶面或灶旁的调味车上，方便取用。这些调料器皿的放置应有一定的位置和原则。

（1）常用的放得近，少用的放得远。

（2）有色的放得近，无色的放得远，同色的间隔放置。

（3）液体的放得近，固体的放得远。

（4）不怕热的放得近，怕热的放得远。

一般来说，对调料按离灶口远近（从右到左）和离烹调师远近（从下到上）进行排列，第一列为老抽或酱油、生抽、醋、湿淀粉。第二列为精盐、绍酒、白糖。第三列为豆瓣酱、葱花、姜片、蒜蓉。烹调油一般放灶口左上角。调料只有科学合理摆放，才能便于使用。假如在取用第二或第三列的调料时，不慎将调料滴落在第一列的酱油或生抽的器皿内，其影响不会很大；如果相反排列，把酱油或生抽滴落到白糖、精盐等器皿内，则影响就比较大了。液体的放得近，固体的放得远，也是一样道理。同时，酱油、湿淀粉等使用范围较广、使用次数较多，而且大部分烹调方法往往是先用油、绍酒、酱油，后用白糖、精盐等，所以可以将油、酱油等排在前列，糖、盐等排在后列。

“调”起源于盐的利用。原始人吃熟食时只知道把食物烧熟或烤熟，并不知道调味。经过了若干年之后，有些生活在海边的原始人，偶然将猎来的食物放在海滩上，这些食物被海水浸湿，经过日晒蒸发，地面上出现一层白色晶体，这就是盐。当把这些粘着盐粒的食物烤熟时，滋味特别鲜美。由此，人们就开始研究盐和食物的关系。经过长期的实践，证明盐能够改善食物的滋味，于是开始收集盐。又摸索出烧煮海水提取食盐的方法，把盐作为烹制食物时的调料，这就是“调”的开始。从此，人类有了“调味”的需求，出现了最早的调料。

想一想

（1）调味的方法有哪些?

（2）存放调料的环境有什么要求?

（3）加热前调味一般适用于哪些烹调方法制作的菜肴?

（4）调料可以随便摆放吗？应怎样合理存放?

任务四 菜肴的调色、增香和调料的制作

技能目标

- 掌握菜肴的调色、增香方法；
- 掌握常用味型的特点；
- 能制作六种常用的复合调料。

技能目标

- 菜肴的调色、增香方法；
- 常用味型的特点及应用；
- 常用复合味调料的制作。

一、菜肴的调色、增香方法

在菜肴烹调过程中，调色与增香是与调味同时进行的，在加入各种调料调味的同时，部分调料起到了调色或增香的作用。因此，在菜肴烹调中，要把握好调味与调色或增香的关系。

1. 菜肴色泽的来源

菜肴色泽主要有以下三个来源。

1）原料本身的颜色

（1）红色原料：番茄、胡萝卜、火腿、香肠、午餐肉、腊肉、红辣椒等。

（2）黄色原料：韭黄、口蘑、干黄花菜、蛋黄糕、黄彩椒等。

（3）绿色原料：青椒、绿色蔬菜、西兰花、四季豆、蒜薹、莴笋等。

（4）白色原料：鸡脯肉、鱼肉、鸡蛋清、白萝卜等。

（5）紫色原料：紫茄子、紫包菜、红苋菜、肝、肾等。

（6）黑色原料：黑木耳、紫菜、海参等。

（7）褐色原料：香菇、海带、海藻等。

2）加热中形成的色泽

在烹调过程中，原料表面发生色变会呈现出一种新的色泽。加热引起原料的色变，主要是由于原料本身所含色素的变化及糖类、蛋白质等碳水化合物发生的焦糖化反应。例如，青虾本身的颜色为青色，加热后变为红色，是因为青虾含有虾青素，加热后变成虾红素，而呈现红色；白色的馒头经油炸后变成金黄色，这主要是因为发生了焦糖化反应。

3）调料调配的色泽

常见的有色调料可以用于菜肴的调色。例如，酱油、醋、各种酱品、糖色等可用来调制金红色、红褐色；番茄酱、红曲米水、红油等可用来调制红色等。有些菜肴还借助于这些调料在加热时的色变来产生更明快的颜色。例如，烤鸭在烤制前在其表皮上浇淋上饴糖水，经烤制可形成鲜亮的枣红色，这就是利用饴糖的焦糖化反应产生的色变。

2. 菜肴的调色方法

菜肴的调色方法有保色法、变色法、调色法、润色法四种。

1）保色法

保色法是利用调色手段保护原料本色或突出原料本色的方法，此方法多应用于颜色纯正鲜亮的原料。例如，蔬菜焯水时加入少量油脂，以形成保护性油膜，隔绝空气中氧气与叶绿素的接触，达到保色的目的；把去皮或切开的土豆、藕、苹果、山药等原料放入水中浸泡，隔绝与空气接触，避免褐变，达到保色目的等。

2）变色法

变色法是利用调料改变原料的本色，使菜肴呈现鲜亮色泽的调色方法。此方法主要利用菜肴在烹调过程中发生焦糖化反应或美拉德反应来改变色泽。例如，在烤鸭的表面浇淋饴糖水，可烤制出枣红色的烤鸭。

3）调色法

调色法是将有色调料按照一定的比例调兑出菜肴色泽的方法。此方法多用于以水为传热介质的烹调方法，如烧、熘、炖、扒、煨等。

4）润色法

润色法是在原料表面裹上一层薄薄的油脂或浆液，使菜肴油润光亮或润色的方法。此方法主要用于改善菜肴色彩。例如，菜肴出锅前加入明油或红油，就可使菜肴油润光亮；肉片、肉丝等挂上带色的浆液，加热后可产生美丽的色泽。

以上四种调色方法在实际操作中一般不单独使用，而是两种或两种以上方法配合使用，这样才能使菜肴产生美丽的色泽。

3．菜肴香味的来源

1）原料固有的天然香气

原料的天然香气是指原料在加热前，自身固有的香气，如芝麻的芳香，芹菜的药香，奶油、奶粉的乳香，水果的果香等。

2）调料的香气

有些调料也会产生香气，如花椒、八角、桂皮、茴香、丁香等散发的香气，料酒、醋、酱等经过发酵而产生的香气等。

3）原料在烹调加热过程中产生的香气

有些原料在烹调加热过程中，会发生一定的化学反应而产生香气，这主要是美拉德反应产生的香气。美拉德反应能产生具有芳香气味的酚、醇等物质。另外，类胡萝卜素氧化、降解也能产生香气，如鲜茶叶经炒制产生香味。

4．菜肴的增香方法

增加菜肴的香味，可以使烹调出的菜肴更加诱人。菜肴的增香方法有以下几种。

1）除臭增香法

除臭增香法是指利用调料的特殊香味来消除、减弱或掩盖原料本身的不良气味，同时突出并赋予原料调料的香气。这种方法常在原料烹调前使用。

2）加热增香法

加热增香法是指借助热能使原料产生快速挥发和渗透作用，并使调料受热所产生的香气与原料受热产生的香气相互融合，形成浓郁香气的调香方法。这种方法在调香工艺中使用广泛，如炝锅增香、加热入香、热力促香、酯化增香等。

3）封闭增香法

封闭增香法属于加热增香法的一种辅助手段。为防止长时间加热过程中香气散失，将原料保持在封闭条件下加热，以获得浓郁的香气，这就是封闭增香法，如容器密封、泥土密封、面团密封、锡纸密封、糨糊密封等。

4）烟熏增香法

烟熏增香法是一种特殊的增香方法，常以樟木屑、花生壳、茶叶、大米、柏树叶等为熏料，把熏料加热至冒浓烟，产生浓烈的烟香气味作用于原料，使原料带有较浓的烟熏香味，如熏鸡。

二、常用味型的特点及应用

在餐饮业中，常用味型的特点及应用见表 6-1。

表 6-1 常用味型的特点及应用

序号	味型	主要调料	辅助调料	特点	注意事项	实例
1	鲜咸味	精盐、味精、鸡精、鸡粉	生抽、白糖、香油、胡椒粉、葱、姜、蒜等	鲜咸清香	鲜味突出，咸度适中	滑熘肉片、红烧鱼
2	糊辣味	精盐、干红辣椒、白酱油	酱油、白糖、绍酒、味精、姜、葱、蒜等	鲜味突出，辣而不燥，鲜香醇厚	掌握好炸炒辣椒的火候，以及其他调料的用量	糊辣鱼、烟辣鲜贝、宫保鸡丁
3	家常味	豆瓣酱、精盐、酱油、味精	泡红椒、绍酒、豆豉、面酱、白糖等	鲜咸微辣，回甜	掌握好各种调料的用量	家常海参、家常腐竹
4	酱香味	面酱、酱油、味精	绍酒、白糖、葱、姜、香油	酱香浓郁，鲜咸回甜	掌握好面酱、白糖用量	酱炙肉片、京酱肉丝
5	咸甜味	精盐、酱油、白糖	绍酒、葱、姜、五香粉等	咸甜并重，兼有咸香	掌握好精盐与白糖的用量	冰糖肘子、樱桃肉
6	糖醋味	白糖、醋	精盐、酱油、葱、姜、蒜等	酸甜适中，回味鲜咸	掌握好白糖、醋的用量，用盐量少而准	糖醋鱼、糖醋里脊
7	鱼香味	泡红辣椒、精盐、酱油、白糖、醋、姜米、蒜米	豆瓣酱、绍酒、味精	咸甜酸辣兼备，姜、葱、蒜香浓郁	以鲜咸为主，甜酸辣味不可太重	鱼香肉丝、鱼香茄盒
8	荔枝味	精盐、醋、白糖、酱油、味精	绍酒、姜、葱、蒜	酸甜似荔枝，鲜咸在其中	掌握好各种调料的比例	荔枝墨鱼花、锅巴肉片
9	椒盐味	精盐、花椒	味精、绍酒、芝麻	香麻咸鲜	花椒不要长时间加热	椒盐鱼排、椒盐排骨
10	五香味	五香粉或香料，精盐	绍酒、姜、葱、味精、鸡精	浓香馥郁，口味咸鲜	五香粉或香料的使用量适中	五香鸡块、口味鱼片
11	烟香味	精盐、白糖、果木或果木屑	茶叶、大米	烟香浓郁，风味独特	白糖用量适中	熏肉、熏鸡、樟茶鸭子
12	陈皮味	陈皮、精盐、酱油	醋、花椒、味精、香油	咸鲜回甜，芳香浓美	如果陈皮的用量多，则回味带苦	陈皮牛肉、芳香鸡
13	香糟味	香糟汁、精盐	味精、香油、胡椒粉或花椒、冰糖、姜、葱等	糟香醇厚，咸鲜味长	掌握好香糟汁和精盐的用量	糟鸡、糟肉、糟熘黄鱼
14	甜香味	白糖	食用香精、蜜饯、水果	滋味纯甜、香气别致	香精用量不宜过大	八宝酿苹果、拔丝山药
15	酸辣味	精盐、醋、辣椒油	胡椒粉、味精、葱、姜、蒜	酸中透辣，咸鲜味浓	咸为基础，酸为主题，辣相辅助	酸辣三鲜汤、酸辣乌鱼蛋

续表

序 号	味 型	主要调料	辅助调料	特 点	注意事项	实 例
16	麻辣味	辣椒、花椒或麻椒、精盐	味精、葱、蒜、豆瓣酱等	清麻辣味：麻辣清香、咸鲜爽口；浓麻辣型：麻辣香浓，鲜咸纯厚	掌握好各种调料的用量	水煮鱼、麻婆豆腐
17	咖喱味	咖喱粉或咖喱油	胡椒粉、干红辣椒粉、姜、葱	咸鲜、香辣	咖喱粉不可炒煳	咖喱牛肉、咖喱土豆
18	豆瓣味	豆瓣酱	辣椒、酱油、白糖、醋、味精	咸鲜、香辣、微酸甜	掌握好豆瓣酱、辣椒、醋、白糖的用量	豆瓣鲤鱼、豆瓣鸡块
19	怪味	精盐、酱油、红油、花椒面、白糖、醋、芝麻酱、熟芝麻、香油	葱、姜、蒜、味精	咸、甜、麻、辣、酸、鲜、香多味并重	掌握好各种调料的用量	怪味鸡、怪味肉片

三、常用复合味调料的制作

各种调料的制法和口味，往往因不同的风俗习惯和调味特征而定，甚至在同一流派中，调料的比例及口味也有差别。以下几种常用的复合味调料的制作方法，采用了现代餐饮业中经常使用的复合味调料的用量比例，读者可以依据此比例进行练习和制作，也可在此基础上改良或创新出更多、更好的味型。

1. 糖醋汁

（1）制作方法一。

- 原料用量：植物油 50 克，醋 100 克，白糖 150 克，酱油 5 克，精盐 2 克，葱、蒜蓉各 5 克，水 100 克，湿淀粉 20 克。
- 加工方法：净锅置火上，下水、酱油、白糖、醋、精盐，至溶化，用湿淀粉勾芡后，下入葱、蒜蓉，再用热植物油将汁烘起即成。

▲松鼠戏果

（2）制作方法二 。

- 原料用量：白醋 80 克，白糖 60 克，番茄酱 30 克，精盐 2 克，水适量。
- 加工方法：净锅置火上，下水、白糖、精盐，至溶化，下入番茄酱并调匀，放入白醋搅匀即成。
- 用　　途：此汁可制作糖醋鱼及其他糖醋味菜肴。

2. 椒盐

- 原料用量：花椒 500 克，精盐 1000 克。
- 加工方法：花椒去梗和籽，放入锅中，炒到浅黄色并焙干水分时盛出，冷却后研磨成细末。另将精盐投入锅中，炒干水分，将炒好的花椒末与精盐放在一起搅拌即成。

另一种方法是，精盐投入锅中，炒热无水分时倒出，并将花椒研磨成粉后放入，拌匀即成。

- 用　　途：辅助干炸、干煸类菜肴的调味，也可外带。

3. 香糟卤

香糟卤又称香糟汁，包括糟油、糟汁和冷菜糟卤三种，以香糟为主要原料制成。

（1）糟油（又称糟酒汁）。

- 原料用量：香糟 500 克，绍酒 2000 克，精盐 25 克，白糖 125 克，糖桂花 50 克，葱、姜（拍松）各 100 克。
- 加工方法：先在香糟内加入绍酒搅成稀糊，再将其他原料放入容器内搅匀，加盖静置 2 小时，然后将溶液灌入专用布袋吊挂，在下面事先放盛器来接住滤出的糟油，吊袋内的糟油滤完后，倒出糟粕不用。制成的糟油应灌入瓶里，放在温度不高于 10℃的环境中或放入冰箱保存，以防受热变酸，影响质量。
- 用　　途：主要用于热菜烹调，如糟熘三白、糟熘鱼片等。

（2）糟汁。

- 原料用量：香糟 50 克，黄酒 25 克，水 500 克。
- 加工方法：将上述原料一起拌和成稀糊，随即滤去糟粕即成。
- 用　　途：主要用于制作各种汤菜。

（3）冷菜糟卤。

- 原料用量：香糟 250 克，黄酒 500 克，花椒 20 粒，鸡汤或肉汤或水 5000 克，精盐 20 克，味精 10 克。
- 加工方法：在鸡汤中加花椒，浸泡 3 小时成花椒水或置火上加热至沸腾，滗出花椒，冷却后放入香糟，并拌和成稀糊，再加入精盐、味精、黄酒搅匀，灌入布袋吊挂，保留滤汁，去其糟粕即成。
- 用　　途：主要用于制作夏季冷制菜肴，如糟肉、糟凤爪等。

4. 咖喱汁

（1）传统咖喱汁。

- 原料用量：咖喱粉 250 克，花生油 500 克，胡椒粉 20 克，干红辣椒粉 50 克，生姜蓉 50 克，蒜蓉 50 克，洋葱蓉 75 克。
- 加工方法：炒锅置中火上，放入花生油烧至四成热，依次放入干红辣椒粉、胡椒粉、生姜蓉、蒜蓉、洋葱蓉，炒出香味，再放入咖喱粉炒制，透出香味时出锅即成。

（2）改良咖喱汁。

- 原料用量：油咖喱 2 听，咖喱粉 200 克，干红辣椒 100 克，姜 100 克，洋葱 75 克，香叶 5 片，蒜 100 克，豆蔻粉 10 克，丁香粉 10 克，香茅 100 克，黄姜粉 50 克，椰蓉 50 克，干葱 100 克，虾膏 2 听，精盐 45 克，味精 75 克，面粉300克，砂糖40克，凉鲜汤6500克，柠檬汁50克，花生油750克。

- 加工方法：虾膏烘烤至有香味后取出，碾碎，其他原料分类制碎，用沸水浸泡。炒锅下花生油，依次放入洋葱、蒜、姜、干葱、香茅、干红辣椒，炸干水分，再下椰蓉、黄姜粉、咖喱粉、油咖喱、丁香粉、豆蔻粉、面粉，翻炒均匀，不要粘底，有香辣味时离火，凉鲜汤慢慢倒入，边倒边搅，至起劲，然后倒入陶制容器中，慢火熬约40分钟，至浓稠，加精盐、味精、柠檬汁调好口味后，下虾膏搅匀，冷却后即成。不用时将其放入保鲜柜冷藏。
- 用　　途：制作各种风味咖喱菜肴、咖喱饭等。

5. 沙嗲酱

- 原料用量：虾米100克，花生仁200克，干葱头75克，红辣椒粉100克，杏仁50克，蒜蓉75克，黄姜粉100克，姜100克，植物油750克，虾膏4听，甜鼓油（或老抽）适量，面粉300克，精盐40克，砂糖40克，味精75克，凉鲜汤6500克，咖喱粉适量。

▲果味鸡麻花

- 加工方法：虾米洗净，晾干水分，烘干，碾碎；虾膏烘干，碾碎；花生仁和杏仁碾碎；其他原料分类绞碎。炒锅下植物油，先放蒜蓉，炸香，放干葱头，再炸香，再放姜，炸至水分略干，再放咖喱粉、红辣椒粉、黄姜粉、虾米、面粉、虾膏、杏仁，炒至有香味，逐步加入凉鲜汤，边加边搅拌，起劲后，慢火熬约30分钟至糊状，加甜鼓油（或老抽）、精盐、砂糖、味精，最后将花生仁搅入，调和口味，自然冷却即成。不用时将其放入保险柜冷藏。
- 用　　途：制作各种风味沙嗲菜肴、沙嗲饭或作为一般菜肴的调料等。

6. XO酱（酱皇）

- 原料用量：虾米粒130克，火腿丝130克，虾子15克，干贝丝50克，比目鱼末15克，咸鱼粒30克，野山椒粒100克，辣椒粉25克，蒜蓉90克，葱蓉90克，花生油300克，鸡精25克，味精15克，砂糖50克。
- 制作方法：将花生油放入锅中，烧至五成热时放入蒸熟的火腿丝、剁碎的虾米粒、干贝丝、辣椒粉、野山椒粒、葱蓉、蒜蓉、比目鱼末、咸鱼粒等，用小火炒5分钟，出锅后装入玻璃容器里，冷却后放入砂糖、鸡精、味精，搅拌均匀即可。
- 用　　途：既可以作为餐前或伴酒小食，又可伴食一些佳肴、中式点心、粉面、粥品，主要用于烹调各种海鲜、河鲜、禽类、豆腐、炒饭等。其口感微辣、鲜味浓郁。

7. 西柠汁（又称香柠汁）

（1）传统西柠汁。

- 原料用量：柠檬汁50克，白糖30克，白醋35克，味精5克，湿淀粉适量，鲜汤100克，精盐 1 克，香油 1.5 克，料酒 10 克，胡椒粉少许。

- 加工方法：净锅置火上，下柠檬汁、白醋、白糖、味精、精盐、料酒、鲜汤，煮至白糖溶解，下入胡椒粉，再用湿淀粉勾薄芡，淋香油起锅即成。

（2）改良西柠汁。

- 原料用量：柠檬汁 500 克，白醋 600 克，清水 600 克，白糖 600 克，精盐 50 克，牛油 150 克，吉士粉 25 克，柠檬 4 个，柠檬黄色素少许。
- 加工方法：柠檬切薄片，一半榨汁，一半留为他用。将浓缩柠檬汁、白醋、清水、白糖、精盐下锅，煮至砂糖溶解，再加入牛油、吉士粉和柠檬黄色素调匀，起锅。待冷却后将柠檬片放在面上。
- 用　　途：制作各种风味西柠菜肴，如西柠煎软鸡、西柠鱼排等。

▲西柠煎软鸡

8. 芥末糊

- 原料用量：芥末粉 50 克，温开水 40 克，醋 25 克，植物油 12 克，糖少许。
- 加工方法：先将芥末粉用温开水和醋调拌成芥末糊，再加入植物油和糖，调拌均匀。芥末糊调好后，静置半个小时左右即成。如果临时制用，将芥末糊拌好后上蒸几分钟，也可达到同样要求。
- 用　　途：制作各种芥末热、凉菜肴，也可用作生鱼片的蘸料，如芥末大虾、芥末鸭掌等。

9. 海鲜汁

- 原料用量：鲜红椒 50 克，胡萝卜片 100 克，香菜 50 克，生抽 900 克，冰糖 200 克，味精 300 克，美极鲜 150 克，鱼露 150 克，花雕酒 100 克，鸡粉 50 克，老抽 50 克，水 2500 克。
- 加工方法：将水倒入锅内烧沸，加入鲜红椒、胡萝卜片、香菜，煮 10 分钟至香味溢出时，放入生抽、冰糖、味精、美极鲜、鱼露、花雕酒、鸡粉、老抽，煮沸，调至汤色呈棕红时，捞出香菜、红椒、胡萝卜片，倒出即可。
- 用　　途：常用于烧、炒、干锅类菜肴，也可作为蘸料等。

10. 鲍汁

- 原料用量：老鸭 1500 克，老母鸡 1500 克，猪蹄髈 1500 克，猪脊骨 1000 克，猪肉皮 800 克，金华火腿 500 克，干贝 150 克，海米 50 克，鸡肉蓉 100 克，香芹 250 克，洋葱 250 克，红曲米 5 克，胡萝卜 300 克，香葱、香菜各 150 克，干姜 75 克，紫草 5 克，冰糖 15 克，老抽 150 克，米酒 100 克，鲍鱼酱 250 克，蚝油 100 克，美极鲜酱油 150 克，鱼露 50 克，鸡精 50 克，色拉油 200 克，水 30 千克。

- 加工方法：① 老母鸡、老鸭洗净，剁成重约 50 克的块，洗净血污后浸泡 15 分钟，用冷水锅焯水，取出洗净。将猪蹄髈、猪脊骨、猪肉皮也用冷水锅焯水，洗净备用。
  ② 锅中注入清水，加入汆水后的原料，以及干贝、海米，大火烧开后改用小火煨 6 小时，再加入鸡肉蓉和青菜包（包内放入香芹、洋葱、胡萝卜、香葱、香菜，扎紧），煮约 15 分钟后，将汤汁控出，即成高汤。
  ③ 将高汤内加入小料包（包内放入红曲米、干姜、紫草，扎紧），放入冰糖、老抽、米酒、鲍鱼酱、蚝油、美极鲜酱油、鱼露、鸡精，上小火调匀，烧开，撇去浮沫后浇上色拉油，盛入陶器内，冷却后密封，放置在 -2℃的冰箱内保存，随用随取。

想一想

（1）菜肴的色泽、香气的来源有哪些？

（2）菜肴的调色方法有几种？

（3）菜肴的增香方法有几种？

（4）荔枝味型和鱼香味型的相同点和不同点是什么？

（5）怪味味型的特点是咸、甜、麻、辣、酸、鲜、香多味并重。

（6）“京酱肉丝”菜肴的味型应是酱香味。

（7）糖醋汁口味甜酸，其制法往往随各地方菜系的特征而异，甚至在同一流派中，配料及制法也有差别。

做一做

熟练调制六种餐饮业常用复合味调料，列举菜肴并加以说明。

我的实训总结：____

____

知识检测

一、判断题

（　　）（1）怪味是由甜、酸、麻、辣、鲜、咸、香等多种味道组成的复合味，主要用于热菜。

（　　）（2）金属器皿不宜储藏含盐或酸醋味的调料。

（　　）（3）有色的调料放得近，无色的调料放得远，同色的调料间隔放置。

（　　）（4）制作酸味、酒香等菜肴时，由于醋和酒受热容易挥发，制作菜肴时一般要分别下入一到两次，每次投入的数量一定要心中有数。

（　　）（5）基本味称为母味，主要用于突出鲜味。

（　　）（6）辣味具有减弱咸味，抑制腥、膻、膻等异味，刺激胃肠蠕动，增强食欲，帮助消化的作用。

二、选择题

（1）制作糖醋汁时，除了要加入糖和醋以外，还要加入适量的盐，这样可使甜味的味感增强，这体现了味的（　　）。

A. 对比现象　B. 相乘现象　C. 相抵现象　D. 转化现象

（2）在菜肴出锅或出笼后，采用散撒、浇淋、拌裹、外带味碟等方法，所进行的是（　　）调味。

A. 加热前调味　B. 加热中调味　C. 加热后调味　D. 前三种都存在

（3）（　　）是百味之首，是基本味中的基本味，在烹调中既能独立调味，以突出原料的鲜香，又能与其他味道搭配形成复合味。

A. 鲜味　B. 甜味　C. 酸味　D. 咸味

（4）制作松花蛋时，就是利用（　　）对蛋白质的变性而发生凝固。

A. 盐　B. 酸　C. 糖　D. 碱

（5）关于菜肴香味的说法错误的是（　　）。

A. 有些香来自药材，能使菜肴具有一定的药性和抗菌性

B. 香味是令人产生食欲的第一因素

C. 香味是菜肴是否新鲜的标志

D. 香味影响着整个进食的过程

（6）烹调前调味又称（　　），其主要方法是腌渍调味。

A. 正式调味　B. 基本调味　C. 补充调味　D. 辅助调味

（7）制作红烧鱼中途加醋，有（　　）的作用。

A. 增酸增香　B. 去腥增酸　C. 去腥增香　D. 去脂增酸

（8）调料投放的顺序会影响原料与调料之间所产生的各种复杂（　　）变化。

A. 味型　B. 风味　C. 火候　D. 味品

（9）茴香、丁香、草果等干制香料，加热（　　），溶出的（　　），香气味越浓郁。

A. 火力越大；香味越少　B. 火力越小；香味越多

C. 时间越短；香味越多　D. 时间越长；香味越多

（10）麻辣味是以（　　）调料为主体口味，与其他调料有机结合而产生的一种味型。

A. 麻辣、香咸　B. 麻辣、酸　C. 麻辣、甜　D. 麻辣

三、简答题

（1）如何理解味觉?

（2）味分哪两大类?

（3）味觉现象有哪些?

（4）调味的作用和要求是什么?

（5）调味的方法和过程是什么?

（6）菜肴的调色、增香方法是什么？各有几种方法?

（7）在餐饮业中，常用的味型有哪些？各有什么特点?

项目七　挂糊、上浆、勾芡

任务一　挂糊和上浆

任务目标

知识目标

- 挂糊和上浆的概念；
- 挂糊和上浆的作用；
- 挂糊和上浆的用料及其作用。

任务学习

挂糊和上浆是烹调菜肴前一项重要的操作程序，掌握上浆和挂糊技术是烹调的基本功之一。对原料进行挂糊和上浆后，再采用不同的烹调方法，能使制成的菜肴具有酥脆、焦脆、酥松、松软或滑嫩等质感。

一、挂糊和上浆的概念

挂糊又称着衣，是指根据菜肴的质量标准，将经过刀工处理的原料表面，挂上一层黏性的糊，经过加热，使菜肴达到酥脆、松软、外酥里嫩等效果的一种方法。

挂糊后的原料多用于煎、炸、烧等烹调方法，糊液对菜肴的色、香、味、形、质、养等方面都有很大影响。

上浆是指在经过刀工处理的原料表面粘裹上一层薄薄的浆液，经过加热，使制成的菜肴达到滑嫩效果的一种方法。上浆后的原料多用于滑炒、滑拌、蒸等烹调方法。

二、挂糊和上浆的作用

挂糊和上浆的作用有以下几个方面。

1. 保持菜肴的原汁原味，使其产生诱人的香气

经过加工的原料，如果直接放入热油锅内，原料会因骤然受到高温，失去很多水分而变得老韧，营养素遭到严重破坏，原料的鲜味也大大减少。经挂糊或上浆处理后，原料表面黏

附着一层浆糊，不再直接接触高温。浆液受热形成保护层，油也不易浸入原料的内部，原料内部的水分和鲜味不易外溢，从而保持了菜肴的原汁原味。原料挂糊或上浆后再烹调，可保持原料本身的香味，另外，糊液在高温作用下可形成较好的香气和风味。

2. 使菜肴具有外酥脆、内鲜软等质感

原料挂糊或上浆后持水性增强，加上原料表面受热形成的保护层热阻较大，通透性较差，可以有效地防止原料因受热引起的蛋白质深度变性，以及蛋白质深度变性所导致的持水性显著下降和所含水分的大量流失现象，从而保持烹调后的菜肴具有滑嫩或脆嫩的质感。

原料挂糊或上浆后，经过油处理，浆、糊液迅速形成保护层，使原料中的水分和鲜味不外溢，表面的糊受热大量脱水，产生外部香美、焦酥或松脆的质感，使整个菜肴质感内外有别、特色鲜明。

3. 能使原料的形态饱满完整、色泽美观

原料经过挂糊或上浆处理，烹调时可形成或保持完整的形态，并使原料表面光润、形态饱满。挂糊或上浆的原料一般要经过油处理，浆糊液中所含的糖类、蛋白质等遇到高温，马上发生羰氨反应和焦糖化作用，就形成了悦目的杏黄、金黄、橘红、褐红色等颜色。

加热过程中，原料形态的美化取决于三个方面：一是原料中的水分能被保持；二是原料中结缔组织不发生大幅度收缩；三是在原料表面增加了由淀粉和蛋白质等制成的浆液。所以，原料挂糊或上浆后，所形成的保护层有利于保持水分和防止结缔组织过分收缩，使烹调后的菜肴具有光润、亮洁、饱满、舒展的形态。

4. 保持和增加菜肴的营养成分

▲原料挂糊

挂糊或上浆后，原料表面形成的保护层可以有效地防止原料中热敏性营养成分遭受严重破坏和水溶性营养成分的大量流失，起到保持营养成分的作用。不仅如此，挂糊和上浆用料是由营养丰富的淀粉、蛋白质组成的，可以改善整个菜肴的营养组成，进而增加菜肴的营养价值。

三、挂糊和上浆的用料及其作用

挂糊和上浆的用料是指用于挂糊和上浆的原料及调料，主要有精盐、淀粉（干淀粉、湿淀粉）、鸡蛋（全蛋液、鸡蛋清、鸡蛋黄）、膨松剂（小苏打等）、嫩肉粉、面包糠、芝麻、核桃粉、瓜子仁、油脂、水、水果等。

1. 精盐

精盐是挂糊或上浆时的关键用料之一，适量加入精盐可使原料表面形成一层浓度较高的电解质溶液，将肌肉组织破损处暴露的盐溶性蛋白质抽提出来，在原料周围形成一层黏性较大的蛋白质溶胶，同时可提高蛋白质的水化作用能力，有利于挂糊或上浆，同时还可以使原料有一定的基本底味。

2. 淀粉、面粉、吉士粉、糯米粉、面包糠

淀粉在水中受热后会发生糊化，形成一种均匀而较稳定的糊状溶液。挂糊或上浆后的原

料及周围的水分不是很多，加热时淀粉糊化则可在原料周围形成一层糊化淀粉的凝胶层，防止或减少原料中的水分及营养成分流失。

（1）以淀粉为主制成的糊或浆易发生焦煳化，质感焦脆。淀粉与糊中的蛋白质等能够发生美拉德反应、焦糖化反应，使菜肴产生诱人的香气和色泽。

（2）吉士粉与淀粉基本相同，它有特殊的香味，能使制品色泽金黄鲜亮。

（3）以面粉为主制成的糊浆，由于面筋的作用，质感比较松软，面粉中的蛋白质则可与糊化的淀粉相结合，利用自身的弹性和韧性提高糊浆的强度。若将淀粉与面粉调和使用，可相互补充，产生新的质感。

（4）糯米粉介于淀粉与面粉之间，能使制品具有米香、软糯或松脆的质感。

（5）面包糠是面包干燥后搓成的碎渣屑，也可机械化生产面包糠。经面包糠粘裹的原料，过油时易上色、增香，使炸制品表面酥松、香脆，形成良好的质感。

3. 鸡蛋（鸡蛋清、鸡蛋黄、全蛋液）

（1）鸡蛋清受热后蛋白质凝固，能形成一层薄壳，阻止原料中的水分浸出，使其保持良好的嫩度。

（2）鸡蛋黄或全蛋液含脂肪多，脂润阻水，可使菜肴成品的质感酥脆。

鸡蛋用于上浆时，鸡蛋清起主要作用。鸡蛋清富含可溶性蛋白质，是一种蛋白质溶胶。受热时，鸡蛋清易产生热变性并凝固，使其由溶胶变为凝胶，这有助于在上浆的原料周围形成一层更完整、更牢固的保护层，阻止原料中的水分散失，并使其保持良好的嫩度。鸡蛋另一个作用是能够改变原料的色泽，使其呈白色、黄色或淡黄色。

4. 膨松剂

膨松剂分为化学膨松剂和生物膨松剂两大类。糊浆所用的膨松剂多为化学膨松剂。在餐饮业中，一般使用小苏打或泡打粉的较多，也可以用干性酵母和老酵面等生物膨松剂。

（1）小苏打即碳酸氢钠，溶解于水呈碱性，可提高蛋白质的吸水性和持水性，从而大大提高原料的嫩度。用小苏打上浆可使原料组织松软并滑嫩。但小苏打用量不可过多，否则能使蛋白质水解，从而影响菜肴质感。另外，小苏打在受热后能释放出二氧化碳，可使原料在加热时体积膨大、糊层疏松。在制糊时，放入小苏打或泡打粉，可使菜肴成品表面积增大、膨松，产生酥脆、松软等质感。

（2）泡打粉与小苏打作用基本相同，这里不再赘述。

（3）酵母和老酵面的主要作用是提高面筋筋度及增加原料体积，做出来的成品口感较韧。酵母菌加入糊浆内，在 25 ~30℃温度条件下，酵母便利用面团中存在的蔗糖、葡萄糖、果糖及由面团本身的淀粉酶转化而成的麦芽糖进行生长，将一部分糖分解成二氧化碳和酒精，使面团立即膨胀发起，受热时形成大量空泡，达到疏松暄软又兼具香气的效果。

5. 嫩肉粉

嫩肉粉是一种酶制剂，其含有的木瓜蛋白酶可催化肌肉蛋白质的水解，从而促进原料的软化和嫩度。

▲椰香肉枣

6．油脂

油脂可以使糊起酥。调糊时加入油脂，可使蛋白质、淀粉等成分微粒被油膜所包围，形成以油膜为分界面的蛋白质或淀粉的分散体系。由于油脂的疏水性，加热后使糊的组织结构非常松散，所以使成品具有酥、脆、香的质感。在浆液中，主要利用油脂的润滑作用，使加工后的原料放入油锅滑油时不易粘连。同时，油脂也能起到一定的保水作用，增加原料的嫩度。

7．水

在不使用鸡蛋液的情况下，糊的浓度主要通过水来调节。水有助于在原料周围形成糊浆，分散可溶性物质和不溶性淀粉，使它们均匀黏附于原料表层，并能够增加原料的含水量，从而提高肉质嫩度。水还能浸润到淀粉颗粒中，有助于淀粉糊化。

8．水果

将水果用于糊中，可使菜肴具有特殊的果香风味，常用的水果有香蕉、苹果、菠萝等，一般是将水果粉碎后再加入淀粉、糯米粉等制成糊。

想一想

（1）挂糊和上浆用料有哪些?各起什么作用?

（2）挂糊和上浆有什么作用?

任务二　常用糊、浆的种类及调制

任务目标

技能目标

- 能调制常用的四种浆液，能熟练对原料上浆；
- 能调制常用的十一种糊液，能熟练对原料挂糊。

知识目标

- 常用浆的种类及调制；
- 常用糊的种类及调制；
- 上浆与挂糊的区别；
- 无须上浆与挂糊的菜肴。

一、常用浆的种类及调制

1. 常用浆的种类

根据上浆用料的不同，可把浆分成四种。常用浆的种类见表 7-1。

表 7-1　常用浆的种类

名　称	用　料	用料配比	调制方法	适用范围	制品特点	代表菜肴
水粉浆	原料 500 克，淀粉 40 ~ 50 克，水 20 ~ 25 克	原料：淀粉：水为 5:1:0.5	原料用精盐、料酒、味精等拌匀，再用水与淀粉调匀	适用炒、爆、熘、汆、滑技法	爽滑鲜嫩	鱼香肉丝、酱爆猪肝、炒腰花、酸菜鱼
蛋清浆	原料 500 克，鸡蛋清 80 ~ 100 克，淀粉 40 ~ 50 克	原料：蛋清：淀粉为 10:2:1	原料用精盐、料酒等拌腌，也可不用，再加入鸡蛋清、湿淀粉拌匀	适用技法同上，多用于主料为白色的菜肴	滑嫩，色泽洁白	腰果虾仁、爆鸡片、糟熘鱼片、青椒里脊丝、滑拌肉片
全蛋浆	原料 500 克，鸡蛋 80 ~ 100 克，淀粉 40 ~ 50 克	原料：鸡蛋：淀粉为 10:2:1	与蛋清浆相同	适用于炒、爆及色泽略深的菜肴	柔滑软嫩，浅黄色或柿红色	辣子鸡丁、连汤肉片、滑熘鱼片、酱爆肉丁
苏打浆	原料 500 克，鸡蛋清 50 ~ 80 克，淀粉 40 ~ 50 克，小苏打 3 克，精盐 2 克，水适量	原料：蛋清：淀粉：苏打：水：盐为 1:6:3:0.03:0.02:0.05	原料用小苏打、精盐、水等腌渍片刻，然后加入鸡蛋清、淀粉拌匀，静置一段时间再使用	适用于主料为牛肉、羊肉、鹿肉等的菜肴	鲜嫩滑润	水煮牛肉、蚝油牛肉、孜然羊肉、铁板羊柳

2. 对上浆的要求

1）根据原料的质地和菜肴的要求选用适当的浆液

上浆要选用与原料质地相适应的浆液。对于鸡肉、鱼肉等，其肉质较嫩，上浆时可用蛋清浆或全蛋浆；对于牛肉、羊肉，其肉质较老，结缔组织较多，上浆时宜用苏打浆或在浆中加入嫩肉粉。菜肴成品的色泽要求不同，也要选用与之相适应的浆液。菜肴成品颜色为白色时，要选用蛋清浆或水粉浆等。菜肴成品颜色为浅黄、橘红、棕红、褐红色时，可选用全蛋浆，也可在浆液中加入适量老抽或生抽等。

2）灵活掌握各种浆的浓度

根据原料的质地老嫩、烹调的要求及原料是否经过冷冻等因素决定上浆的浓度。

（1）较嫩的原料含水分较多，吸水力较弱，上浆时水应适当减少，浓度可稠一些。

（2）较老的原料含水分较少，吸水力较强，上浆时水应适当增加，浓度可稀一些。

（3）经过冷冻的原料含水分较多，浆应稠一些。

（4）未经冷冻的原料含水量相对较少，浆应稀一些。

（5）上浆后立即烹调的原料，浆也应适当稠一些。

（6）上浆后要放置一段时间再烹调的原料，浆应稀一些。

3）掌握好浆液的调制方法

（1）第一步：拌腌。根据原料的性质、烹调要求、风味特点及实际需要，在原料中，选择性地加入精盐、料酒、耗油、生抽、老抽、白糖、味精、鸡粉等调料，并拌匀腌渍。对老韧的牛、羊肉，除可加入调料外，还要加入水和小苏打，可使肉质吸收水分而变嫩。

（2）第二步：搅拌鸡蛋液。即将鸡蛋放入原料中搅拌，粘挂在原料表面。

▲银丝金柱鱼卷

（3）第三步：放入湿淀粉调匀。放入湿淀粉后，与原料充分搅拌，直至原料表面有一层均匀的浆液。

（4）上浆的所有用料在调制、搅拌时，必须遵循先慢后快，先轻后重的原则。

（5）调制好的浆液必须细腻、均匀，浆液内不能有水液以及淀粉颗粒渗出。

4）上浆要达到原料吃浆上劲的目的

上浆操作中，常采用抓、拌、摔、搅等方式。虽然方式有所不同，但目的是相同的，都是使原料吃浆均匀、上劲。通过不同方式，使浆液充分渗透到原料内部，达到吃浆目的。同时提高浆液黏度，使其牢牢黏附于原料表层，达到上劲的目的，最终使浆液与原料内外融合，达到上浆最佳状态。上浆时要注意的是，对于细嫩的原料，如鱼丝、鸡丝、鱼片等，无论采用哪种方式上浆，用力要小，要轻柔，防止原料断丝、破碎的情况。

二、常用糊的种类及调制

1. 常用糊的种类

在烹调过程中，应当根据原料质地、烹调方法及菜肴成品的要求，灵活而合理地进行糊液的调制。常用糊的种类详见表 7-2。

表 7-2　常用糊的种类

名　称	用　料	用料配比	调制方法	适用范围	制品特点	代表菜肴
全蛋糊	淀粉（炸制类菜肴也可用面粉），全蛋液	全蛋液：淀粉（或面粉）为 1:1.	全蛋液打散后，加入淀粉（或面粉），搅拌均匀	适用于炸、炸熘、红烧等烹调方法	外酥脆、内松嫩、色泽金黄	蒜香鸡块、糖醋鱼块、酥肉
蛋清糊	鸡蛋清、淀粉	鸡蛋清：淀粉为 1:1.	鸡蛋清加入淀粉，搅拌均匀	适用于炸、烧类菜肴	质地松软，呈淡白色或浅黄色	软炸鱼条、糟烧银雪鱼
蛋黄糊	淀粉、鸡蛋黄、水	鸡蛋黄：淀粉：水为 1:1:0.5	淀粉内加入鸡蛋黄和水拌匀	适用于炸、熘类菜肴	外酥脆、里软嫩、色泽金黄	糖醋鱼片、软炸里脊、荔枝肉片、桂花肉

续表

名　称	用　料	用料配比	调制方法	适用范围	制品特点	代表菜肴
蛋泡糊	淀粉、鸡蛋清	鸡蛋清：淀粉为2:1	鸡蛋清用打蛋器顺一个方向连续抽打成泡沫状，拌入淀粉或面粉，轻拌均匀	多用于松炸、熘类菜肴	形态饱满、质地松软、色泽乳白	雪衣大虾、高丽鱼条、心太软
酥糊	面粉、淀粉、油、鸡蛋、水	面粉：淀粉：油：鸡蛋：水为1:1:3:1.5:1	面粉、淀粉内加入鸡蛋、水制成糊，再加入油搅匀	适用于酥炸类菜肴	圆润饱满、酥脆香美、色泽金黄	酥炸凤尾虾、香酥鸡条、炸素虾
香酥糊（也称泡打糊）	面粉、淀粉、油脂、泡打粉、水	面粉：淀粉：泡打粉：油脂：水为35:15:1:10:15	面粉、淀粉加适量水瀞开成糊，然后放入油脂调均匀，最后加入发酵粉	多用于酥炸类菜肴	涨发饱满、酥脆带香、色泽淡黄	香酥鸡排、香酥银鱼、酥焦虾仁
脆皮糊	面粉、淀粉、干酵母、油脂、水	面粉：淀粉：酵母：油脂：水为35:15:1:10:15	面粉、淀粉、干酵母拌匀加水调成稀糊，静置25分钟进行发酵，待糊发起后加油脂调匀	适用于脆炸类菜肴	外松脆、内软嫩、色泽金黄	脆皮鲜奶、脆皮大虾、脆皮香蕉
水粉糊	淀粉、水	淀粉：水为2:1	用水将淀粉瀞开调制成较为浓稠的糊	适用于焦熘类菜肴	外焦脆、里软嫩、色泽金黄	醋熘黄鱼、焦熘鱼、香辣鸡条
拍粉糊	淀粉		腌渍的原料直接放入淀粉中滚粘	适用于鲜嫩原料及炸、熘类菜肴	香脆松软、色泽金黄	松鼠鳜鱼、菊花鱼、
拍粉拖蛋液糊	淀粉、全蛋液	淀粉：全蛋液为1:2	腌渍后的原料，先拍一层淀粉，然后再放入全蛋液中粘裹均匀	适用于炸、煎、贴、塌类菜肴	色泽金黄，鲜美质嫩	锅贴鱼、生煎鱼片、锅塌豆腐、炸虾排
拍粉拖蛋液滚香料糊	淀粉、全蛋液、香料（面包糠或芝麻、桃仁、松仁、瓜子仁等）	全蛋液：淀粉：香料为2:1:2	原料先用调料腌渍后蘸上一层淀粉，再放入全蛋液中粘裹均匀，最后粘上一层香料	适用于香炸类菜肴	松酥香美，色泽金黄	炸鱼排、芝麻鸡、酥焦虾球

2. 对挂糊的要求

1）根据原料的性质和菜肴的要求选用恰当的糊液

▲制好的全蛋糊

根据原料的质地、形态、烹调方法和菜肴的要求恰当地选用糊液。含水量大、油脂成分多的原料，必须先拍粉，再拖蛋糊，否则加热时会产生脱糊现象。对于讲究造型和刀工的菜肴，必须选用拍粉糊，这样可使刀纹清晰、造型美观。此外，还要根据菜肴的要求选用糊液：菜肴成品颜色为白色时，必须选用鸡蛋清、白酱油等无色的调料和原料作为糊液的用料，如蛋泡糊或蛋清糊，过油时还要用清洁的油或猪油；菜肴成品需要外脆里嫩的质感或颜色为金黄、棕红、浅黄时，可使用全蛋糊、蛋黄糊等。

2）掌握各种糊的用料和调制方法

由于糊的种类较多，用料也不尽相同，在制糊时，要掌握各种糊的用料及其配比。搅拌糊时，要先慢后快、先轻后重。开始搅拌糊时，淀粉、调料和水还没有完全融合，浓度、黏性不足，所以应该搅拌得慢一些、轻一些，经过搅拌后，糊液的浓度、黏性逐渐增大，可适当增大搅拌力量和搅拌速度，使糊内各种用料融为一体，便于与原料相黏合。要避免糊液中夹有粉粒，否则原料过油时粉粒会爆裂脱落，导致危险和脱糊现象。当糊中用料有面粉时，不能使其上劲。

3）要灵活掌握各种糊的浓度

根据原料的质地、烹调的要求及原料是否经过冷冻处理等因素决定糊的浓度。

（1）对于较嫩的原料，由于其所含水分较多、吸水力弱，糊的浓度应稠一些，以防止在烹调过程中脱糊。

（2）对于原料挂糊后不立即烹调原料的情况，糊的浓度应稀一些。

（3）对于未经过冷冻的原料，由于其含水量少，糊的浓度应稀一些。

4）要将原料逐一挂糊、完全包裹

糊制成后，要将原料在糊中逐一挂糊，要使糊将原料的表面完全包裹起来，不能留有空白点。否则在烹调时，油就会从没有糊的地方浸入原料，使这一部分质地变老、形状萎缩、色泽不一致，甚至产生焦黄等现象，起不到挂糊的作用，反而影响菜肴的质量。

三、上浆与挂糊的区别

上浆和挂糊是原料在烹调前的两种不同的调制方法，其区别主要有以下几个方面。

1. 用料、浓度的区别

上浆一般用淀粉、鸡蛋液，浆液较稀；挂糊除了使用淀粉外，还要根据烹调要求、特点等，选择面粉、米粉、面包糠等，糊液一般较浓稠。

2. 操作、制法的区别

上浆是将原料与上浆用料等放在一起调制，使原料表面均匀裹上一层浆液，要求吃浆上劲；挂糊是将挂糊用料先调制成糊液，再放入原料或裹于原料表面，糊液不能上劲。

3. 油温、油量的区别

上浆后的原料一般采用滑油、滑蒸、水滑的方法，油温在三四成热，油量较少；挂糊后的原料一般采用炸制的方法，油温在五成热以上，油量较多。

4. 烹调方法、菜肴成品质感的区别

上浆多用于炒、爆、熘等烹调方法，菜肴成品质感多为软嫩、滑嫩；挂糊时原料表面裹的糊液较厚，一般用于炸、熘、煎、贴等烹调方法，菜肴成品质感多为外焦里嫩、外酥脆内鲜嫩等。

上浆与挂糊的应用对比见表 7-3。

表 7-3　上浆与挂糊的应用对比

名　称	不 同 点	适用范围	成品特点	比　喻
上浆	在原料表面黏附上一层薄的胶质黏膜	多用于炒、爆、熘、汆	柔、滑、嫩、软	原料表面似穿“衬衣”
挂糊	在原料表面粘上一层较厚的糊液	多用于炸、熘、煎、贴、塌	香、酥、脆、焦	原料表面似穿“棉袄”

上浆与挂糊的操作对比见表 7-4。

表 7-4　上浆与挂糊的操作对比

名　称	对原料的要求	操作方法
上浆	鲜嫩、体形小	上浆用料与原料放在一起，再抓、拌、搅
挂糊	鲜嫩或质老、体形较大	调制好糊液后，将糊液挂抹于原料上

四、无须上浆与挂糊的菜肴

应根据原料的质地和菜肴的特点、要求等方面，来决定是否需要上浆与挂糊。上浆与挂糊虽然是改善菜肴口感、色泽、形态的重要技法，但绝不是说每个菜肴都要上浆与挂糊。有些原料如果经过上浆与挂糊处理，反而会影响菜肴特色，降低了菜肴的质量。一般来说，以下几种类型的菜肴无须上浆与挂糊。

▲果实累累

（1）对于质地脆嫩、有特殊风味的原料，调味汁容易渗透入味的原料，以及要求原汁原味的菜肴，都无须上浆与挂糊，如清炒、生煸、清炖、清蒸、煮等类菜肴。

（2）要求口味清爽的原料无须上浆与挂糊，特别是蔬菜类、豆类制品，如清爽的清炒菜心、西芹百合等菜肴。

（3）大部分冷菜无须上浆与挂糊。因为冷菜的特点就是清爽脆嫩、干香不腻，本味浓，如果其经过上浆、挂糊处理，反而会影响菜肴的口感、色泽和风味。

（4）作为配料或馅心的原料，一般无须上浆与挂糊。

知识拓展

1. 米粉香蕉糊

用　　料：糯米粉，香蕉，水。

调制方法：将香蕉去皮，挤碎成泥状，加入糯米粉和水，搅拌均匀。

用料比例：糯米粉100g，香蕉100g，水适量。

适用范围：多用于炸类菜肴，如三香鱼条、果香牛排等。

菜肴特点：软糯清香、色泽金黄。

2. 酒香米粉糊

用　　料：糯米粉，啤酒，牛奶，白糖。

调制方法：糯米粉、牛奶、白糖、啤酒放入盛器内，搅拌均匀。

用料比例：糯米粉100g，牛奶50g，白糖50g，啤酒适量。

适用范围：多用于炸类果味菜肴，如啤酒苹果圈、果香炸羊尾等。

▲橙香鱼花

菜肴特点：软糯清香、饱满膨松、色泽淡黄。

想一想

（1）浆的种类有几种？是怎样制作的？

（2）对上浆的操作要求有哪些？

（3）糊的种类有几种？是怎样制作的？

（4）对挂糊的操作要求有哪些？

（5）上浆与挂糊的区别是什么？

任务三　勾芡

任务目标

技能目标

- 能熟知和鉴别各种淀粉；
- 能熟练制作常用的四种芡汁；
- 掌握勾芡中的翻拌法、搅推法、浇淋法。

知识目标

- 勾芡的概念及作用；
- 勾芡用料的种类；
- 勾芡的种类及应用；
- 勾芡的方法；
- 对勾芡的要求；
- 无须勾芡的菜肴。

任务学习

一、勾芡的概念及作用

1. 勾芡的概念

勾芡又称施芡，是指根据烹调方法及菜肴的要求，在菜肴接近成熟时，将调好的粉汁淋入锅内，以增加汤汁浓度，形成对原料的附着的一种施调方法。

勾芡的粉汁主要是用淀粉和水调成的，淀粉在高温的汤汁中能吸收水分而糊化、膨胀产

生黏性，并且色泽光洁、透明、滑润。

2. 勾芡的作用

1）使汤汁稠浓、增加菜肴滋味

勾芡可使菜肴中的汤汁稠浓，并与原料的滋味很好地融为一体，达到增味的目的。尤其是汤汁较多的菜肴，滋味鲜美的原料往往会因呈鲜味物质离析于汤汁之中，而变得鲜味较少。勾芡后，汤汁黏附于原料表面，使原料和汤汁融合一体均具有鲜美滋味。对于本来淡而无味又难以入味的一些原料，利用勾芡使有呈味物质的汤汁黏附于原料之上，可形成良好的滋味。

2）改善菜肴口感、突出菜肴风格

如果菜肴不经勾芡，汤汁易感觉粗滞、寡薄、干硬，勾芡后，汤汁较黏稠，口感变得滋润、浓厚。汤、羹类菜肴，汤汁多、汤菜易分离。勾芡后，汤汁的黏稠度增大、浮力增大，使原料悬浮于汤汁之中或漂浮于汤汁表面，既增加美观，又突出原料，从而构成一种独特的菜肴风格。对要求外脆里嫩的熘制类菜肴，必须勾芡，只有这样才能使熘汁浓度增加、黏性增强，在一定的时间内，裹粘在原料上的熘汁不易渗透到原料内部，使菜肴形成外香脆、内鲜嫩，滋味浓美的特色。

3）增加菜肴色泽、保持菜肴温度

勾芡使菜肴的色泽更鲜艳、光泽更明亮，这是由于淀粉在糊化后变黏，形成特有的透明性和光泽度，菜肴也显得丰满而光润，因此勾芡有利于菜肴的形态美观。

另外，热菜从厨房送到餐桌，其温度一般在 70 ～90℃，而食用温度以 30 ～50℃为最佳。淀粉经糊化作用后，形成一种溶胶，这种溶胶像一层保护膜一样紧紧地包裹住菜肴，降低了菜肴内部热量散发的速度，能较长时间地保持菜肴的温度。

4）保持和增加菜肴的营养成分

原料在烹调过程中，部分营养物质受热分解，如水溶性的维生素 B、维生素 C，以及脂溶性维生素 A、维生素 D 等，它们从原料中析出，溶于菜肴汤汁中。经过勾芡之后，菜肴的汤汁变稠，溶于汤汁中的各种营养物质，会随着糊化的淀粉一起黏附在原料的表面，使汤汁中的营养成分得到充分的利用。勾芡用的淀粉能改善菜肴的营养组成，增加了菜肴的营养价值。

二、勾芡用料的种类

淀粉是勾芡的主要用料，广泛存在于玉米、豆类、小麦、白薯、莲菜、菱角、土豆等原料中。由于种类和品质不同，其适用范围也不尽相同。淀粉的种类见表 7-5。

表 7-5　淀粉的种类

序　号	名　　称	特　　点	适用范围
1	玉米淀粉	在餐饮业中使用较多的一种淀粉，色白、粉质细滑、热黏度较高、凝胶强度好、透明度较差。要用高温使其充分糊化，提高透明度和黏度	适用于一般菜肴和汤羹的勾芡

续表

序号	名称	特点	适用范围
2	生粉	又称蚕豆粉、菱角粉，是用蚕豆或菱角制成的淀粉，色泽洁白、细腻光滑、黏性大、有光泽、吸水性差。质量好，是淀粉中的优品	适用于高档菜肴、汤羹的勾芡
3	木薯粉	又称泰国生粉，从泰国进口，色白、无异味、细腻光滑、有光泽、清澈透明、黏性大、口感带有弹性、冷冻及解冻时稳定性高。质量好，是淀粉中的优品	适用于高档菜肴、汤羹的勾芡
4	绿豆淀粉	又称绿豆粉，是用绿豆加工制成的淀粉，色白、细腻光滑、热黏度较高、透明度好。质量好，是淀粉中的优品	适用于高档菜肴、汤羹的勾芡，以及粉皮、粉丝的制作
5	白薯淀粉	又称红薯粉、山芋粉，是用白薯加工制成的淀粉，色泽灰暗、热黏度高。精加工的白薯淀粉质量、透明度较好	适用于一般菜肴和汤羹的勾芡，以及粉条、粉皮等制作
6	土豆淀粉	又称马铃薯粉，色白、粉质细、有光泽、糊化速度快、黏性大，但黏性稳定性较差	适用于一般菜肴和汤羹的勾芡，以及小吃原料的制作
7	澄粉	又称高级小麦淀粉，精细、粉质细、有光泽、透明度好、黏性大、较难消化，其用途比较广泛	用来制作各种点心，如虾饺、粉果、肠粉等

勾芡时，不常用的淀粉有藕粉、豌豆淀粉、米淀粉、马蹄淀粉、葛根粉等。

三、勾芡的种类及应用

1. 芡汁调制方法

1）兑汁芡

兑汁芡是在烹调前，将淀粉、鲜汤（或清水）及所用调料兑放在一起而调成的粉汁，并在原料接近成熟时将其调匀倒入锅中。在菜肴烹调过程中，兑汁芡是将调味和勾芡同时进行的，常用于旺火速成的爆、炒、熘类菜肴的制作。它不仅满足了快速操作的要求，也可事先确定口味，便于把握菜肴味型。兑汁芡按兑汁的色泽又可分为红芡和白芡，红芡就是在芡汁中加一些有色的调料，如酱油、番茄酱等；白芡就是在芡汁中仅加入精盐、味精等无色调料，不加入有色调料。

2）水粉芡

水粉芡又称湿淀粉，即干淀粉加水，并用于勾芡。水粉芡多用于烧、扒、烩、焖等烹调方法。因为这些烹调方法加热时间较长，在加热过程中应逐一投入调料，并在原料接近成熟时，淋入水粉芡进行勾芡。

2. 芡汁的种类

芡汁的种类见表7-6。

表7-6　芡汁的种类

序号	名称	特点	淀粉与水的比例	烹调方法	目的	菜例
1	爆芡又称包芡、抱芡、厚芡	稠，数量最少	1:5	爆、炒	芡汁包裹原料，菜肴盛入盘中堆成形体而不滑散，食后盘内见油不见芡汁	爆双脆、爆炒腰花、爆海螺
2	熘芡又称糊芡	略稠，数量比爆芡多	1:7	熘、烩、炒	用于熘菜，菜肴盛入盘中有芡汁滑入盘中。用于烩菜，使汤菜融合、口味浓厚	糖醋鱼、酸辣乌鱼蛋、炒鳝糊

续表

序号	名称	特点	淀粉与水的比例	烹调方法	目的	菜例
3	玻璃芡又称流芡	较稀，芡汁数量较多	1:10	扒、烧	菜肴盛入盘中，要求一部分芡汁粘在菜肴上，一部分流到菜肴的边缘	扒广肚、烧鱿鱼、红烧鱼
4	米汤芡	最稀，数量较多	1:20	烩	使菜肴汤汁及汤羹变得稍稠一些，以便突出原料，增加口味浓厚，似米汤的稀稠度	牡丹燕菜、酸辣肚丝汤、酸辣汤

四、勾芡的方法

1. 翻拌法

（1）翻拌法的作用是使芡汁全部包裹在原料上。

（2）翻拌法适用于爆、炒、熘等烹调方法，多用于要旺火速成及勾爆芡的菜肴。

（3）翻拌法主要有两种方法：一是在原料接近成熟时放入粉汁，然后连续翻锅或炒拌，使粉汁均匀地裹在菜肴上；二是将调料、汤汁、粉汁加热，至粉汁成熟变稠时，下入已加工制熟的原料，翻拌均匀。

2. 搅推法

（1）搅推法的作用是使汤汁浓稠，促进汤菜融合。

（2）搅推法多用于煮、烧、烩等烹调方法制作的菜肴。

（3）搅推法主要有两种方法：一是在原料快接近成熟时，将炒锅缓缓晃动，芡汁均匀淋入，边淋边晃，最后轻轻搅推，直至汤菜融合为止，常用于鲜嫩或易碎的菜肴，如豆腐、鱼类菜肴；二是在原料快要成熟时，淋入芡汁，迅速搅推，使汤菜融合，多用于数量多、原料不易破碎的菜肴，如鸡丁、肉片等。

▲浇芡汁后的象形八爪鱼

3. 浇淋法

（1）浇淋法的作用是使菜肴汤汁浓稠，增加菜肴的口味和色泽。

（2）浇淋法多用于熘、扒或蒸等烹调方法制作的菜肴，这类菜肴体积大、不易在锅中颠翻，适用于造型美观的菜肴。

（3）浇淋法的方法：将调好的芡汁均匀地浇淋在装好盘的原料上，如菊花鱼、红扒肘子等。

五、对勾芡的要求

1. 掌握勾芡时机和加热时间

勾芡是在菜肴即将成熟时进行的，不能提前或推后。如果菜肴未成熟就勾芡，不但菜肴不易成熟，而且芡汁在锅内停留时间也必然延长，这样容易造成芡汁粘锅、焦煳现象；如果菜肴成熟后勾芡，因芡汁有受热成熟的过程，会延长烹调加热时间，使菜肴过火，失去脆、嫩的质感。此外，必须在汤汁沸腾后进行勾芡，否则淀粉不易糊化且芡汁不黏不稠，起不到勾芡的作用。菜肴勾芡后，加热时间要恰当，过长或过短都会影响菜肴的质量。

2. 根据汤汁数量勾芡，掌握勾芡浓度

勾芡必须在菜肴汤汁适量时进行。例如，使用爆、炒技法的菜肴，要求汤汁很少；使用烧、扒、烩技法的菜肴，要求汤汁较多等。当菜肴的汤汁过多或过少时进行勾芡，都难以达到良好的效果。当菜肴的汤汁太多时，应用旺火加热收汁或舀出一些汤汁；当菜肴的汤汁过少时，则要添加一些，加汤汁时要从锅边淋入，不能直接浇在原料上。

芡汁浓度是决定勾芡后菜肴汤汁稀稠的重要因素。如果芡汁太稠，容易出现粉粒，而且菜肴不清爽；如果芡汁太稀，则会使菜肴的汁液增多，粘挂不到原料上，还影响菜肴的成熟速度和质量。要根据菜肴的要求、汤汁多少和淀粉的性能，决定芡汁的浓度和用量，使菜肴的汤汁稀稠恰如其分。

3. 确定口味和色泽后再勾芡

必须在确定原料的颜色、口味后再进行勾芡。如果勾芡后再调色、味，汤汁已经变黏变稠，这时调料很难均匀分散，同时调料不易浸入原料内，进而影响菜肴成品质量。

4. 菜肴油量适中时勾芡

由于油与淀粉不能融合，所以菜肴中油量不可过多。勾芡时，必须在菜肴油量恰当的情况下进行。如果在勾芡前发现油量过多，可用手勺将油撇去一些再勾芡。如果有些菜肴需要油汁时，可在勾芡后再次加入明油。

六、无须勾芡的菜肴

勾芡虽然是改善菜肴口味、色泽、形态的重要手段，但绝不是说每一个菜肴都要勾芡。一般来说，以下几种类型的菜肴无须勾芡。

（1）要求口味清爽的菜肴无须勾芡，特别是蔬菜类。例如，如果对清炒豌豆苗、蒜蓉荷兰豆、酸辣绿豆芽等菜肴勾芡，则会使其失去清新爽口的特点。

（2）原料质地脆嫩、调料容易渗透入内的菜肴无须勾芡，如干烧、干煸一类的菜肴。

（3）汤汁已经自然浓稠或已加入具有黏性调料的菜肴无须勾芡。例如，红烧蹄髈、红烧蹄筋等菜肴的胶质多，汤汁自然会稠浓，所以不必勾芡。又如，回锅肉、酱爆鸡丁等菜肴，调味时已加入豆瓣酱、甜面酱等调料，所以就不必再勾芡了。

（4）各种冷菜无须勾芡。因为冷菜的特点就是清爽脆嫩、干香不腻，所以不必勾芡。

想一想

（1）勾芡有什么作用？

（2）勾芡的种类有几种？芡汁是怎样制作的？

（3）勾芡的操作要求有哪些？

（4）哪些菜肴无须勾芡？

做一做

（1）掌握勾芡的操作方法及要求。

（2）用各种勾芡方法进行勾芡练习。

我的实训总结：______________________________

____

____

知识检测

一、判断题

（　　）（1）在传统中式烹调过程中，使用的芡是由汤和调料调制而成的。

（　　）（2）传统勾芡方法主要是利用面粉糊化产生的透明胶体物质。

（　　）（3）勾芡可以增强菜品汤汁黏度和浓稠度。

（　　）（4）勾芡可以丰富美化菜肴的外观形态。

（　　）（5）在烹调过程中，面粉和麻酱也能够起到增稠的作用。

（　　）（6）根据调料投放时序不同，调味方式可分为加热前和加热后调味两种。

（　　）（7）在传统烹调方法中，使用的兑汁芡是由调料和水构成的。

（　　）（8）根据芡汁的浓稠度不同，可将其分为水粉芡和兑汁芡。

（　　）（9）勾芡方法中的拌芡法是将原料与汤汁一同进行增稠。

（　　）（10）勾芡就是将淀粉放入菜肴的汤汁中加热、糊化、增稠。

二、选择题

（1）蛋清经高速抽打后，混入空气，体积可膨胀（　　）倍，从而形成色泽洁白的泡沫。

A．1　　B．2　　C．4　　D．8

（2）加入（　　）或（　　），能形成脆皮糊制品均匀多孔的海绵状组织。

A．酵粉；干淀粉　　B．酵粉；糯米粉

C．面粉；泡打粉　　D．酵粉；泡打粉

（3）糊的品种不同，保护（　　）的能力也有差异。

A．原料风味　　B．菜肴品种　　C．原料水分　　D．原料成分

（4）使用爆汁芡进行增稠处理的菜肴是（　　）。

A．油爆双脆　　B．西湖醋鱼　　C．葱烧海参　　D．松鼠鳜鱼

（5）使用硬流芡汁进行增稠处理的菜肴是（　　）。

A．炸牛柳　　B．干烧鲜鱼　　C．葱烧海参　　D．松鼠鳜鱼

（6）使用软流芡汁进行增稠处理的菜肴是（　　）。

A．黑椒爆牛柳　　B．焦熘肉片　　C．葱烧海参　　D．酱爆鸡丁

（7）菜肴在接近（　　）时勾芡，锅底油不宜过多。

A. 成熟　B. 半熟　C. 酥烂　D. 熟透

（8）（　　）属于着衣处理的工艺方法。

A. 走红　B. 拍粉　C. 水焯　D. 油滑

（9）糊具有保护原料成分的能力，其中以蛋泡糊的保护能力最强，全蛋糊次之，（　　）最差。

A. 蛋清糊　B. 蛋黄糊　C. 水粉糊　D. 混合糊

（10）在脆皮糊中加入酵粉或泡打粉，能达到使制品（　　）的目的。

A. 紧密　B. 松散　C. 蓬松　D. 黏稠

（11）蛋泡糊调制后，必须（　　）使用，以达到饱满的效果。

A. 2 小时后　B. 1 小时后　C. 30 分钟后　D. 立即

三. 简答题

（1）上浆操作要求是什么？

（2）举例说明一种糊的调制方法。

（3）糊浆的相同点和不同点是什么？

（4）勾芡的种类有几种？如何应用？

（5）在餐饮业中，对勾芡的要求是什么？

项目八　配菜、菜肴命名及盛装技术

任务一　配菜知识

任务目标

技能目标

- 掌握一般菜肴的配菜方法；
- 掌握花色菜肴的配菜方法。

知识目标

- 配菜的概念及作用；
- 对配菜的基本要求；
- 配菜的原则；
- 配菜的方法；
- 配创意菜的方法。

任务学习

一、配菜的概念及作用

1. 配菜的概念

配菜又称配料，是根据菜肴品种的质量要求，将两种或两种以上加工成形的原料，适当组合或搭配，使其成为一个完整菜肴原料的过程。

▲玉花蝉鸣

配菜是紧接在刀工后的一道独立工序，与刀工有着紧密的联系。刀工为配菜提供一定形状的原料，配菜直接为烹调做准备，这两种技法连在一起称为切配。热菜工序一般分为以下几步：原料初加工——刀工处理——配菜——烹调——菜肴成品装盘。

2. 配菜的作用

配菜技术在烹调过程中占有重要地位，配菜的恰当与否，直接关系到菜的色、香、味、形和营养价值，也决定着菜肴的成本和整个菜肴是否协调。配菜岗位有着举足轻重的作用，既要精通刀工、熟悉烹调技法，又要懂原料。配菜实际上是使菜肴具有一定质量形态的设计过程，其主要作用如下。

▲葫芦橄榄鱼

1）确定菜肴的质量

一般来说，每一道菜肴都是由几种原料组成的，它们的性质各不相同，如老嫩、脆软、韧筋等，这就是质。所谓量就是菜肴中的各种原料的数量或它们之间的数量之比。在配菜过程中，必须按照菜肴的质量要求等方面，来确定菜肴中各种原料的质和量，这也是确定菜肴品质的条件。

2）确定菜肴的色、香、味、形

根据菜肴要求，将相同或不同形状的各种原料完美地搭配在一起，通过烹调使它们的香味、色泽、味道、形态相互影响、掺和、补充等，从而形成一个完美的佳肴美馔。所以，配菜基本确定了菜肴的色、香、味、形。

3）确定菜肴的成本

菜肴原料档次高低及数量多少决定了菜肴成本，它直接关系到企业的效益与消费者的利益。

4）确定菜肴的营养价值

菜肴的营养价值是由组成菜肴所有原料的内容和数量确定的。我们知道，每一种原料其所含的营养成分是不同的，人体对营养素的需求是多方面的。所以，配菜时不但要考虑菜肴风味特色，还要考虑各种原料所含的营养素，力求营养合理、膳食平衡。

5）确定创新菜肴的基本方式

世界各国之间原料的进出口，形成并推动了菜肴的创新及多样化。通过配菜，把各种不同原料进行巧妙组合和搭配，必然会形成不同风味、形态、特色的创新菜肴品种。

6）有利于原料的合理利用

各种原料有高、中、低档之分，配菜按菜肴质量要求，把各种原料合理地配合起来，组成各种档次的菜肴，以物尽其用。

二、对配菜的基本要求

1. 对配菜料头的质量要求

配菜料头虽然用量不大，但在烹调时，起着重要的调味、增香作用。做好配菜料头准备工作，可以避免差错的发生，尤其在开餐高峰期显得更为重要。对配菜料头的质量要求如下。

（1）大小一致，形状整齐美观，符合规格要求。

（2）干净卫生，无杂物。

（3）各种配菜料头分别存放，注意保鲜。

（4）数量适当，品种齐备，满足开餐需要。

2. 对配菜的质量和时间要求

（1）配菜品种、数量符合规格要求，主、配料分别放置，不能混杂在一起。

（2）对于配菜的数量、标准等方面，要严格按照企业规定的数量或毛利率的要求配置。

（3）干货原料的涨发方法要正确，涨发成品要疏松软绵、清洁无异味，并达到规定涨发标准，保证配菜时使用方便。

（4）接受订单后，一般1~2分钟配出一款菜肴，5~10分钟内配出全部零点菜肴，订单类宴会菜肴，须提前配齐。

（5）配菜时应注意清洁卫生、干净利落。

3. 对配菜出菜的工作要求

（1）接到餐厅的菜单时，须查看是否盖有收银员的印记，以及随菜单带有与菜肴数量相符的夹子或其他标记方式。

（2）接到配宴会和团体餐的菜单时，必须确认是否是行政总厨或吧台开出的正式菜单。

（3）配菜人员凭菜单、按规格及时配制，并按接到菜单的先后顺序依次配制。在紧急情况下，特殊菜肴可以提前做配菜处理，并保证及时送达灶台。

（4）负责排菜（打荷）人员，排菜必须准确及时、前后有序、菜肴与餐具相符，菜肴成品及时送至备餐间，提醒传菜员取走，快速送达餐桌。

（5）对于一般零点菜肴，第一道热菜出品不得超过10分钟，第一道冷菜出品不得超过5分钟，并及时上桌。避免因出菜太慢，延误客人就餐。

（6）所有出品的订单、菜单，必须妥善保存，工作结束后及时交给行政总厨或厨师长备查。

（7）热菜烹调人员若对所配菜肴规格质量有疑问，要及时向配菜主管提出，妥善处理。烹调菜肴先后次序及速度应服从排菜人员安排。

（8）厨师长有权对出菜的手续、菜肴质量进行检查，如果有质量不符或手续不全的菜肴，有权退回并追究责任。

（9）配菜人员要保持案板及周围的整洁卫生。

三、配菜的原则

1. 量的配合

一份菜肴的数量是按一定比例配置的各种原料的总量，也是一份菜肴的单位定额。每一份菜肴都有一定数量定额，在餐饮业中，一般是以各种不同规格的盛器来衡量的。配菜时，取出适于某个菜肴所要求定额的盛器，然后将组成此菜的所有原料，按照企业毛利率规定的比例分别放置于盛器中。

2. 色的配合

色泽的好坏是评价菜肴成功与否的标准之一。配菜时，以一种或两种色泽为主，再配入其他色彩，以衬托、调和菜肴的整体美观，即配料色泽衬托主料色泽。在餐饮业中，色的配合常用以下两种方法。

▲玉树笋饺

（1）同色配又称顺色配，要求所选原料色泽基本一致，如银芽鸡丝、糟熘鱼片、冬笋鸡丝等。

（2）花色配又称异色配，要求所选用原料分别为不同的颜色，组成色彩鲜艳的菜肴。花色配必须做到主、配料色差大，比例恰当，突出主料色彩，配料起衬托点缀作用，如五彩鱼丝、辣子鸡丁、炒什锦等。

3. 香和味的配合

一些原料的香和味是经过加热和调味以后，才能表现出来的。但大多数原料本身就具有特定的香和味，并不是依靠调味表现出来的。因此，配菜时既要了解原料本身具有的香和味，又要知道制成菜肴后香味的变化，这样才能配出较好的菜肴。

（1）主料香味浓厚或过于油腻的配法。一些原料香味过于浓厚或油腻，配菜时要加入清淡、吸油的原料，以保证菜肴味美可口，如萝卜烧肉、莲藕炖排骨、竹笋红烧肉等。

▲金鱼戏水

（2）以主料香味为主的配法。主料香味浓郁诱人，可适当配入一些原料，增加或衬托主料的香和味，使整个菜肴香味更加突出明显，如干煸鸡条、葱姜肉蟹、香菇鸡块等。

（3）主料香味较淡的配法。一些原料本身没有鲜美滋味，可配入鲜香味浓的原料，增加其香味。例如，对于海参、广肚、豆腐、蹄筋、粉皮等主料，须配入鲜汤、火腿、干贝、虾干、海米、大金钩、虾子等原料。

4. 形的配合

原料形状的配合原则是配料适应、衬托主料，突出主料的形状，即在餐饮业中，一般常说“块配块”“片配片”“丁配丁”“丝配丝”，在任何情况下配料的大小、数量都应当小于和少于主料，主料、配料在形的配合上要做到顺其自然。

5. 质的配合

在配菜中，必须考虑主料、配料在质地上的配合。

（1）主料与配料质地相同。假如主料的性质是脆性的，配料的质地也应是脆性的。主料是软的，辅料也应是软的。例如，“爆三脆”所用的鸡肫、猪肚头、海蜇三种原料质地都是脆的。又如，“爆鸡片”主料鸡片是软嫩的，则可选择较嫩的莴笋或冬笋、木耳等作为配料。

（2）主料与配料质地不相同。配菜时，经常出现主料和配料质地完全不同的配法，这就要通过烹调来解决。例如，“蒜薹肉丝”中，肉丝是鲜嫩的，蒜薹是脆嫩的。又如，在以炖、焖、烧、扒等长时间加热的烹调方法制作菜肴时，主料、配料质地不同，软硬相配的情况就更多了，可以通过投料先后和火候的适当调整，使原料或软、硬或酥烂等，要做到恰到好处。

6. 营养成分的配合

配菜时，还要考虑菜肴中所含的营养成分是否均衡，这也是配菜必须遵循的原则之一。要掌握各种原料的营养成分及特点，使菜肴营养合理、科学健康、利于人体消化吸收。

四、配菜的方法

1. 一般菜肴的配菜种类

配菜按所用原料的多少可分为单一料、主配料、混合料三类。

（1）单一料：是由单一原料构成的，其刀工细、选料精、突出原料特点。因没有其他原料衬托、装饰，更要讲究刀工和拼摆造型。

（2）主配料：除了有主料，还有配料，配料能更好地突出主料。从形状、数量、口味上都要以主料为主，决不能喧宾夺主，主料、配料的质量比例最好不要低于 2∶1。

（3）混合料：主料由几种原料（两种或两种以上）组成，这几种原料不分主料、配料，互相补充，不分主次，其质量比例要基本一致。

2. 花色菜肴配菜方法

花色菜肴配菜时，在色、形方面特别讲究，要求精细，注重技巧，并具有色泽鲜艳、造型美观、赏心悦目等特点。

1）配菜要求

（1）选料精细、考究，易于塑造形态。

（2）色、香、味、形、器和谐统一。

（3）菜肴图案优美、造型大方。

（4）刀工精湛、手法细腻、方式多样。

（5）菜肴名称不但要高雅、合适、形象，还要名副其实、寓意美好、诱人食欲。

2）常用花色菜肴配菜方法

（1）叠：将原料加工成片状，涂上一层糊状或蓉泥的黏性原料，使其黏在一起，一层压一层，叠成长方体，再加热烹调成菜，这样能使菜肴具有较好的质感、口味或色泽多变，如麒麟豆腐、夹沙广肚等。

（2）穿：在整个或部分出骨的动物性原料的空隙处嵌入其他原料。穿入的原料大多为丝、条状，如素排骨、龙穿凤翅等。

（3）酿：又称镶、藏等，是将原料挖孔，孔中抹入或涂上其他原料，如八宝豆腐盒、烧酿香菇、蟹酿橙、虾酿青瓜等。

（4）扣：把两种或几种不同质感、颜色的原料整齐地摆在碗内，再蒸制，成熟后反扣在盛器内，如芥菜肉、梅菜扣肉、腐乳肉等。

▲采用叠的方法制成的锅贴豆腐

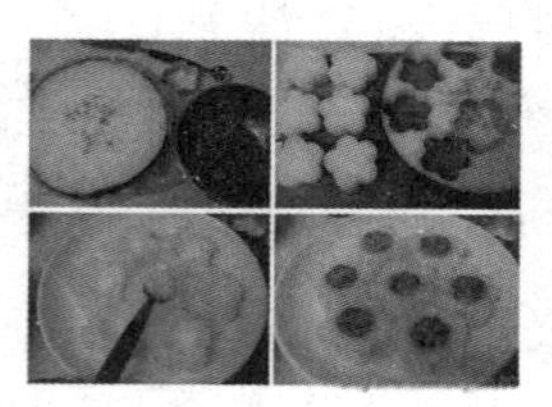
▲采用酿的方法制成的酿冬瓜

▲扣三丝

（5）扎：又称捆，是先将主料加工成条或片，再用粉丝、黄花菜、海带丝等条丝状韧性原料，将主料成束地捆扎起来，然后再烹调制作，如金汤三丝捆、柴把鸭、石榴三鲜包等。

（6）包：利用片、皮状原料，把加工成丁、条、丝、片、蓉、粒等形状的原料包成优美形状，然后再烹调成菜。常用片、皮状原料有糯米纸、豆腐皮、荷叶、粉皮、蛋皮、油皮、薄饼、锡纸等，如炸春卷、荷香鸡、纸包鸡等。

▲石榴三鲜包

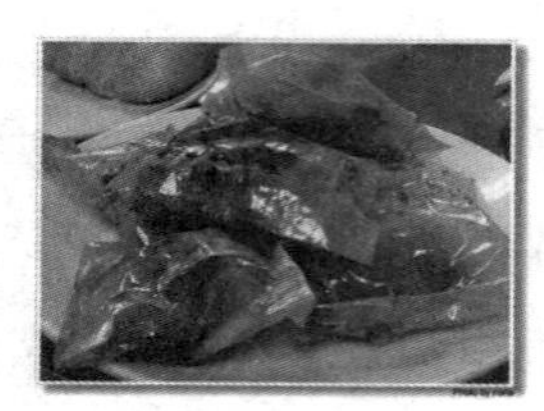
▲纸包鸡

▲三丝鱼卷的生坯

（7）串：用竹签、铁签等，将各种片、丁、粒、条、块等形状的原料串在一起，然后再烹制成菜，如五彩时蔬串、羊肉串、牙签肉等。

（8）挤：是用工具或手将制成蓉泥的糊胶原料挤成各种形状的过程。挤有两种操作方法：一是操作时用手抓取蓉泥，五指用力将蓉泥从弯曲的食指与拇指之间的虎口处挤出，再用竹刀或另一只手或调羹勺，刮、抹成球丸形或橄榄形，如生氽丸子、橘瓣鱼氽等；二是把蓉泥放入裱花挤袋或注射管内，将蓉泥挤出，形成各种线条或花瓣等形状坯料，再进行烹调，如上汤鱼面、清汤鱼线等。

（9）摆：将各种原料或菜肴成品拼摆成特定的美丽形状，如芙蓉海参、葵花鸭等。摆一般经过构思、定型、选料、切配、拼摆、成形等过程。例如，在面包片上挤抹上蓉泥，呈半圆形，将杏仁分几层叉在蓉泥上，形成盛开的花状。

▲蔬菜丸子

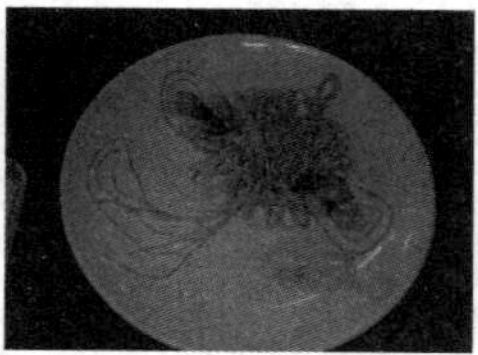
▲中国结鱼线

▲清汤月季鱼

▲先酿后摆的烧酿海参

（10）镶：是在一种原料表面镶上其他原料，使其构成一定形状和图案的一种方法，如象眼鸽蛋。

五、配创意菜肴的方法

（1）描摹自然：以自然界的万事为对象之源，直接从客观世界中汲取营养，获取菜肴的创作灵感，适当加以夸张、创意。

（2）模仿出新：只是模仿并不能创意菜肴，重复别人的只是学习。先从模仿开始，再创新出新的菜肴。

（3）偷梁换柱：从改变菜肴原料入手，往往能够创造出新的菜肴。

（4）移花接木：将某种风味的某一个菜肴或几个菜肴中较为成功的步骤、方法，转移、应用到另一种风味的菜肴中，以图创新的一种方法。

（5）出奇制胜：打破常规、奇思妙想、善于变化、推陈出新等是出奇制胜的重要环节。

（6）化拙为巧：在烹调过程中难免有失误，甚至改变了想要烹调的特色，经过反复思索，反求化拙为巧，发生始料不及的演变，成为一款创新菜肴。这类菜肴创作的事例很多。

（7）巧用脚料：尽量利用原料的性质、形状、特点等，充分加工、巧妙组合、灵活搭配，这样才能够创新出美味可口的菜肴。

（8）借题发挥：利用原料不同的烹调方法或菜肴风味的特点，在菜肴的内涵、形式、造型、口味、装饰等方面进一步升华，提高或巧妙加工，从而创新菜肴。

想一想

（1）配菜的原则主要是主料和配料的搭配是否得当，对吗？

（2）配菜的作用有哪些？

（3）配菜的原则有哪些？

任务二　菜肴命名知识

技能目标

- 掌握菜肴命名的方法。

知识目标

- 菜肴命名知识；
- 菜肴命名的要求；
- 菜肴命名的常用方法。

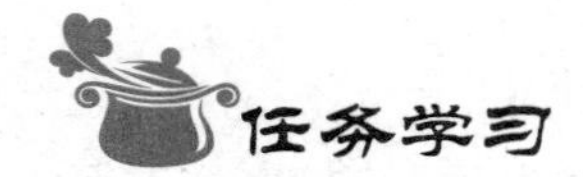

任务学习

一、菜肴命名

我国烹饪文化源远流长，美味佳肴名扬四方，那些脍炙人口的美味佳肴都是通过菜肴的名称而得以流传。因此，菜肴不但要色、香、味、形、质、养等俱佳，还要有一个好的名称。无论是一般的菜肴，还是花色菜肴，菜肴的命名均可以使用以下两个方法。

1. 先创造出品种后命名

先创造出品种后命名，这种方法在餐饮业比较流行，使用较多。它能反映出命名的灵活性，并可以随机应变和不拘一格。可根据菜肴所用的原料、形态、口味等方面的特点来命名，尽量使菜肴的名称和菜肴的内容相符。这种方法使用起来较容易和简单，稍有经验的烹调师采用这种命名方法时，都会十分得心应手。

2. 先命名再制作菜肴

先命名再制作菜肴，这种方法一般使用较少。这种方法要求先想好个雅致的名称，然后再根据名称来选料、切配、调味、烹调和造型，使制成的菜肴与名称基本相符。用这种方法制作出的菜肴往往带有诗情画意，有着较高的品味。例如，“踏雪寻梅”这道菜肴是用鸭舌和蛋泡糊制作完成的，加上适当点缀即可，这道菜肴与名称非常自然和贴切，并给人以无限的遐想。当然，这种命名方法往往带有一定的难度，要求烹调师要有一定的文学修养，颇费心思。

二、菜肴命名的要求

菜肴命名应从客观事物出发，把内在本质反映出来，并能表达人们的美好饮食感受和美好愿望，切勿华而不实、低级庸俗。

（1）菜肴命名力求名实相符，充分体现菜肴的全貌和特色。例如，蛙鱼（飞燕）这道菜肴是将整鱼经过加工，制成青蛙或燕子状，经烹调定型后，浇淋上制好的芡汁而成。

（2）菜肴命名力求雅致得体、格调高尚、雅俗共赏，如玉鸭金凤翅、霸王别姬等，不可牵强附会、滥用辞藻，绝不能把去皮黄瓜命名为玉女脱衣等庸俗的名称。

（3）菜肴命名力求突出地方色彩和民俗风味，如四川菜肴“麻婆豆腐”、广东菜肴“龙虎斗”、东北菜肴“杀猪菜”等。

（4）菜肴命名力求音韵和谐、文字简短、朴素大方，如炸八块、知了白菜等。

三、菜肴命名的常用方法

菜肴命名除了可以从文化、风俗、典故、名人等角度命名外，还可以以所用的原料、烹调方法、色彩、质地、口味及造型等角度命名。

1. 传统文化命名法

（1）一品：本指封建社会的最高官阶，引申指优异程度达到世界上再无其他可比之物。

例如，太岁、太保太尉、司徒、司空皆是一品官，借用此词来命名菜肴，是为了形容菜肴的名贵、高级，如一品官燕、司徒鸡、太岁鱼、一品豆腐等。

（2）三元：是取三元吉祥的寓意来命名菜肴。古时以天、地、人为三元；也有以旧时科举考试中乡试、会试、殿试中的状元、会元、解元为三元；或者以每年正月初一为三元（年、季、月之始），愿开年大吉、诸事如意、行好运。把三元运用到菜肴中多指三种原料，如三元吉祥、三元白汁鸭等。

（3）四喜：古代的四喜是指人们为庆贺和祈求人生的四大喜事：久旱逢甘露、他乡遇故知、洞房花烛夜、金榜题名时。如今冠之菜名，意义是预祝人们吉祥如意、事业有成。四喜也指人们最值得庆贺的四件事。将四喜运用于菜肴，是指由四种原料或一种原料分成四等份而制成的菜肴，如四喜虾饼、四喜丸子、四喜海鲜等。

（4）麒麟：是古代传说中的一种祥瑞动物，在百兽中仅次于龙，是传说中的一种珍贵动物，其形状如鹿，独角，全身生鳞甲，尾像牛，是仁慈祥和的象征。麒麟是瑞兽，是祥瑞之兽、吉祥神兽，主太平、长寿。在民间生活中，常常会借用它特有的珍贵和灵异，来比喻品德高尚、地位崇高、杰出之人。用麒麟的高洁祥瑞来赞颂拥有者的高贵品质。麒麟只在太平盛世出现，集祥瑞寓意于一身，神性通灵显贵。又有“麒麟送子”之说，寓意麒麟送来童子必定是贤良之臣，麒麟可辟邪，并能招财进宝，既体现了赠予者的尊崇之心，又是为拥有者的财富及子嗣送上一份真情和吉祥，使其家庭和睦、事业昌隆。作为吉祥的象征，行业中常以麒麟命名菜肴，如麒麟桂鱼、麒麟送子等。

▲御笔鱼翅

▲四喜丸子

▲麒麟桂鱼

（5）鸳鸯：是鸟名，鸳指雄鸟，鸯指雌鸟，体形小于鸭，嘴扁平而短，雄者羽毛美丽，雌者通体褐色。鸳鸯是形影不离的，生活中保持着雄左雌右。千百年来，鸳鸯一直是夫妻和睦相处、相亲相爱的美好象征，也是中国文艺作品中坚贞不移的纯洁爱情的化身，备受赞颂。所以，常将菜肴“鸳鸯戏水”用于婚筵，以祝福新婚夫妇。在餐饮业中，常把两种色泽、口味成双及原料成双的菜肴冠以鸳鸯之名，如鸳鸯火锅、鸳鸯海参等。

此外，还有八宝、绣球、水晶、翡翠等命名方法，本书不再详细介绍。

2. 写实性命名法

写实性命名法即在菜肴的名称中如实反映原料的组配情况、烹调方法，以及菜肴的色、香、味、形，或者在菜名上冠以创始者或发明地的名称，使人一看菜名就能了解菜肴的概貌及特点。

（1）以烹调方法加主料命名。这是一种较普遍的命名方法，这种方法可使人们了解菜肴的全貌和特征，既反映了菜肴的主要原料，也反映了菜肴的烹调方法，如软炸口蘑、烟熏鳜鱼、清蒸全鱼、炸牛排等。

（2）以主料和配料命名。这种命名方法突出了菜肴中主料和配料的关系，给人以实在和本味的感觉，如蘑菇鸡块、毛尖虾仁、银芽肉丝、香菇菜心等。

（3）以调料和主料命名。这是以调料和主料为特色的命名方法，反映菜肴主料的调味方法，从而突显菜肴的口味特点，如蚝油鲍鱼、咖喱牛肉、盐焗大虾、红油豆腐。

（4）以烹调方法和原料特征命名。这种命名方法强调烹调方法和原料的特点，使人们对原料有进一步了解，如蜜汁山药、清蒸盘龙鳝等。

（5）以色彩形态和主料命名。这种命名方法是利用烹调主料的特点，吸引人们对主料颜色和形状的注意并留下深刻印象，如寿桃豆腐、红袍大虾、水晶虾、蝴蝶海参、葫芦鸭等。

（6）以人名、地名和主料命名。这种命名方法强调地方特色，吸引人们对菜肴的激情和向往，如开封桶子鸡、道口烧鸡、李鸿章杂烩、东坡肉等。

（7）以主料、配料和烹调方法命名。这种命名方法强调菜肴的主料、配料及烹调方法，反映菜肴的大致面貌，如青椒炒鸡片、虫草炖乳鸽、板栗烧鸡块等。

（8）单纯以形象或形态命名。这种命名方法强调菜肴的形象特征，激发人们的好奇心，使人们注意菜肴的艺术造型，如清炖狮子头、龙舟送宝、松鼠鳜鱼、百鸟归巢等。

（9）以素菜形式命名。这种命名方法强调的是将素菜做成了荤菜的样子，满足少数素食者的心理和口福，如素海参、烧素鸡、氽素鱼圆等。

（10）以蔬果等盛器命名。这种命名方法强调的是将蔬果、粉丝、白糖等原料制成菜肴盛器，以此来盛装菜肴，既是盛器又是食物，如西瓜盅、冬瓜盅、岁岁平安、渔舟唱晚等。

（11）在主料前加上菜肴质感特点来命名。这种命名方法强调主料的质感特色，给人以某种启示，引起人们对该菜肴的食欲，如香酥鸡、炸脆鳝、脆皮鲜奶等。

（12）以主料和中药材命名。这种命名方法强调主料和中药材的药用价值，特别是中药材的功效，反映我国医食同源的饮食文化，如虫草鸭子、龙眼老鸭、枸杞炖狗肉、大枣牛肝汤等。

（13）以中西烹调文化结合命名。这种命名方法强调菜肴是采用西餐原料或西餐烹调方法制作的，吃的是中餐菜肴，体现的却是西餐味道，如千岛牛肉、沙司扇贝、牛排布丁、黑椒牛柳、法式猪排等。

（14）以诗歌名句命名。这种命名方法强调菜肴的艺术性，赋予其诗情画意，如掌上明珠、百鸟归巢、一行白鹭上青天、乌龙过江、肝胆相照等。

（15）以器皿和主料命名。这种命名方法强调加热器皿的特色，如羊肉煲、汽锅鸡、砂锅鱼翅、杜仲猪腰盅等。

▲菊花鱼丁

▲巧编鸡条

▲汽锅鸡

（16）以夸张的手法命名。这种命名方法通过夸张的手法来渲染气氛，给人焕然一新的感觉，如天下第一菜、三声炮、天下第一羹、平地一声雷等。

（17）以良好祝愿命名。这种命名方法表达了幸福美好的祝愿，使人心情愉快，如鲤鱼跃龙门、全家福、比翼双飞、母子会等。

（18）以艺术造型命名。这种命名方法强调菜肴构图的艺术性，使菜肴如诗如画，如青山绿水、荷塘月色、游龙戏凤、金鱼戏水等。

（19）以渲染奇特制法命名。这种命名方法强调了菜肴具有独特的制法，从而引人入胜，如熟吃活鱼、泥鳅钻豆腐、油炸冰激凌等。

（20）以字词谐音命名。这种命名方法运用同音的字或词取代菜肴本身的字或词，如发财鱼圆汤、福如东海、年年有余等。

3. 寓意命名法

针对食客的心理，抓住菜肴特色巧做文章，渲染色彩引人入胜，采用文学手段，采取比拟、象征或借代等手法为菜肴命名，具有构思新颖、寄寓深情的特点。

（1）表达吉祥祝愿的菜名有全家福（炒什锦或烩菜）、龙凤呈祥（炒鸡虾球）；表达祝寿和新婚美满祝福的菜名有八仙贺喜（八围碟）、长命百岁（甲鱼寿面）、源远流长（龙须面）、千丝心心结（鸡丝翅肚）、百年好合（莲子百合）、早生贵子（红枣炖莲子）、一帆风顺、满载而归、心心相印等。

▲天长地久

（2）具有象形会意的菜名有葡萄鱼、葡萄虾、菊花冬瓜、月季里脊。

（3）具有历史典故或传说的菜名有佛跳墙（海味、珍禽在酒坛中煨制），此命名来自“坛启荤香飘四邻，佛闻弃禅跳墙来”这句诗，以及宋嫂鱼羹（酸辣鱼羹）、黄袍加身（鲤鱼焙面）等。

（4）赋予原料美称的菜名有银芽凤丝（豆芽鸡丝）、明珠、凤珠或龙珠（鸡丸、鱼丸、虾丸）、年年有余（年糕鱿鱼）、天长地久（韭菜炒鳝丝）等。

想一想

（1）菜肴命名的方法有先创造出品种后命名或先命名再制作菜肴，对吗？

（2）菜肴命名要力求名实相符，充分体现菜肴的全貌和特色，命名力求雅致得体、格调高尚，突出地方色彩和民俗习惯，音韵和谐，文字简短，朴素大方，对吗？

任务三　盛装技术知识

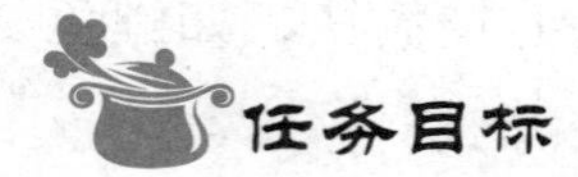

技能目标

- 熟知常用的各种盛器；
- 掌握各种菜肴的盛装方法。

知识目标

- 常用的盛器；
- 盛装的基本要求；
- 盛装的原则；
- 常用的盛装方法。

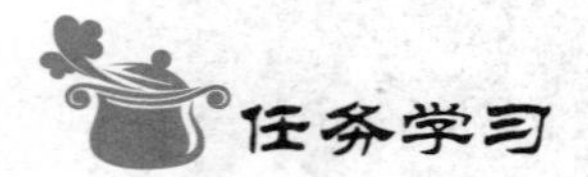

一、常用的盛器

在现代餐饮业中，常用的盛器分为两大部分：一部分是厨房用具；另一部分是菜肴盛器。厨房用具又可分为切配盛器与烹调盛器。

1. 切配盛器

1）长方形盘

长方形盘用途广泛，主要用来盛装已经洗涤完的待切配的原料，也可用来盛放烹调完毕的熟食。长方形盘主要有不锈钢、铝制、搪瓷材质的，规格有大有小。

2）圆形盆

圆形盆的直径在 33 厘米左右，多用来盛放切配好的菜肴生料。圆形小盆主要用来上浆、挂糊及调拌凉菜等。圆形盆有铝制、搪瓷、不锈钢材质的。不锈钢圆形盆易于清洗，干净整洁，使用最为广泛。

3）圆桶和方盒

圆桶的大小按需要来选择，多为不锈钢材质。方盒主要用来盛放已经腌渍或上浆的原料，并可放进冰箱储藏。 除此之外，还有篓、筐等用于盛放蔬菜原料，此处不再详细介绍。

2. 烹调盛器

1）油钵

油钵用于盛放烹调用油，直径通常为 30 厘米左右，高度为 30 厘米以上。油钵可与

漏勺相配，漏勺放其上。

2）调料罐

调料罐各地有所不同，一般使用不锈钢或搪瓷材质的，以搪瓷材质的调料罐为好。因为调料都有一定的腐蚀性，金属调料罐容易受到腐蚀，而搪瓷调料罐不易受到腐蚀，而且易于擦洗、传热慢、美观整洁。

3. 菜肴盛器

菜肴盛器的种类规格很多，常用的有以下几种。

1）长腰盘

长腰盘为椭圆形，小长腰盘的长轴为 17 厘米，大长腰盘的长轴为 66 厘米。长腰盘最适合盛放长圆形或长方形的菜肴，如鱼、鸡、鸭等。大长腰盘还经常用来做什锦冷盘和花色冷盘，小长腰盘经常用来做双色或三拼冷盘。

2）圆盘

圆盘使用最为广泛，圆盘是扁平的圆形盛器，规格也大小不一。圆盘直径小到 13 厘米左右，大到 66 厘米，可以盛放任何不带或带少量汤汁的菜肴。大圆盘多用来做花色冷盘和工艺菜的盛器。直径小于 13 厘米的圆盘称为碟子，用来盛放调料，并跟菜上桌。

▲橄榄鱼滑

3）碗

碗的直径从 3.3 ~53 厘米不等，主要用来盛放汤菜、羹菜。最小的碗常用来盛调料，如醋、酱油等。

4）汤盘

汤盘呈椭圆形或圆形，汤盘比圆盘略深，由于底部较大，因此容积较大。汤盘可用来盛放带汤汁的烩菜和体积大、带汁的卤汁菜肴。汤盘的直径最小为 15 厘米，最大为 40 厘米。

5）砂锅

砂锅一般为陶制，散热慢，砂锅既是加热炊具又是盛器，适合做焖、烧、煨制的菜肴。砂锅规格很多，砂锅直径最小为 6.6 厘米，最大为 53 厘米。最近，人们常用“白色砂锅”做“煲”菜，“白色砂锅”实际上就是在砂锅内外壁上涂釉的白瓷砂锅。

6）气锅

气锅是由紫砂烧成的，呈暗红色，中间有从粗到细的圆柱形孔，热量由底部及孔洞中传给“锅”中的原料。气锅加热时，是将气锅坐在水锅上，盖上盖，水锅置火上，将水蒸气传给气锅。气锅的直径在 40 厘米左右，也有直径在 10 厘米左右的小气锅。

7）火锅

火锅由紫铜、锡、铝制成，呈圆形。火锅主要有两种：一种中间有炉膛，可以放炭火加热，这种锅又称暖锅，可涮可煮。还有一种锅呈碗状，锅底放电磁炉、酒精、燃气灶加热。

▲橙香脆鸡丝

8）品锅

品锅有铜、锡两种材质，大小不一，直径一般在65厘米左右，有盖。因为其容积大，可以把整鸡、鸭、肘子、猪蹄等，成品字形盛放、上席，故而得名。

9）铁板

铁板呈椭圆形，由生铁铸成，厚约为0.5厘米。使用时，先将铁板放在火上烧热，随后铺上菜，到桌上当众浇上味汁，热气腾腾。

10）卡式炉火锅

卡式炉火锅由炉体和不锈钢锅两部分组成，主要以小瓶液化气作为燃料，直径一般为18～24厘米。

11）异形盛器

异形盛器又称象形盛器，与一般常见盛器最大的不同就是制成了各种动物、植物形状，常见的有紫砂制成的蟹形、鸭形、甲鱼形异形盛器，以及白瓷制成的白菜形、茄子形、黄瓜形异形盛器，还有方形、菱形等各种形态的盘子。

12）其他盛器

其他盛器包括金器、银器、竹器、玉器、玻璃器等。

二、盛装的基本要求

1. 注意操作卫生

（1）盛装时，应使用消过毒的盛器；要注意锅底污物对盛器的污染；不小心滴在盘边的汁水要用消毒洁布擦拭干净。

（2）制作好的菜肴不能用手随意触摸；菜肴需要改刀操作时，应由专业人员完成。

（3）汤菜不宜装得过满，一般占碗容积的80%～90%即可；汤汁不能盖住碗沿，以防端菜时手触汤汁。

2. 装盘动作敏捷协调

装盘动作熟练到位，尽量缩短装盘时间，确保菜肴最佳的上菜温度，以免影响菜肴质量。

3. 装盘丰润整齐、突出主料

装盘时，菜肴一般装在盘中心，力求圆润饱满。摆放菜肴应该整齐均匀，主料、配料主次分明。

4. 菜肴的色彩与形状应和谐美观

装盘时，应运用各种装盘技术，把菜肴堆摆成美观的形状，并力求整齐。

5. 菜肴分装要均匀

菜肴分装时，注意主料、配料要均匀分装，一锅炒菜分装几盘时，也应做到心中有数，使分量基本相等，一次完成。

三、盛装的原则

1. 菜肴的分量与盛器大小相适合

根据菜肴的分量和菜肴的形状，选择大小合适的盛器。盛器选得过大，会显得过于空旷，不和谐；盛器选得过小，又会显得拘谨。

2. 菜肴与盛器类别相宜

由于菜肴种类繁多，在盛装时，应选择与菜肴特点、形状、汤汁适合的盛器。例如，炒菜类的菜肴用圆盘或腰盘，扒菜类的菜肴用扒盘，汤菜类的菜肴用汤碗。

3. 菜肴的色泽与盛器的色调应协调

菜肴的色泽应与盛器的色调相协调，做到和谐美观。白色的菜肴应选用色调淡雅的盛器盛装，如果用青色或兰花边的瓷盘盛装，会显得菜肴柔和雅致。颜色深的菜肴，如红烧肉、鱼香肉丝等，则宜选择白色的盛器。另外，盛器要注意与季节相配，灵活运用才能有赏心悦目的感觉。

4. 菜肴的档次与盛器的质地要相称

“美食配美器”，高档菜肴要用做工精细、造型别致、色调考究的盛器盛装。普通菜肴要选与其身价相同的盛器，否则会产生华而不实的感觉。

不管是一般便餐，还是整桌宴席，盛器不可以品质不一样，若规格差距过大，色彩会不协调。

四、常用的盛装方法

1. 拉入法

拉入法最为普遍，适用于形态较小、不勾芡或勾薄芡的菜肴盛装。装盘前，先翻勺，尽量将形状完整的菜肴翻在上面，然后将锅倾斜，下沿置盛器上方，用手勺左右交叉将菜肴拉入盘中。

2. 倒入法

倒入法适用于质嫩易碎、芡汁稀薄的菜肴盛装。装盘时，将锅对准盛器，迅速向左上方移动，将菜肴一次均匀倒入盘中。同时，锅不宜离盛器太高，不要影响菜肴的形态，但也不能太低，以防锅沿的油垢沾污盛器边沿。盛装时，位置要准确，盘边不见油渍，菜肴形状要整齐。

3. 覆盖法

覆盖法适用于无汤汁的炒、爆类菜肴盛装。装盘前，先翻勺，使菜肴集中，在翻锅之际，将菜肴用手勺接住，装入盘中，再将剩余菜肴覆于上面。覆盖时，菜肴要轻轻放入，使菜肴圆润饱满。

4. 拖入法

拖入法主要用于烧、焖烹调方法制成的整体形状的菜肴盛装。出锅前，先将锅略加颠翻，将手勺插入下面，用手勺将菜肴轻轻拖拉入盘。

▲木瓜燕菜

5. 盛入法

盛入法适宜散碎的条状或块状的菜肴盛装。装盘时，用手勺将菜肴分别盛入盘中，形状整齐地盛在盘中，由多种原料组成的菜肴要盛得均匀。

6. 扣入法

扣入法适合蒸菜类菜肴盛装。蒸制后的菜肴沥去汤汁，反扣盘内；也可在菜肴上扣上空盘，双手按住，迅速翻转过来，再浇以汤汁。

7. 扒入法

扒入法主要用于扒类菜肴盛装。装盘前，先沿锅边淋油，轻轻晃动，使油慢慢渗入菜底，然后将锅倾斜，使菜肴轻轻滑入盘中，倒入时，不宜离盘太高。

8. 溜入法

溜入法一般用于汤羹菜肴盛装。将锅靠近汤碗，缓缓将汤溜入碗内，盛装时，不能离碗太远，也不能盛装得太满。

9. 摆入法

摆入法适合无汁、无芡的炸类菜肴或工艺菜盛装。盛装时，菜肴先沥油，再用筷子直接装盘排放整齐或堆放饱满。

想一想

（1）菜肴盛装时应如何选择盛器？

（2）盛装的原则是什么？

（3）常用的装盘方法有几种？举例说明。

做一做

（1）练习并掌握花色菜肴的配菜方法。

（2）请用传统文化命名法命名几道菜肴。

（3）请用写实性命名法命名几道菜肴。

（4）请用寓意命名法命名几道菜肴。

（5）熟练掌握常用的盛装方法。

我的实训总结：________________________________

____

____

知识检测

一、判断题

（　　）（1）本着以食用为主的装盘原则，盛器规格与菜肴数量比应为1:1。

（　　）（2）配菜是一个重要工序，可以确定菜肴的营养价值，并使菜肴多样化。

（　　）（3）配菜的原则包括量的配合、色的配合、香和味的配合、形的配合、质的配合、营养的配合。

(　　)(4)拔丝根据原料特性有挂糊和不挂糊之别，但必须走油。

(　　)(5)“踏雪寻梅”这道菜的命名属于寓意命名法。

(　　)(6)以调料或主料命名反映了菜肴主料的口味调料方法。

(　　)(7)以主料和配料命名，突出了菜肴中主料和配料的关系，给人以本味的感觉，是写实性命名法。

(　　)(8)三元指的是多种原料相配，如三元白汁鸭。

二、选择题

(1)堆摆法适用于炸、煎、烤等(　　)菜肴的盛装。

A. 无汁　　B. 有汁　　C. 色艳　　D. 白色

(2)拖入法适合于扒、摊、煎及鱼类菜肴的盛装，对(　　)要求很严格。

A. 造型　　B. 芡汁　　C. 盛具　　D. 原料

(3)在有主料、配料的情况下，主料与配料的(　　)比例最好不要低于2:1。

A. 色彩　　B. 形态　　C. 空间　　D. 重量

(4)混合式的配菜，原料之间的质量比例要(　　)。

A. 保持一致　　B. 完全一致　　C. 绝对一致　　D. 基本一致

(5)包裹法是选用韧性较强，适宜加热的原料作为外皮，将(　　)包裹成一定形态的造型方法。

A. 合料　　B. 组料　　C. 主料　　D. 配料

(6)捆扎法是将加工成条状的材料，用有韧性的原料，经过一束束的捆扎处理(　　)的方法。

A. 造型　　B. 形成形态　　C. 完成形态　　D. 固定形态

(7)扣制法是将定形于一个容器的原料造型，(　　)在另一个盛器中的加工方法。

A. 顺势　　B. 平扣　　C. 挪置　　D. 反扣

(8)属于质地和主料命名的菜肴是(　　)。

A. 香酥鸡　　B. 水晶虾仁　　C. 素鱼圆　　D. 扒广肚

(9)一般以艺术造型命名可强调菜肴构图的(　　)。

A. 科学性　　B. 准确性　　C. 艺术性　　D. 平衡性

(10)“霸王别姬”是以(　　)命名的，此命名法是运用同音的字或词取代菜肴本身的字或词。

A. 夸张命名法　　B. 寓意命名法

C. 谐音命名法　　D. 名人命名法

(11)寓意命名法是针对食客的(　　)，抓住菜肴特色，巧做文章，渲染色彩引人入胜。

A. 情绪　　B. 心理　　C. 要求　　D. 特点

(12)同质组配是指将(　　)的原料组配在一起。

A. 相异质地　B. 相似质地　C. 同类　D. 不同类

（13）菜肴原料形状相似相配的原则包括料形必须统一、注重菜肴（　　）等具体内容。

A. 艺术形式　B. 装盘分量　C. 装饰效果　D. 整体效果

（14）象形花色配菜可以分为动物类象形配菜、植物类象形配菜和（　　）象形配菜。

A. 五角形　B. 四边形　C. 三角形　D. 几何形

三、简答题

（1）在餐饮业中，对配菜的基本要求是什么？

（2）配菜的方法有哪些？

（3）花色菜肴的配菜方法有哪些？

（4）盛装的基本要求及盛装的原则是什么？

（5）为什么说配菜在菜肴制作过程中起着举足轻重的作用？

项目九　烹调方法

任务一　烹调方法简述

任务目标

知识目标

- 烹调方法的概念；
- 烹调方法的分类。

任务学习

一、烹调方法的概念

烹调方法又称烹调技法，是指经过初步加工、切配等处理后，通过加热和调味，制成不同风味菜肴的方法或工艺。烹调方法是中餐烹调的核心，是烹调技艺中的重要环节。

二、烹调方法的分类

在餐饮业中，菜肴的烹调方法众多，对烹调方法的分类有很多种，本书仅介绍公认的三种分类方法。

1. 按传热介质分类

1）油烹法

油烹法是指以各种食用油脂为传热介质，对加工好的原料进行加热等处理，制成菜肴的一类烹调方法，如炸、熘、爆、炒、煸、烹等。

2）水烹法

水烹法是指以水为传热介质，对加工好的原料进行加热等处理，制成菜肴的一类烹调方法，如烧、扒、炖、焖、烩、氽、煮、涮、煨等。

3）气烹法

气烹法是指以水蒸气为传热介质，对加工好的原料进行加热等处理，制成菜肴的一类烹调方法，如高压蒸、足气蒸、放气蒸等。

4）其他烹法

其他烹法是指以上述以外的传热介质，对原料进行加热等处理，制成菜肴的一类烹调方法，如烧烤、电烤、盐烤、竹桶烤、盐焗、石烹等技法，以及电磁波、微波、远红外线等加热处理。

2. 按火候大小分类

1）旺火速成法

旺（大）火速成法是指采用旺火进行加热，使原料快速成菜的一类烹调方法，如爆、爆炒、熘、氽、烹、部分炸法等。

2）中、小火成菜法

中、小火成菜法是指采用中、小火进行加热，使原料在较长时间内成菜的一类烹调方法，如烧、炖、煨、焖、烧、烩等。

3. 按菜肴食用温度分类

1）热菜烹调法

热菜烹调法是指制作热菜的一类烹调方法，如爆炒、熘、烧、炖、炸等技法。用热菜烹调法制作出的菜肴的温度在40℃以上，食用时温热鲜美。

2）凉菜烹调法

凉（冷）菜烹调法是指制作凉菜的一类烹调方法。用凉菜烹调法制作出的菜肴的温度低于人体温度，食用时凉爽鲜利。凉菜烹调法又可细分为热制凉吃技法（如卤、酱、熏、叉烧等）及凉制凉吃技法（如拌、炝、腌、醉等）。

任务二　油烹法中炸的技法

酥炸凤尾虾

技能目标

- 掌握干炸的技法，能制作1 ~ 2道干炸菜肴；
- 掌握软炸的技法，能制作1 ~ 2道软炸菜肴；
- 掌握香炸的技法，能制作1 ~ 2道香炸菜肴；
- 掌握酥炸的技法，能制作1 ~ 2道酥炸菜肴。

知识目标

- 炸的特点及分类；
- 干炸的操作要求、注意事项，熟知干炸名菜；

- 软炸的操作要求、注意事项，熟知软炸名菜；
- 香炸的操作要求、注意事项，熟知香炸名菜；
- 酥炸的操作要求、注意事项，熟知酥炸名菜。

一、炸的特点及分类

炸是将经过加工处理后的原料，经调料腌渍入味，直接或挂糊后，放入多油量的热油锅中，加热成熟的一种烹调方法。

1. 特点

火力旺、用油量多，烹调装盘后可直接或随带调料上桌。炸类菜肴具有香、酥、脆、嫩、松等特点。

2. 分类

根据所用原料的质地和具体操作方法中应用糊的种类不同，炸可分为清炸、干炸、软炸、酥炸、卷（包）炸、脆炸等技法。本书仅介绍常用炸的技法。

二、干炸、软炸、香炸、酥炸的技法

1. 干炸的技法

干炸又称焦炸，是将原料加工后，用调料拌渍，经拍粉或挂糊，下入热油锅中加热成菜的一种烹调方法。

1）操作要求

（1）选用质地较为细嫩、鲜味充足的动物性原料。

（2）动物性原料可以经加工后制成小型原料（如块、片、条、丁等），或保持其自然形态（小型整料），也可加工成蓉泥性原料或花刀处理后的原料。

（3）油量一般是原料的 4~5 倍，油温在五六成热，一定要控制好油温，炸制后的菜肴成品应具有外焦里嫩的口感。

（4）干炸类菜肴的主料，炸制时间一般较长一些。其炸法有两种：一是当原料形体小、较嫩时，可一次炸成；二是当原料形体大、较老时，一般先旺火高温油炸（属于定型炸），中途再改用温火或小火，这样才能使主料里外受热均匀（属于焐油、渗透炸），质量基本达到要求时捞出，再用五六成热的油重炸一次。

2）注意事项

（1）拍粉要均匀、牢固并抖去多余的粉料，否则炸制时淀粉易脱落，影响色泽。

（2）糊要稀稠适度，糊如果太稀薄，则菜肴口感易变干柴；糊如果太稠厚，则影响菜肴的鲜美程度，口感也会发硬。

▲音乐串炸虾

（3）要逐块放入油锅，以防相互粘连。

（4）油锅内的原料结壳后，才能将粘连在一起的原料分开。如果未结壳时就将其分开，会使原料脱糊，影响成品质量。

（5）正确掌握好油温。对于形体较大的原料，要防止外焦里生现象；对于形体小的原料，要防止炸制时间过长，菜肴成品出现干、硬、老、柴等现象。

3）干炸名菜

干炸鲫鱼、干炸里脊、干炸丸子、干炸河虾等。

技能训练：干炸带鱼

➢ 原料准备

主料：带鱼500克。

配料：葱、姜各15克。

调料：精盐5克，料酒10克，胡椒粉0.5克，花椒盐一碟。

辅料：精炼油、淀粉各适量。

➢ 加工切配

将带鱼经过初步加工，洗净，剁成6厘米的段，与配料、调料放在一起拌匀，腌渍入味后，逐个放淀粉中拍粉。

▲干炸带鱼

➢ 烹调操作

锅内倒入精炼油，置火上，六成热时，逐一将带鱼下入油锅，炸至浮起、色泽金黄时，倒出，控油，装盘。上桌时，外带花椒盐一碟。

➢ 菜肴特点

干香适口、里外焦透、颜色柿黄。

2. 软炸的技法

软炸是将质嫩而形小的原料先用调料腌渍，挂上蛋清糊、蛋黄糊或全蛋糊等软糊，下入四五成热的油锅中炸制成菜的一种烹调方法。

1）操作要求

（1）选用质地细嫩，新鲜无骨，无皮的动、植物性原料。

（2）原料多加工成条、块、片、丁等形状。

（3）动物性原料要用调料腌渍入味，植物性原料加工后可以直接挂软糊炸制。

（4）可一次炸制成菜，也可以重油复炸，挂糊后一般先用温油炸制，使原料初步定型，至九成熟后，再用略高油温复炸，使原料成熟、定色。

（5）挂糊后的原料，入油时要逐个下入，炸后要去掉原料四周的尖叉部分（俗称油角），使其外形美观。

（6）佐餐调料的摆放方法有三种：一是放在菜肴盘内边上；二是直接均匀地撒在菜肴表面上；三是放入味碟或料碗中，随菜肴一同上桌，摆放于菜肴旁边，由食客随意佐食。

2）注意事项

（1）掌握好调料用量，腌制必须入味。

（2）掌握好糊的浓稠度。

（3）炸制时控制好油温，必须在六成热以下。

（4）重油炸时，在油锅中的时间不可太长，保证软炸特色，防止脆焦甚至老韧、色泽较深等现象发生。

3）软炸名菜

软炸黄鱼、软炸里脊、软炸香菇、软炸鸡等。

技能训练：软炸里脊

➢ 原料准备

主料：猪里脊300克。

配料：葱段10克，姜片5克。

调料：精盐2克，酱油5克，味精0.5克，料酒5克。

辅料：鸡蛋一个，淀粉20克，精炼油适量，花椒盐一碟。

▲软炸里脊

➢ 加工切配

（1）猪里脊洗净，切或片成约 1 厘米厚的片状，在一面剞上十字花刀，刀深约为 2/3 厘米，刀距为 0.3 厘米，另一面剞上斜一字刀，刀深约为 1/3 厘米，刀距为 0.5 厘米，再切成 4 厘米长、1 厘米见方的条，放盛器内，下入配料、调料拌匀腌透。

（2）在鸡蛋和淀粉制成的软糊中下入里脊条拌匀。

➢ 烹调操作

锅内倒入精炼油，置火上，加热至五成热时，逐条下入里脊，炸透，捞出，待油温六成热时，复炸至其呈金黄色，捞出，装盘。上桌时，外带花椒盐一碟。

➢ 菜肴特点

鲜咸味长、色泽金黄、外软里嫩。

3. 酥炸的技法

酥炸是把生料或是经蒸煮酥烂的原料，经拍粉或挂糊后（也有个别不拍粉、挂糊，直接炸制而成的）放入油锅中炸制成菜的一种烹调方法。

1）操作要求

（1）选用细嫩、新鲜、易熟的原料或已经加热至酥烂的动物性原料。

（2）原料多加工成条、片、块、蓉泥或保持其自然形态。

（3）对于形大不易成熟的原料，在通过蒸、煮、卤或烧时，必须掌握好半成品的成熟度。如果半成品太熟烂，则易散乱；如果半成品不酥烂，则不易炸酥。

（4）拍粉一般用于带骨的整形原料，挂糊多用于出骨或无骨原料，不挂糊、直接炸制一般用于酥烂的原料。

（5）炸制时，油温控制在五六成热左右，原料要分散下入，炸至色泽金黄、酥焦时捞出，也有采用复炸一次的方式制成菜肴。

2）注意事项

（1）未经热处理的原料要先腌渍入味，再挂糊炸制。

（2）拍粉、挂糊要均匀适度、薄厚适当。

（3）灵活掌握油温，炸制时，要火力旺、油量足，油温不低于五成热且不高于七成热。

（4）根据原料性质、形状、生熟、老嫩、大小，灵活掌握火候。

3）酥炸名菜

酥炸凤尾虾、酥皮银鱼、香酥鸭、香酥鸡等。

技能训练：香酥鸭

➢ 原料准备

主料：净鸭1500克。

配料：葱段15克，姜片10克，生菜三片。

调料：精盐15克，料酒35克，花椒2克，五香粉3克。

辅料：甜面酱两碟，精炼油适量。

▲香酥鸭

➢ 加工切配

（1）净鸭剁去翅尖、脚后，洗净，用五香粉、精盐、料酒内外抹匀，放盛器内腌渍40分钟后，放上葱段、姜片、花椒，加盖，放笼内蒸烂取出，滗去汁液，去掉葱段、姜片、花椒备用。

（2）生菜洗净，修裁整齐，放盘内。

➢ 烹调操作

锅内倒入精炼油，置火上，七成热时，下入鸭子，炸至鸭子皮酥、呈金黄色时，倒出，控油，鸭子剁成条状，按原形装在摆有生菜的盘上，上桌时，外带甜面酱两碟。

➢ 菜肴特点

酥软适口、香味浓郁。

技能训练：酥炸凤尾虾

➢ 原料准备

▲酥炸凤尾虾

主料：大虾200克。

配料：葱段、姜片各5克。

调料：精盐2克，料酒5克。

辅料：面粉、淀粉各30克，鸡蛋一个，水、精炼油适量。

➢ 加工切配

（1）大虾去头，剥去虾壳，留尾，挑出虾线，制成凤尾虾，洗净，下入葱段、姜片、精盐、料酒拌匀腌渍。

（2）面粉、淀粉放入盛器内拌匀，下入鸡蛋和少许水，拌成糊状，再加入适量精炼油，搅匀制成酥糊。

➢ 烹调操作

油锅置火上，五成热时，将凤尾虾逐一放入酥糊内挂匀，下入油锅，炸至凤尾虾呈圆柱状、浅黄色时捞出。待油温升至六成热时，下入凤尾虾半成品，复炸一下，至凤尾虾呈金黄色时，捞出，控油，装盘，上桌。

➢ 菜肴特点

外酥焦、内鲜嫩、香宜口、美绝伦。

4. 香炸的技法

香炸是把刀工处理后的原料，腌渍入味后，经拍粉，拖挂蛋液，再滚蘸碎屑香料，放入四至六成热的油锅中炸制成菜的一种烹调方法。在餐饮业中，将滚蘸面包糠或馒头屑的操作又称吉利炸或板炸。

碎屑香料有面包糠、面包屑、黑白芝麻、腰果、花生、杏仁儿、西瓜子仁儿、葵花子仁儿、松仁儿、馒头屑粒等。

1）操作要求

（1）选用新鲜、细嫩、易熟、鲜味足的动物性原料或香味足的植物性原料。

（2）原料多加工成条、片、小板块等形状；蓉泥一般加工成饼或球丸等形状。

（3）片、板等形状的原料，加工时一定要在原料上錾几刀，既便于原料入味，又防止原料受热后曲卷。

（4）炸制时，油温控制在四至六成热左右，原料要分散下入，至色泽金黄、香酥时捞出。

2）注意事项

（1）滚蘸用的面包糠要选用咸味或无味的，切记不能使用甜面包制作；松仁儿做蘸料时，应用水洗一下；花生做蘸料时要去皮，并加工成花生碎。

▲橙汁脆山药

（2）拍粉、挂糊要均匀，薄厚适当。

（3）灵活掌握油温，油温不得低于四成热且不高于六成热。

（4）拍粉、拖挂蛋液、滚碎屑香料必须均匀，碎屑香料滚蘸后，用手轻轻拍按，防止炸制时碎屑香料脱离原料并防止浪费，以致特色尽失。

3）香炸名菜

香炸虾排、百粒虾球、杏仁鸡排、吉利鱼片、香炸鸡块等。

技能训练：香炸鸡块

➢ 原料准备

主料：鸡腿肉300克。

配料：葱段、姜片各7克，花生100克。

调料：精盐2克，料酒5克，生抽8克，鸡粉5克。

辅料：鸡蛋2个，淀粉、精炼油各适量。

➢ 加工切配

（1）鸡腿肉用刀拍一下、錾一遍，切剁成2厘米宽、3厘米长的块，洗净，下入葱段、姜片、精盐、料酒、生抽、鸡粉拌匀、腌渍。

（2）花生用沸水焯一下，捞出，去其外皮，剁成碎屑。

（3）将鸡蛋打入盛器内，搅拌成鸡蛋液。

（4）取一个鸡块，先放入淀粉中拍粉，再放入鸡蛋液中拖挂均匀，最后放入花生碎屑中滚蘸均匀，制成生坯。

➢ 烹调操作

锅内倒入精炼油，置火上，五成热时，将生坯逐一放入油锅，炸至生坯呈浅黄色、浮起时，捞出，控油，装盘即成。

➢ 菜肴特点

外焦香酥，内咸鲜嫩，香美宜口。

想一想

（1）什么是炸？有什么特点？炸分哪几种？

（2）酥炸与香炸的区别有哪些？

（3）根据炸的制作过程总结操作要点。

做一做

（1）由于油的导热系数（　　），因而静止的油比水传热慢。

A．与水的相等　B．与水的不同　　C．比水的小　　D．比水的大

（2）在中式烹调中，所谓（　　），就是利用静止的油散热慢的特性对菜肴起保温作用的。

A．油焐法　　　B.热油封面　　　C．热锅冷油　　D．划油法

（3）油的沸点可达200℃以上，如猪油的沸点为（　　），豆油的沸点为230℃，牛油的沸点为208℃。

A．200℃　　　B．210℃　　　C．221℃　　　D．231℃

（4）由于油的温域宽，易与原料形成较大的温差，故能形成菜肴（　　）的质地。

A．外脆里嫩　　B．里外酥脆　　C．滑爽软嫩　　D．多种不同

（5）请你表演制作"干炸带鱼"这道菜肴，并介绍一下要如何准备和制作。

（6）自己列出一款软炸菜肴的原料，并制作出来。

（7）制作一道酥炸菜肴。

我的实训总结：______________________________

____

知识拓展

豫菜烹调技术中常用的名词和术语

（1）哈及哈透：将比较软嫩的原料上笼做短时间的加热称为哈，如哈"雪山"，即把鸡蛋清敲打成泡沫状，围在盘四周，中央盛装菜肴。哈透比哈用的时间要长一些，要求原料或生坯既能凝结（紧住），又不能出水。

（2）㸃汁：是将锅靠在火的一边或改为小火，收汤汁的一种技法。操作时，要不断地晃锅，汤汁将尽时离火，使菜肴起明发亮。

（3）烘汁：是制作糖醋汁的一种技法，适用以糖醋汁制作的焦熘或软熘菜肴。制汁时，将预先兑好的糖醋原料下锅，用旺火烧沸，使糖溶化并与淀粉、醋、水等融为一体，成为较浓稠的汁时，将230℃左右的热油加入汁内（500克汁约加入150克油），使油与糖醋汁充分融合，利用旺火、热油把糖醋汁烘起，使其不断翻（冒）泡，也把这一过程称为把糖醋汁"烘活"。

（4）搴汁：是把蒸好的菜肴扣入盘内，汁滗入锅里，勾流水芡，再浇到菜肴上的一种技法。

（5）收汁：是指原料在煸炒、烧等烹调技法制作中，锅中的汤汁经过加热，由多到少、由稀到稠的过程。收汁可用来增加菜肴的浓度、香味和色泽。

（6）热锅凉油：先把净锅烧热，下入油，油热倒出，再添凉油，然后进行煸炒或滑油等。热锅凉油的目的是保证锅光滑，原料不粘锅。

（7）里七外十一：是菜肴装盘和摆放的一种形式，即中间一个、四周六个（里七）、外

围十一个（外十一），如南煎丸子、煎鸡饼等菜肴。

（8）顿火：又称浆透。为防止原料在炸、炖、煮等烹调过程中出现外焦（熟）里生（硬心），或者锅内温度过高而导致原料老化，在原料加热到一定时间和温度时，将锅端离火口，停一会儿待温度下降再端至火上，这一过程称为顿火。根据原料性质、形状等不同，可一次或反复、多次顿火加热，这样可使原料里外熟透而不柴老。

（9）锅箅：又称锅垫、扒箅，是豫菜中扒制菜肴的专用工具，用青竹蔑编制而成，呈圆形，直径约为50厘米，上有许多八角小孔洞。锅箅可垫在锅底，防止原料因长时间加热而粘锅。

（10）听：是对制作中的菜肴确定口味的一种方式，又称听一听，即尝尝味道、确定一下口味的意思。

任务三　油烹法中炒的技法

技能目标

- 掌握生炒的技法，能制作1～2道生炒菜肴；
- 掌握熟炒的技法，能制作1～2道熟炒菜肴；
- 掌握滑炒的技法，能制作1～2道滑炒菜肴；
- 掌握干煸的技法，能制作1～2道干煸菜肴。

知识目标

- 炒的特点及分类；
- 掌握生炒的操作要求、注意事项，熟知生炒名菜；
- 掌握熟炒的操作要求、注意事项，熟知熟炒名菜；
- 掌握滑炒的操作要求、注意事项，熟知滑炒名菜；
- 掌握干煸的操作要求、注意事项，熟知干煸名菜。

一、炒的特点及分类

炒是将加工成形的原料，投入少量油的热锅内，用旺火或中火快速翻拌，调味成菜的一种烹调方法。炒是使用较广泛的烹调方法之一。

1. 特点

鲜嫩汁少、清脆滑嫩。

2. 分类

根据所用原料的性质和具体操作手法的不同，炒可分为生炒、熟炒、滑炒、软炒、干煸、爆炒、熬炒、抓炒等技法。

二、生炒、熟炒、滑炒、干煸的技法

1. 生炒的技法

生炒又称煸炒、生煸，是将加工成形的原料，直接投入少量油的热锅中，翻炒、调味，快速成菜的一种烹调方法。

1）操作要求

（1）选用鲜嫩的原料，并加工成薄、细、小的形状。

（2）采用旺火加热，以使操作快、成菜迅速。

（3）几种原料合炒时，要根据原料质地、成熟程度，掌握好下料顺序和投放时机，达到同时成熟。

（4）翻炒均匀，动作快速，菜肴成熟后几乎没有汤汁。

▲生炒美女舌

2）注意事项

（1）个别需要勾芡的菜肴，根据渗出汤汁多少，掌握好芡汁的浓稠度。

（2）炒制过程中，一般要旺火速成，但不能炒焦、煳锅。

（3）根据原料不同成熟度，掌握好翻锅时机，出锅要及时。

（4）一些不易成熟的原料可先提前进行加热处理，再与其他原料合炒，保证同时成熟。

3）生炒名菜

韭菜炒河虾、炒肉丝、生炒茼蒿、生炒草头、韭菜银芽。

技能训练：炒菜心

➢ 原料准备

主料：青菜400克。

配料：水发木耳50克，蒜蓉5克。

调料：绍酒4克，精盐5克，味精2克。

辅料：植物油20克，鸡油5克。

➢ 加工切配

将青菜剥去老叶，修整菜头，在菜头处划上十字刀口，洗净；水发木耳洗净撕成片。

➢ 烹调操作

净锅置火上，烧热，倒入植物油，待油温达到六成热时，下入蒜蓉，出香味时，将菜心、木耳下入，煸炒至其变色，烹入绍酒，投入精盐、味精，迅速翻拌，菜心断生后，淋入鸡油，出锅，装盘即成。

➢ 菜肴特点

青菜碧绿、脆嫩鲜美、清爽利口。

2. 熟炒的技法

熟炒是指将经过熟处理的原料加工成丝、片、丁、条等形状，投入少量油的热锅内，炒至入味成菜的一种烹调方法。

1）操作要求

（1）如果在菜肴中使用豆瓣酱、甜面酱或豆豉等酱料，必须先炒出香味。

（2）如果原料在正式烹调前已经过了熟处理，正式烹调时应掌握好成熟度。

（3）一般多用中火，下入的油量不宜过多，成菜迅速。

（4）需要勾芡的菜肴，用芡量不宜过大。

2）注意事项

（1）为了增加成品的鲜香味，一般选择香菜、芹菜、蒜苗、蒜薹、大葱、葱头等作为配料。

（2）一般成品要达到质地软嫩、汤汁较少、香浓味美的要求。

3）熟炒名菜

熟炒肚丝、回锅肉、炒烤鸭丝、腊肉炒西芹、火腿蒜薹百合。

技能训练：回锅肉

➢ 原料准备

主料：带皮的熟后腿肉400克。

配料：葱30克，蒜苗50克，水发木耳30克。

调料：豆瓣酱25克，酱油5克，甜面酱10克，白糖5克，料酒10克，味精2克。

辅料：高汤50克，植物油25克。

▲回锅肉

➢ 加工切配

将带皮的熟后腿肉切成5厘米长、4厘米宽、0.2厘米厚的方片；葱切成马蹄片；蒜苗切成马耳形；水发木耳撕成片。

➢ 烹调操作

锅内倒入植物油，烧至四成热时，将肉片下锅，煸炒，见肉片卷曲并出油，将肉片搂到锅边，再下入豆瓣酱，炒出香味，然后下入甜面酱，略炒，投入其他调料炒匀，放入葱、蒜苗、木耳，炒匀，入汤，至配料断生、汁红亮时，盛入盘内，上桌。

➢ 菜肴特点

色红油亮、香味浓郁、咸鲜微辣、回味略甜。

3. 滑炒的技法

滑炒是将经过精细刀工处理的小型原料上浆后，经过滑油，投入锅中，快速翻炒，调味成菜的一种烹调方法。

1）操作要求

（1）主料必须上浆处理，浆液适中，掌握淀粉、鸡蛋、水的用量。不可过于厚或薄。

（2）主料滑油时，一定要炙锅，保证热锅凉油，温度在三四成热，主料下锅后迅速滑散，变色即出，防止柴老。

（3）煸炒配料至适宜的成熟度，再投入滑油后的主料，易熟的配料可与主料一同下锅，保证成熟程度一致。

（4）成品要达到质地软嫩、清爽利落的要求，掌握好加热时间及烹调出锅时机。

2）注意事项

（1）主料必须鲜嫩、易熟、无骨、无筋。

（2）主料大小、长短一致，粗细均匀，避免因加工错误浪费原料。

（3）操作熟练， 烹调迅速，火力大，调味准。

（4）兑制芡汁时，一定掌握好汤汁及淀粉的使用数量。

3）滑炒名菜

滑炒鸡丝、滑炒虾仁、松子玉米、五彩鱼丝、掐菜鸡丝等。

▲滑炒虾仁

技能训练：掐菜鸡丝

➢ 原料准备

主料：鸡脯肉200克。

配料：绿豆芽200克，葱丝、姜丝各5克。

调料：味精、料酒各3克，精盐5克。

辅料：油600克，明油50克，淀粉20克，鸡蛋一个，鲜汤30克。

▲掐菜鸡丝

➢ 加工切配

（1）将鸡脯肉片成薄片，顺长切成细丝，洗净。

（2）将绿豆芽掐头去尾制成银芽备用。

（3）取鸡蛋的蛋清、湿淀粉，放入碗内，加精盐少许，放入鸡丝叠上劲。

（4）将调料放入碗中，加入淀粉、鲜汤制成兑汁芡。

➢ 烹调操作

净锅置火上，热锅凉油，待油温达到三四成热时，将鸡丝下入，迅速搅散，待鸡丝变色，起锅控油，原锅留底油，放入葱丝、姜丝炒香，再放入配料，略炒，投入鸡丝，倒入兑汁芡，翻炒两下，淋明油，出锅，盛装。

➢ 菜肴特点

色泽洁白、滑嫩鲜香。

4. 干煸的技法

干煸又称干炒，是将加工成的小型原料，经过油处理，或者用少量油较长时间翻炒，使原料内部水分煸干，使调料渗入原料内部而成的一种烹调方法。

1）操作要求

（1）一般选用质地细嫩、去皮、无筋的原料，并将其加工成丝、片、条等形状。

（2）原料在干炒之前先腌渍入味，这样可使成菜滋味更厚重。

（3）正确掌握火候，煸炒时火力宜先大后小。如果火力过小，则成菜韧而不酥；如果火力过大，则成菜外焦里不透。

（4）含水分较多的原料，采用一边煸炒，一边淋油的方法。

2）注意事项

（1）干煸的原料不挂糊、不上浆、不勾芡。

（2）在煸炒过程中，可淋入花椒油、葱油、红油等增进菜肴风味。

（3）成菜要见油不见汁，多为深红色。

（4）对于先炸制后煸炒的菜肴，原料的浆不易过厚。

3）干煸名菜

干煸肉丝、干煸鸡柳、干煸牛肉丝等。

技能训练：干煸鸡条

➢ 原料准备

主料：鸡脯肉300克。

配料：芹菜50克，姜20克，葱10克。

调料：干辣椒20克，花椒15克，精盐3克，酱油3克，味精1克，白糖2克，料酒6克。

辅料：香油5克，油适量。

▲干煸鸡条

➢ 加工切配

将鸡脯肉切成粗丝，加盐、味精、料酒拌匀；葱、姜切成丝，干辣椒切成段，备用。

> 烹调操作

（1）净锅置火上，倒入少许油，用小火焙制花椒酥香、干辣椒呈棕红色，出锅，备用。

（2）净锅置火上，烧热锅，入油，下入葱丝、姜丝、鸡丝反复煸炒，至鸡丝水分将干时，烹入料酒，加入干辣椒、花椒，煸炒几下，投入精盐、酱油、白糖、味精，煸炒鸡丝，至水分将尽时，下入芹菜翻炒，至芹菜断生时，起锅，淋香油炒匀，装盘即可。

> 菜肴特点

色泽红亮、干香酥脆。

知识拓展

明油又称尾油，是在菜肴勾芡后或出锅前，根据成菜的具体情况，淋入的油脂。常用的明油有鸡油、姜葱油、香油、花椒油、蒜香油、泡椒油等。在餐饮业中，淋入明油又称淋尾油、包尾油、打明油等。淋入明油的作用有以下几个方面。

（1）增加菜肴的色、香、味。

（2）增加菜肴的光亮度。

（3）能起到滋润菜肴、光滑锅底的作用。

（4）在炒、烧、烩、熘、扒等菜肴制作过程中，淋入明油除了以上作用外，还可防止热量散失过快，从而起到保温的作用。

（5）在一些蔬菜菜品中，可起到保持原料色泽的作用。

想一想

（1）炒菜的特点是什么？

（2）滑炒菜肴对选择原料有什么要求？

（3）滑炒与干煸的区别有哪些？

（4）豫菜烹调技术中常用的名词和术语有哪些？你记住了吗？

做一做

（1）猪肚头和鸭肫都是软性的肌肉组织，将两种原料组配在一起，经烹调后，都具有（　　）的口感。

A．软烂　　B．酥脆　　C．滑嫩　　D．爽脆

（2）要形成（　　）型的菜肴，应先用中温油，然后再用高温油分别短时间加热原料。

A．外脆里嫩　　B．里外酥脆　　C．软嫩蓬松　　D．滑爽细嫩

（3）要形成外脆里嫩型的菜肴，应先用中温油短时间加热原料后，再用约（　　）的高温油短时间加热原料。

A．120℃　　B．140℃　　C．160℃　　D．180℃

（4）要形成里外酥脆型的菜肴，应用约（　　）的油多次加热原料。

A. 110℃　　B. 140℃　　C. 170℃　　D. 200℃

（5）请列举四道生炒菜肴名称，制作一道生炒菜肴。

（6）制作一道熟练掌握的滑炒菜肴。

（7）你喜欢品尝或食用哪一道熟炒菜肴？请将它制作出来，让同学们品尝一下。

（8）请你表演制作一道干煸菜肴，并介绍一下要如何准备和制作。

我的实训总结：________________________________

____

____

任务四　油烹法中熘的技法

技能目标

- 掌握焦熘的技法，能制作1 ~ 2道焦熘菜肴；
- 掌握软熘的技法，能制作1 ~ 2道软熘菜肴；
- 掌握滑熘的技法，能制作1 ~ 2道滑熘菜肴。

知识目标

- 熘的特点及分类；
- 掌握焦熘的操作要求、注意事项，熟知焦熘名菜；
- 掌握软熘的操作要求、注意事项，熟知软熘名菜；
- 掌握滑熘的操作要求、注意事项，熟知滑熘名菜。

一、熘的特点及分类

熘是将切配后的条、片、块、丝、丁等小型原料或自然形态的原料，经过加热制成半成品，再用调好口味的芡汁浇淋在半成品上，或将半成品投入芡汁中，裹上芡汁成菜的一种烹调方法。

1. 特点

汁浓而多、味美浓厚、质地滑嫩或香脆鲜嫩。

2. 分类

熘可分为焦熘、软熘、滑熘、糟熘、五熘、煎熘、清熘等技法。

二、焦熘、软熘、滑熘的技法

1. 焦熘的技法

焦熘又称炸熘、脆熘，是将加工成形的原料腌渍后，拍粉或挂糊过油炸制成酥脆或外焦里嫩或外焦里酥等，再裹上或淋上调味芡汁成菜的一种烹调方法。

▲焦熘芝麻豆腐

1）操作要求

（1）选用质地细嫩、新鲜、无异味的动物性原料为主料。

（2）切配腌渍：加工成片、块、条等形状，整型原料要花刀处理，下入调料拌匀。

（3）拍粉、挂糊：根据菜肴成品要求，灵活选择拍粉或挂糊。

（4）炸制：原料下入六七成热的油锅内，反复炸至成熟定型或进行复炸处理。

（5）调制芡汁熘制成菜：将调料、水淀粉、油等制成芡汁，浇淋在半成品上，或者将半成品放入芡汁内裹上一层芡汁，即可出锅装盘。

2）注意事项

（1）刀工处理时，要刀距相等、大小一致、厚薄均匀。

（2）拍粉要均匀，假如使用水粉糊，调制时要略稠厚一些，不可太稀，否则达不到外脆焦、里鲜嫩的要求。

（3）芡汁稠度要适宜。烘汁时，油要用热油，但量不可过多或过少。熘汁必须进行烘汁。在餐饮业中，把最好的熘汁称为活汁，是将调味汁勾芡后淋入热油，快速搅拌，使热油和芡汁融为一体。热油可分几次少量打入，芡汁制好后，迅速浇淋在炸好的半成品上，使原料发出“吱吱”的声响。芡汁淋油除了可以增加亮度以外，最重要的是还可以延缓芡汁中的水分对原料的渗透，保持菜肴的焦脆度。

（4）灵活掌握油温和火候。油炸和制熘汁可同时进行，保证菜肴外焦脆、里鲜嫩的特色。

3）焦熘名菜

焦熘鱼、焦熘肉片、松鼠鱼、菊花鱼等。

技能训练：菊花鱼

➢ 原料准备

主料：青鱼（草鱼）肉600克。

调料：白糖200克，白醋40克，番茄酱75克，精盐5克。

▲菊花鱼

辅料：淀粉、水、油、明油各适量。

➢ 加工切配

先将青鱼（草鱼）肉切成6厘米长的段，再用刀片成0.2厘米厚的片，片至鱼皮时停刀，然后切成0.2厘米见方的丝状，并放入淀粉内，拍粉备用。

➢ 烹调操作

（1）将鱼生坯下入六成热的油锅内，炸至浅黄色，捞出，放盘内摆成菊花状。

（2）锅置火上，放入油50克，下入番茄酱，略炒，再下入水、白糖、白醋、精盐，烧至汁沸，勾芡，淋入明油，浇在菊花鱼上即成。

➢ 菜肴特点

色泽鲜艳、甜酸适口、形似菊花、如诗如画。

2. 软熘的技法

软熘是指将经过刀工处理后的原料，用不同的成熟方法使原料嫩软成熟，再浇汁或同芡汁翻拌成菜的一种烹调方法。

1）操作要求

（1）选料：以质地细嫩、滋味鲜美的动物性原料为主料，也可选用软嫩豆腐及菌类为主料。

（2）切配：原料加工成较厚、较大的片状、块状或蓉泥，整料形态的原料要经过花刀处理。

（3）熟处理：根据不同菜肴特点，灵活选用油浸、气蒸、水煮、水氽等成熟方法。

（4）制熘汁成菜：锅内下水、调料，烧沸，勾芡，下热油，制成色泽鲜亮、口味浓美的熘汁，将熘汁浇在原料上，或将原料放入熘汁加热入味即可。

2）注意事项

（1）选择鲜活的原料或新鲜的原料，保证菜肴的鲜美细嫩。

（2）氽煮时，下入适量调料；气蒸时，原料事先用调料腌渍。

（3）芡汁的稀稠、多少要适宜。

（4）熟处理后装盘时，要保持原料形态的完整。

3）软熘名菜

糖醋软熘黄河鲤鱼焙面、软熘鱼片、西湖醋鱼等。

技能训练：糖醋软熘黄河鲤鱼焙面

➢ 原料准备

主料：黄河鲤鱼一尾约750克，焙面。

配料：葱花10克，姜蓉5克。

调料：白糖 150克，精盐2克，酱油5克，食醋75克，料酒5克。

辅料：淀粉、水、油各适量。

▲糖醋软熘黄河鲤鱼焙面

➢ 加工切配

将黄河鲤鱼初步加工、洗净，剁去背鳍和腹鳍的1/4，在鱼身两侧剞上瓦楞型刀纹，洗涤干净备用。

➢ 烹调操作

（1）油锅置火上，加热至五六成热时，手抓鱼尾处，将鱼放入油锅中炸制，直到鱼的内部熟透（1～2分钟），将鱼倒出，沥油。

（2）原锅置火上，加入水、白糖、酱油、料酒、食醋（可分次加入）、姜蓉、精盐，将鱼放入锅中熘制，入味后用淀粉勾芡，用热油烘汁，至熘汁明亮，下入葱花，装盘即可。

（3）外带焙面上席，也可以直接将焙面盖在鱼上。

➢ 菜肴特点

鲜嫩不腻，甜、酸、咸味俱透，焙面金黄酥脆，肉质滑嫩鲜美。

3. 滑熘的技法

滑熘是将加工处理的原料腌渍上浆后，放入温油或沸水锅内滑至断生，再放入调制好的芡汁中加热成菜的一种烹调方法。

1）操作要求

（1）选料：细嫩、新鲜、易熟、无异味的动物性原料。

（2）切配：将原料加工成片、条、丝、丁、块及蓉泥，可以将蓉泥加工成各种形状。

（3）腌渍上浆：原料用调料腌渍后，上蛋清浆或水粉浆。

（4）滑油：原料下入三四成热的油锅内或沸水锅内滑散，变色断生后倒出。

（5）熘制：锅内倒入适量油，下配料、调料，鲜汤调好口味，然后下入主料熘制，入味后勾芡，推匀，出锅成菜。

2）注意事项

（1）刀工处理要求大小、厚薄均匀一致。

（2）水滑时，刚下入原料不可马上搅动，待水即将沸腾时，再将原料轻轻推动。

（3）也可先制熘汁再下主料、配料。

（4）滑熘的熘汁要相对多一些，而且要略稠、浓厚一些。

（5）以鲜咸味熘制菜肴称为滑熘；用香糟汁调味菜肴称为糟熘；用醋调味菜肴且酸味突出称为醋熘。

3）滑熘名菜

滑熘虾仁、滑熘鱼片豆腐、滑熘凤脯等。

技能训练：滑熘鱼片豆腐

➢ 原料准备

▲滑熘鱼片豆腐

主料：黑鱼肉200克、鸡蛋豆腐3支。

配料：青椒、胡萝卜各30克。

调料：精盐6克，味精、鸡粉各3克，绍酒5克，姜汁2克。

辅料：精炼油、明油、鲜汤、生粉、蛋清各适量。

➢ 加工切配

（1）将黑鱼肉片成5~6厘米长、2厘米宽、0.3厘米厚的鱼片，漂洗去血水，蘸干水分，放入精盐1克拌匀，放入生粉、蛋清拌匀，即上蛋清浆。

（2）将鸡蛋豆腐去外包装，切成1.5厘米长圆段，备用。

（3）将青椒、胡萝卜切成菱形片。

➢ 烹调操作

（1）水锅上火，倒入6克精盐及少许精炼油，放入鸡蛋豆腐焯透，倒出，控水。

（2）净锅置火上，倒入精炼油，至三四成热时，将鱼片下入，滑散，至变色，下入配料搅匀，倒出并控油。

（3）原锅留底油，下入鲜汤、调料，勾芡至浓，下入主料、配料，熘透，淋入明油，出锅，盛盘。

➢ 菜肴特点

色泽鲜艳、鲜嫩软滑、鲜咸适口。

熘的技法在全国各地均有运用。熘的成熟方法和味型有很多，常用的成熟方法有油炸、油滑、油煎、气蒸、水汆、水滑等。熘汁常用的味型有糖醋味、茄汁味、荔枝味、咸鲜味、糟香味、柠檬味、酸香味、橙香味、香辣味、鱼香味等。

想一想

（1）为什么糖醋汁在制成菜肴时，会出现熘汁翻滚似珍珠、熠熠生辉、哗哗作响的现象？

（2）根据糖醋软熘黄河鲤鱼焙面的操作过程，总结软熘的操作要点。

（3）熘分几种？各有什么特点？

（4）滑熘菜肴的操作注意事项是什么？

做一做

（1）小火和微火适用于较长时间烹调的菜肴，如(　　)菜肴等。

A．油炸　　B．油爆　　C．红烧　　D．清炖

（2）火候运用与原料的形态密切相关，当(　　)的原料多时，宜采用小火长时间烹调。

A．牛肉类　　B．整禽类　　C．硬老类　　D．整形大块

（3）火候运用与原料的性质、（　　）密切相关，应区别对待。

A．类别　　B．形态　　C．组织结构　　D．水分含量

（4）以水为介质的加热原则是：要形成质地（　　）菜肴，多以沸腾的水短时间加热。

A．脆嫩型　　B．软烂型　　C．酥脆型　　D．酥烂型

（5）写出糖醋软熘黄河鲤鱼焙面的工艺流程。

（6）制作三道熘菜肴。

我的实训总结：____

____

____

传统豫菜中的名菜、名点

名菜：汴京烤鸭、烤方肋、清汤鲍鱼、冰糖燕菜、白扒广肚、奶汤炖广肚、白扒鱼翅、葱烧海参、油靠大虾、炸紫酥肉、酸辣乌鱼蛋汤、清汤东坡肉、牡丹燕菜、锅贴豆腐、铁锅烤蛋、琥珀冬瓜、桂花皮丝、煎藕饼、炸八块、爆双脆、炸核桃腰、烧瓦块鱼、套四宝、陈煮鱼、京东菜扒羊肉、清炖狮子头、煎扒青鱼头尾、葱椒炝鱼片、糖醋软熘黄河鲤鱼焙面、卤煮黄香管、果汁龙鳞虾、兰花竹荪、芙蓉海参、清汤荷花莲蓬鸡、决明兜子、扒山珍、绣球干贝、乌龙蟠珠。

▲套四宝

名点：灌汤包子、吊卤细面、切馅烧卖、高炉烧饼、双麻火烧、开封拉面、韭头菜盒、鸡蛋灌饼、羊肉烩馍、杠油馍、水煎包、水花糖糕、羊肉炕馍、火烧、大刀面、开花馍、蒸饺、刀切龙须面。

任务五　油烹法中爆的技法

盐爆肉丁

技能目标

- 掌握油爆的技法，能制作1 ~ 2道油爆菜肴；

- 掌握酱爆的技法，能制作1～2道酱爆菜肴；
- 掌握汤爆的技法，能制作1～2道汤爆菜肴。

知识目标

- 爆的特点及分类；
- 掌握油爆的操作要求、注意事项，熟知油爆名菜；
- 掌握酱爆的操作要求、注意事项，熟知酱爆名菜；
- 掌握汤爆的操作要求、注意事项，熟知汤爆名菜。

一、爆的特点及分类

爆是指将质嫩易熟的原料经过刀工处理，投入旺火、热油或沸汤、沸水中，快速烹制成菜的一类烹调方法。

1. 特点

脆嫩爽口、汁紧油亮或清鲜不腻、形状美观。

2. 分类

爆的方法有很多，可以分为油爆、酱爆、葱爆、芫爆、汤爆、水爆等技法。

二、油爆、酱爆、汤爆的技法

1. 油爆的技法

油爆是将加工成丁、片、条等小型的脆性原料，经过上浆或不上浆，投入旺火、热锅中速成的一种烹调方法。

1）操作要求

（1）选用质地细嫩、组织紧密结实或软中带有一定韧脆性的动物性原料。

（2）原料一般加工成各种花刀的块状，刀工要精细，或加工成较小的丁、片、条、段等形态。

（3）制作时一定使用旺火、热锅，根据原料不同，油温有两种选择，一种是三四成热，另一种是五至七成热。如果油温太高，则原料外部焦老、内部生不透；如果油温太低，则无法实现爆菜肴的特点。

（4）菜肴制作前要兑好调味芡汁，掌握好调料、汤汁及淀粉的用量，使菜肴达到明油亮芡的要求，品尝完菜肴后，使盘内具有见油不见汁的特色。

2）注意事项

（1）油爆菜肴制成后要达到爽脆的质感，就要选用墨鱼、鱿鱼、海螺、香螺、鲜鲍鱼、肚头、各种胗、猪腰等原料。

（2）刀工精细且要求严格，深度、大小、花纹要均匀一致，符合菜肴成形的质量标准和要求。

（3）对于要上浆的主料，其浆液不能太厚。

（4）对于要先在沸汤中汆制的主料，其汆制时间不可长，以免变老，汆制后要控净水。主料下油锅时，速度要快，油量一般为主料的1~2倍。

（5）在一般情况下，不宜选用深色或带色的调料。

（6）制作油爆菜肴过程要一气呵成，旺火、速成是关键，并要求动作迅速、娴熟，出锅及时。

3）油爆名菜

油爆鲜鲍、油爆三脆、油爆墨鱼卷、油爆肚仁、油爆腰花等。

▲油爆墨鱼卷

技能训练：油爆腰花

➢ 原料准备

主料：猪腰子250克。

配料：笋片50克，水发木耳30克，蒜苗段50克，姜花20克，青豆30克。

调料：精盐4克，味精1克，绍酒10克，生抽6克，胡椒粉1克。

辅料：鲜汤150克，花椒油20克，油、淀粉各适量。

▲油爆腰花

➢ 加工切配

（1）将猪腰子片开，撕去外膜，片去猪腰子的腥臊部分，刀与猪腰子片呈30°～40°夹角，采用斜刀推剞，剞上平行刀纹，刀距为0.3厘米，刀纹的深度为猪腰子片厚度的2/3或3/5，剞完后将猪腰子片旋转，用直刀推剞，剞上的刀纹与原刀纹相交，角度为70°～90°，相交的平行刀纹的深度为猪腰子片厚度的4/5，最后将其改刀成4～5厘米长、1～2厘米宽的长方形腰花，洗涤干净。

（2）将水发木耳撕成小片，其他配料切好与木耳一起放盘内。

（3）将所有调料放入碗内，加入鲜汤、淀粉制成兑汁芡。

➢ 烹调操作

（1）水锅置火上，沸腾时，放入腰花，迅速烫一下，倒出。

（2）锅内放油，加热至六七成热时，下入腰花，过油，见其开花变为麦穗形，倒出，控油。

（3）原锅留底油，下入配料，倒入兑汁芡，翻炒，待芡汁糊化浓稠时，倒入腰花，迅速翻炒，入味后，淋花椒油，出锅，装盘。

➢ 菜肴特点

腰花似麦穗、爽脆鲜嫩、鲜美适口、补益肾阳。

2. 酱爆的技法

酱爆是将加工炒制好的酱汁，包裹于经过油或焯煮处理的原料上，使原料快速成熟入味成菜的一种烹调方法。

1）操作要求

（1）一般选用质地细嫩的动物性原料为主料，通常无配料，但在注重营养、讲究膳食平衡的现代社会中，一般都加入质地细嫩、爽脆的植物性原料为配料。

（2）原料多加工为丁、条、丝、片等形状。

（3）主料可上浆、油滑，也可水、汤爆后，采用酱爆方法。

（4）酱料、油与原料的比例要掌握好。一般酱与原料的用量比为1 ∶ 5，油与酱的用量比为1 ∶ 2。如果油少酱多，则会出现菜肴不明亮、易挂粘锅边、煳焦的现象。如果油多酱少，则会出现菜肴窝油、挂不上主料、原料表面不满的现象。

2）注意事项

（1）酱爆的关键是炒好酱。酱类调料必须先用中、小火煸透，炒出香味后才能下入主料。

（2）酱爆菜肴一般不再勾芡处理，以酱料在加热过程中形成的自来芡（黏）为主。

（3）油和酱的比例也不是绝对的，可视酱的稀稠而增减油的用量，一般酱稀的用油多些，酱稠的用油少些。要把酱炒熟、炒透、炒出香味来，不可有生酱味。

（4）要注意火候，如果火大，则酱易煳、发苦；如果火小、酱稀，则不易粘挂上主料。

（5）当菜肴食用后，盘内只有少许余油而无酱是酱爆菜的特色。

3）酱爆名菜

酱爆猪肝、酱爆海螺、酱爆鳝片、酱爆鸡丁、酱爆鲜贝等。

技能训练：酱爆鸡丁

➢ 原料准备

主料：柴鸡脯肉（或鸡腿肉）300克。

配料：葱头50克，青辣椒40克。

调料：XO酱15克，甜面酱10克，精盐1克，白糖8克，姜汁2.5克，料酒7克，鸡精2克。

辅料：湿淀粉10克，明油5克，鸡蛋清、油、水各适量。

▲酱爆鸡丁

➢ 加工切配

（1）将柴鸡脯肉剞上十字花刀，切成1厘米见方的鸡丁，洗净后加入鸡蛋清、精盐、鸡精、料酒及湿淀粉，抓拌均匀，浆好。

（2）将葱头、青辣椒切成0.8厘米长的片。

➢ 烹调操作

（1）炒锅置火上，烧热后，注入油，油温达到三四成热时，放入鸡丁，滑散、变色、断生时，出锅，沥油。

（2）原炒锅上中火，用适量油将甜面酱炒透，待出香味时，加入葱头片、XO酱、白糖，炒匀后，迅速加入料酒、姜汁及适量水，至酱汁浓香，下入青椒片、鸡丁，旺火爆制，翻炒均匀，待酱汁包裹主料后，点入明油，出锅，装盘即可。

➢ 菜肴特点

酱香味浓、酱汁裹料、甜咸适口、色泽金红。

3. 汤爆的技法

汤爆又称水爆，是将经过刀工处理的脆嫩性原料，用沸水汆烫至半熟，捞入汤盘，再冲入调好的鲜汤，使之成熟成菜的一种烹调方法。

1）操作要求

（1）选用软中带韧或鲜嫩或脆嫩的动物性原料。

（2）原料多加工成丝、条、块的形状，部分条或块的原料剞上花纹。

2）注意事项

（1）无须挂糊上浆处理，直接烫汆即可。

（2）水要沸腾，原料要适量，爆制时间一定要短，做到一爆（第一次爆制）即出，达到去腥、除血、除异味的目的。

（3）原料爆制捞出后，个别异味大的可用冷水淘洗，再进行爆制（第二次爆制）。

3）汤爆名菜

汤爆肚、汤爆菊花胗、汤爆双脆、水爆肚头等。

技能训练：汤爆肚

➢ 原料准备

主料：猪肚头500克。

配料：香菜30克。

调料：精盐4克，味精2克，白糖3克，绍酒15克，豆腐乳一块，姜汁3克，生抽20克，胡椒粉1克，芝麻酱25克，芝麻油25克，辣椒油一碟。

辅料：清汤260克，水、淡碱水适量。

➢ 加工切配

将猪肚头放入80℃左右的水中蘸一下，刮去黏液，片去外皮，洗净，再片去筋膜，剞上十字花纹，刀距为0.2厘米，花纹深度为4/5，然后切成3厘米长的肚块，放淡碱水中浸泡3~5分钟，漂洗干净，再放水中浸泡。

➢ 烹调操作

（1）炒锅置火上，添水，至沸，将肚块放在笊篱内，入锅内爆一下，迅速捞出，放入汤盘内，下入姜汁、绍酒、胡椒粉拌匀，撒上香菜。

（2）将豆腐乳、芝麻酱、味精、生抽、白糖、芝麻油兑成汁，放入调味碟内，备用。

（3）锅内放入清汤，加入精盐，烧沸，撇净浮沫，倒入另一个汤碗内，随装肚块的碗和调味碟一起上桌，上桌后，将肚块倒入清汤内即成。

➢ 质量要求

脆嫩爽利、香美雅致、汤清香醇。

想一想

（1）爆和炒的相同点和不同点有哪些？

（2）爆的技法有几类？怎样区别？

（3）爆菜所适用的原料有哪些？

（4）汤爆和油爆有哪些区别？

（5）爆菜的成菜特点与原料、火候、调味之间的关系有哪些？

做一做

（1）写出油爆腰花的工艺流程及注意事项。

（2）根据所学，分别制作一道油爆、汤爆菜肴。

（3）请你表演制作一道酱爆鱿鱼，并介绍一下要如何准备和制作。

我的实训总结：____

____

任务六　油烹法中煎、烹的技法

技能目标

- 掌握干煎的技法，能制作1 ~ 2道干煎菜肴；
- 掌握煎烹的技法，能制作1 ~ 2道煎烹菜肴；
- 掌握炸烹的技法，能制作1 ~ 2道炸烹菜肴。

知识目标

- 煎、烹的特点及分类；
- 掌握煎、烹的操作要求、注意事项，熟知干煎技法名菜。

任务学习

一、煎的特点及分类

煎是指将加工好的原料挂糊或整理成扁平状，平铺或摊入少量油的锅中，中、小火加热，至其两面金黄色，使菜肴成品达到外脆焦、内鲜嫩的一种烹调方法。

1. 特点

两面金黄香脆、内部柔嫩鲜香。

2. 分类

根据煎制时不同特点，煎可分为干煎、香煎、生煎等技法。

二、干煎的技法

1. 操作要求

（1）一般将原料加工成扁形或厚片状形状。

（2）在煎制之前，原料必须用调料腌渍入味。

（3）原料一般都要挂糊、上浆或拍粉。

（4）先将铁锅烧热，用油滑锅后，倒出，换凉油，再投入原料煎制。

（5）要中、小火煎制加热，并随时晃锅、转锅，使其受热均匀，防止粘底。

（6）翻锅要轻，以保持菜肴的形态。

2. 注意事项

（1）锅底要光滑，否则容易粘锅，影响色泽及外形。

（2）火力一般都采用中、小火煎制，时间长短根据原料薄厚及成熟度来决定。

（3）菜肴应给人干净利索的感觉，装盘后直接食用，可外带调料佐食。

3. 煎名菜

干煎鱼、煎蛤仁、煎茄合、煎牡蛎等。

技能训练：干煎黄花鱼

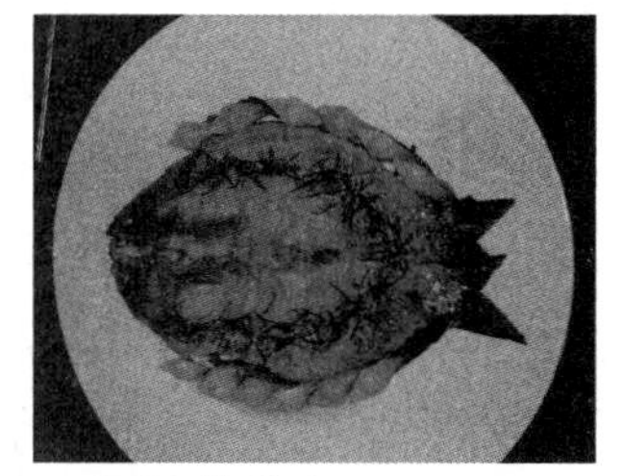

▲干煎黄花鱼

➢ 原料准备

主料：黄花鱼一尾约500克。

配料：葱、姜各5克，红辣椒丝8克。

调料：精盐5克，味精2克，绍酒15克，花椒盐一碟。

辅料：鸡蛋2个，面粉30克，油150克。

➢ 加工切配

将黄花鱼刮鳞、挖腮、去内脏、洗净、擦干，从鱼肚内顺着脊骨入刀，将鱼肉和鱼骨分

开，去掉鱼脊骨，再在鱼身两面剞上斜一字形花纹，花纹深至鱼骨，再将其洗净，用精盐、绍酒、味精、葱、姜拌腌入味。鸡蛋打入碗中，搅匀备用。

➢ 烹调操作

首先将腌鱼内的葱、姜捡去不用，将鱼蘸满面粉，再放入鸡蛋液中挂匀，放入油锅内，慢火煎透至熟，待其两面呈金黄色出锅，装盘；红辣椒丝炒透放在鱼上，以使其美观。

➢ 菜肴特点

色泽金黄、外酥里嫩、香鲜浓郁。

三、烹的特点及分类

烹是将改刀成形的原料，采用炸的方法加热成熟，烹上调味汁快速翻拌成菜的一种烹调方法。在餐饮业中，有“逢烹必炸”之说。

1. 特点

外香里嫩、爽口不腻、略带汁液。

2. 分类

根据熟制方法不同，烹可分为炸烹、煎烹等技法，根据口味又分为酒烹、醋烹、糖醋烹、油烹等技法。

四、炸烹、煎烹的技法

1. 炸烹的技法

炸烹是将加工好的原料经炸制成熟，烹入清汁，迅速翻拌成菜的一种烹调方法。炸烹是炸的延伸。

1）操作要求

（1）主料炸制时，要求油温偏高，原料挂的糊不要太厚。

（2）配料一般都是选用葱、姜丝、蒜片、香菜段等。

（3）菜肴成品应口味醇厚、入口咸鲜、收口微甜酸、不勾芡、微带汤汁。

2）注意事项

（1）主要原料都是先油炸成熟，并至外焦里嫩，方可出锅、控油。

（2）出锅要及时，在锅内烹调时间不要太长。

（3）菜肴成品应微带汤汁、外脆里嫩、清淡爽口。

3）炸烹名菜

炸烹虾段、炸烹鱼条、炸烹大虾。

技能训练：炸烹大虾

➢ 原料准备

主料：大虾200克。

▲炸烹大虾

配料：葱、姜各5克，香菜10克。

调料：绍酒10克，精盐2克，白糖50克，香醋20克。

辅料：水20克，油750克（约耗50克），鸡蛋一个，淀粉80克，明油适量。

➢ 加工切配

（1）剁去大虾虾枪、须，挑出虾线，洗净，控水，放入精盐 1 克、绍酒 5 克，拌匀。

（2）将鸡蛋、淀粉制成全蛋糊。

（3）将香菜切成 3 厘米长的段；葱、姜切成丝。

（4）将绍酒、水、精盐、白糖、香醋兑成清汁。

➢ 烹调操作

（1）净锅置火上，加入油，烧至五六成热时，将大虾放糊内挂匀，逐个投入油中炸至脆焦（也可炸两次），色呈金黄色时捞出，控油。

（2）净锅留底油置火上，投入葱丝、姜丝爆香，放入大虾翻拌，再烹入兑成的清汁颠翻，投入香菜段，淋上明油，盛入盘中即成。

➢ 菜肴特点

微带酸甜、咸鲜香美、色泽金黄。

2. 煎烹的技法

煎烹是在干煎的基础上延伸出来的，是将加工成形的原料调味、挂糊入煎锅，至其两面呈金黄色时，烹上清汁入味的烹调方法。

1）操作要求

（1）原料必须先煎至两面呈金黄色，并使其达到外略焦、内鲜嫩的质感。

（2）烹调的味汁要适量，不可过多。菜肴成品以不带或微带汤汁为佳。

2）注意事项

（1）煎制时，要注意火候，火力不要太大，防止外糊内生。

（2）煎制时，要热锅、凉油，防止粘锅，也可用不粘锅。

3）煎烹名菜

煎烹对虾、煎烹蛤仁、煎烹里脊、煎烹刀鱼。

技能训练：煎烹对虾

▲煎烹对虾

➢ 原料准备

主料：对虾250克。

配料：葱丝、姜丝各5克。

调料：料酒10克，精盐1克，醋6克，白糖15克，酱油5克，味精1克。

辅料：植物油适量，高汤25克，面粉30克，鸡蛋2个。

➢ 加工切配

（1）将对虾剥皮，去头留尾，挑出虾线，洗净，加精盐、料酒，拌匀，整个虾身裹上面粉放盘内。

（2）将鸡蛋打入碗中，搅匀备用；将酱油、味精、白糖、醋、高汤、料酒兑成汁。

➢ 烹调操作

（1）在净锅内加入植物油，烧至五六成热时，将对虾放鸡蛋液内挂匀后，入油锅，慢火煎熟，至其呈金黄色时，倒出。

（2）锅内留油40克，加葱丝、姜丝炒出香味，倒入兑好的汁，烧开，下入对虾翻炒均匀，即可出锅。

➢ 菜肴特点

外略焦、内鲜嫩、口味咸鲜、略带甜酸。

想一想

（1）炸、煎、烹三种技法之间的关系。

（2）煎的操作要求有哪些？

（3）烹分几种？在餐饮业中，对烹的技法有什么说法？

（4）烹调菜肴时的注意事项有哪些？

做一做

（1）从成熟方法的角度说，烹是一种(　　)的烹调方法。

A. 油加热　　B. 水加热　　C. 以水加热为主　　D. 水油兼用

（2）烹是指将(　　)后的小型原料淋上不加淀粉的味汁，使原料入味的方法。

A. 炸或煎　　B. 汆　　C. 炒　　D. 爆

（3）你拿手的煎制菜肴是什么？请把它制作出来。

（4）请你表演制作一道煎烹菜肴，并介绍一下要如何准备和制作。

我的实训总结：______________________________

____

____

任务七　水烹法中烧的技法

任务目标

技能目标

- 掌握红烧的技法，能制作1～2道红烧菜肴；
- 掌握白烧的技法，能制作1～2道白烧菜肴；
- 掌握干烧的技法，能制作1～2道干烧菜肴。

知识目标

- 烧的特点及分类；
- 掌握红烧的操作要求、注意事项，熟知红烧名菜；
- 掌握白烧的操作要求、注意事项，熟知白烧名菜；
- 掌握干烧的操作要求、注意事项，熟知干烧名菜。

任务学习

一、烧的特点及分类

烧是指将经过热处理的半成品放入锅内，加入鲜汤和调料，定色、定味后，旺火烧沸，转中小火加热至原料入味，改为大火收汁成菜的一种烹调方法。

1. 特点

质地软嫩、汁浓味厚、色泽红润。

2. 分类

根据成品色泽，烧可分为红烧、白烧等技法；根据口味分为葱烧、酱烧、辣烧等技法；根据成菜的特点分为干烧、煎烧、软烧等技法。

二、红烧、白烧、干烧的技法

1. 红烧的技法

红烧就是将切配的原料，经过熟处理，放入调制好的有色调料中，旺火烧开，转中、小火烧透入味，勾芡或不勾芡，旺火收汁成菜的一种烹调方法。

1）操作要求

（1）原料多加工成块、条、片或完整的自然形状。

（2）红烧前，原料必须进行热处理，以去除原料血污和腥膻气味，增加香味，改变色泽。

（3）原料表面涂抹有色调料时，一定要均匀一致。

（4）汤汁的色泽、口味要在红烧开始时基本确定，以保证菜肴成品的色彩。

（5）根据原料不同性质，掌握好其烧制的时间。例如，对于细嫩、易熟、形小、细薄的原料，烧制 3 ~ 8 分钟即可成菜；对于质地硬、老、韧、形态较大的原料，需要 0.5 ~ 3 小时方能成菜，这类菜肴一定注意加水量、火力大小和加热时间。

（6）红烧时，先用大火，至沸后马上改为中、小火，烧至入味。在餐饮业中，制作红烧菜肴时，一般先在主火上将菜肴烧沸，然后转移到副火上慢烧，主火接着烧、炒其他菜肴，5 ~ 6 分钟后，红烧菜肴基本入味，再将此菜转移到主火烧浓，收汁成菜。

（7）部分菜肴在成菜前进行勾芡处理，可增加菜肴的柔润度及汤汁的光洁度，对于富含胶质的原料，无须勾芡，因为经过长时间加热，原料中胶原蛋白质和其他营养物质溶于汤汁，使汤汁自然增稠，在餐饮业中，将其称为“自来芡”。

（8）菜肴成品应质地软烂或软糯、汁浓明亮、味透醇厚。

2）注意事项

（1）红烧菜肴选料广泛，动、植物性原料及菌藻类原料均可使用。

（2）烧制时，要注意原料及调料的投放顺序。例如，先放去腥增香的酒类，再放定色、定味的其他调料。

（3）为了保证成菜质量，半成品加工后应尽快烧制，不宜长时间放置。

（4）在同一道菜肴中，不同质地、不同类别的原料要在热处理时调整好成熟度，或者在烧制时注意先后投放次序，以保证所有原料成熟度一致。

（5）红烧菜肴的色泽和味型较多，必须在调味、调色基本准确后，方可烧制。例如，调料可选用老抽、生抽、甜面酱、番茄酱、番茄沙司、豆瓣酱、西瓜豆酱、辣椒酱、糖色、葡萄酒等；鲜咸味的红烧菜肴以橘黄色、橘红色或酱红色为主；五香味的红烧菜肴以金黄色为美；甜咸味的红烧菜肴为橙红色、酱红色；家常口味的红烧菜肴一般是金红色等。

（6）在烧制过程中，添加的汤或水要讲究，汤、水要从锅壁四周加入。在烧制植物性原料、涨发后的原料时，多用鲜汤，以增加鲜美滋味。在烧制菌类、禽类、肉类原料时，要用原汤，以突出香浓本味。在烧制水产品和海产品原料时，多用水，以保持水产品特有的鲜味。

（7）一些高档红烧菜肴所添加的酱料、葱、姜、蒜、花椒、麻椒、辣椒等其他香料，待其出味后，一定要被撇去，以使整个菜肴显得干净明了、不杂乱。

3）红烧名菜

红烧肉、红烧鱼、红烧肚档、红烧鹿筋。

▲红烧肉

技能训练：红烧肉

➢ 原料准备

主料：五花肉（带皮）500克。

配料：葱20克，姜10克。

调料：酱油75克，料酒10克，精盐3克，白糖10克，味精2克。

辅料：茴香2个，花椒1克，桂皮1克，油、水各适量。

➢ 加工切配

将五花肉皮面刮洗干净，放水锅内，煮至断生捞出，切成2~3厘米见方的五花肉块，煮五花肉的原汤备用；葱切段；姜拍一下。

➢ 烹调操作

（1）净锅置火上，入油，下入葱、姜、茴香、花椒、桂皮，炒香。

（2）放入五花肉块翻炒，烹入料酒，淋入酱油，翻炒上色，下入原汤淹没原料，旺火烧开，转小火烧制。

（3）待肉酥味浓后，取出香料、葱、姜，下入精盐、白糖、味精，调好口味，待五花肉块入味、汤汁浓稠将尽时，出锅，装盘即可。

➢ 菜肴特点

形整而糯美酥烂、香醇而咸鲜微甜、明亮而红艳滋润。

2. 白烧的技法

白烧与红烧相似，是在选择加工方法、处理方法、烹调过程中始终围绕成菜色泽净白、素雅，清爽悦目，醇厚味美，质感软嫩的一种烧制方法。

▲白烧蟹黄鱼柳

1）操作要求

（1）选料、制作时，始终应考虑菜肴色泽，切忌使用有色调料。

（2）口味多为鲜咸，滋味主要突出原料本身的鲜味。

（3）一般选用白汤或奶汤烧制，大部分要勾芡处理，以流水芡或米汤芡浓稠度为佳。其他操作要求与红烧相同。

2）注意事项

（1）白烧原料要选择鲜味足、血污少、异味轻的原料，必要时，可使用在水中浸泡、焯水等方法处理加工后，再制作。

（2）白烧烧制时间相比红烧时间短，其他注意事项与红烧相同。

3）白烧名菜

白烧广肚、白烧广海、白烧鱿鱼、烧三样等。

技能训练：白烧广肚（皮肚）

➢ 原料准备

主料：水发广肚400克。

▲白烧广肚

配料：冬笋50克。

调料：精盐8克，绍酒15克，味精3克。

辅料：白汤或鲜汤300克，淀粉10克，油30克，葱油10克，水适量。

➢ 加工切配

将水发广肚挤干水分，片成2厘米宽、4厘米长的片，洗涤干净；将冬笋改刀为柳叶片。

➢ 烹调操作

（1）净锅置火上，入水，下入精盐、绍酒，至沸，投入广肚片、冬笋片，焯透，倒出，控水。

（2）净锅置火上，入油，注入白汤或鲜汤、精盐，放入广肚片、冬笋片，至沸，撇去浮沫，烧至入味，投入绍酒、味精，汤汁渐浓时，用淀粉勾上流水芡，淋上葱油，即可起锅，装盘。

➢ 菜肴特点

色泽洁白、软嫩爽口、咸鲜浓香。

3. 干烧的技法

干烧就是在菜肴烧制过程中，采用中、小火使调味汤汁稠浓，并渗透至原料内部，或黏附于原料表面，不勾芡或勾少量芡，成菜见油不见汁的一种烹调方法。

干烧常用的配料有牛肉蓉、猪肉蓉、香菇粒、榨菜粒、冬笋粒、芽菜、葱、姜、蒜等。常用的调料有泡辣椒、豆瓣酱、西瓜豆酱等。

1）操作要求

（1）干烧菜肴原料的形态以块、条和自然形状为主，干烧前要进行过油处理，这样能保持原料形态，缩短烧制时间，增加鲜香滋味等。

（2）干烧菜肴多采用清炸的方法，其对成菜的色、香、味、形的保持十分重要。例如，海鲜和水产品经调料腌渍，放热油锅中冲炸，使原料表面水分丧失并紧缩，防止原料鲜香滋味的外溢，并保持形态完整。

（3）配料一般为米粒状，一定要炒至香味溢出；豆瓣酱等调料炒至酥润、红亮、吐油，方可再下入鲜汤等。

（4）灵活掌握火候。炒配料、调料及烧沸汤汁时，用大火，其他时候用中、小火。烧制时，要不断晃锅，火力不能过大，防止煳锅。

（5）干烧味型一般有鲜咸味、香辣味、甜咸味、酱香味等。

（6）成菜后，汁明油亮，看不到汤汁，滋味厚重浓美。

2）注意事项

（1）掌握好调料的投放顺序和用量多少。

（2）加汤量要适当，必须根据原料性质和烧制时间灵活掌握。

（3）成菜色泽的深浅应根据各种调料之间的配合，呈现最佳效果。

3）干烧名菜

干烧鱼、干烧大虾、干烧冬笋、干烧狗肉等。

技能训练：干烧鱼

➢ 原料准备

▲干烧鱼

主料：鲤鱼一尾约750克。

配料：瘦猪肉30克，葱花8克，姜米4克，蒜苗段8克。

调料：豆瓣酱25克，泡辣椒8克，酱油7克，白糖8克，味精2克，胡椒粉0.5克，精盐2克，绍酒15克。

辅料：植物油3000克（约耗80克），猪油10克，水、鲜汤适量。

➢ 加工切配

将鲤鱼宰杀洗净，两面剞上一字花纹，用精盐、绍酒拌腌20分钟；瘦猪肉剁成肉蓉。

➢ 烹调操作

（1）锅置火上，放入植物油，加热至五六成热时，放入鲤鱼，炸至鱼皮紧缩，倒出，控油。

（2）锅置火上，放入猪油与植物油，肉蓉下锅，炒散，加入豆瓣酱、泡辣椒、葱花、姜米，煸出香味。加入鲜汤，放入炸好的鲤鱼，烹入绍酒，投入酱油、胡椒粉、味精、白糖，待汁烧开后，改用小火烧5分钟左右，将鲤鱼翻身，边烧边晃锅，不断将汤汁往鱼身上浇淋，烧至鱼入味（约2分钟），见汁干油亮，下入蒜苗段和余下葱花，推匀，离火，装盘即成。

➢ 菜肴特点

鱼肉细嫩、辣香咸鲜、味道醇浓、色泽金红。

想一想

（1）红烧肉在制作时如何保证其色泽红亮?

（2）红烧肉的上色方法和红烧茄子有什么不同之处?

（3）干烧时的原料在烧制前为何必须先炸制?

（4）红烧与白烧的区别有哪些?白烧菜肴应注意哪些问题?

（5）红烧菜肴的操作要求是什么?

做一做

（1）请你表演制作一道红烧菜肴，并介绍一下要如何准备和制作。

（2）分别制作一道白烧菜肴和一道干烧菜肴，与同学分享，并相互点评写出菜肴的优点和缺点。

我的实训总结：________________________________

____

____

任务八　水烹法中扒的技法

技能目标

- 掌握箅扒的技法，能制作1 ~ 2道箅扒菜肴；
- 掌握红、白扒的技法，能制作1 ~ 2道红、白扒菜肴。

知识目标

- 扒的特点及分类；
- 掌握箅扒的操作要求、注意事项，熟知箅扒名菜；
- 掌握红、白扒的操作要求、注意事项，熟知红、白扒名菜。

一、扒的特点及分类

扒是指将经过初步热处理后的原料，经过切配，整齐地叠、码成形，放入扒箅或锅内，下入汤汁和调料，用中火加热入味，勾芡或不勾芡，先将锅晃动，使菜肴跟着旋转，再大翻锅或直接取出扒箅，保持菜肴原形而成菜的一种烹调方法。

1. 特点

选料精细、切配讲究、整齐美观、不散不乱、鲜香味醇、质地软熟或细嫩。

2. 分类

根据菜肴成品的色泽，扒分为红扒、白扒、奶扒等技法。根据口味，扒可分为奶油扒、蚝油扒、鸡油扒、酱油扒、五香扒等技法。根据菜肴成品的形态，扒分为整扒、散扒、条扒、什锦扒等技法。按菜肴的制法，扒可分为箅扒、锅扒、蒸扒等技法。

二、箅扒、红扒、白扒的技法

1. 箅扒的技法

箅扒就是将初步加工处理好的原料改刀成形，好面朝下，整齐地摆入竹箅上或在竹箅上摆成图案，加适量的汤汁和调料，中火加热成熟，勾芡或不勾芡，取出竹箅反扣盘内，好面朝上，浇上扒汁成菜。箅扒是河南豫菜的一个特色，如今也在北方许多流派中被广泛使用。

1）操作要求

（1）要选高档、精致、质软的原料，如鱼翅、鲍鱼、广肚、蹄筋等原料。

（2）原料一般经过热处理，便于切配成形。

（3）根据原料的性质和烹调要求不同，原料要加工改刀成块、片、条等形状。

（4）干货原料要进行提前涨发，蔬菜原料要进行焯水过凉，以缩短加热时间，便于切配。

（5）菜肴形状通过叠、摆、排等手法进行，美观地放在竹箅上。

（6）在扒制过程中，要保持中火，以防大火冲散形态。

（7）浇淋扒菜汤汁时，要收浓或勾芡后再浇淋至菜肴上。

2）注意事项

（1）原料必须加工成半成品后，再进行刀工处理。

（2）所用原料色、香、味应有特色，配料必须与主料品级相适宜。

（3）加热和焯水后，可去原料血污、腥膻味等，达到味道纯正的目的。

（4）加工好的半成品形状及拼摆的形状要整齐美观。

（5）掌握好用汤的数量，汤量过多或过少都会影响菜肴质量。

（6）勾芡适当，以米汤芡为佳，不可过稠或过稀。

（7）出锅干净、利落，保证菜肴形态整齐、美观。

3）扒名菜

扒广肚、扒鹿筋、扒广海、扒海参等。

技能训练：扒广肚

▲扒广肚

➢ 原料准备

主料：油发广肚800克。

配料：水发香菇1个，火腿片、冬笋片各2片，菜心10个。

调料：精盐8克，料酒10克，姜汁12克，味精2克。

辅料：淀粉10克，奶汤600克，猪油100克，一般鲜汤1200克。

➢ 加工切配

（1）将加工处理好的油发广肚切成6厘米长、3厘米宽的广肚片。

（2）将水发香菇、火腿片、冬笋片美观地铺在竹箅上，将广肚片按照先中间、后两边、再垫底的顺序，在竹箅上铺摆成圆形，用盘压扣。

➢ 烹调操作

（1）净锅置火上，放入一般鲜汤，投入少许料酒、精盐，放入竹箅广肚，焯透，取出。

（2）净锅置火上，放入猪油，烧热，放入奶汤、精盐、料酒、姜汁，放入竹箅广肚，用中火扒制，至入味，汤汁浓白，去掉压在广肚上的盘子，用漏勺托出竹箅，翻扣盘内。

（3）菜心焯透，围在广肚外圈，锅内汤汁下入味精，用淀粉勾芡至浓，离火，均匀地浇淋在广肚和菜心上即成。

➢ 菜肴特点

香浓味厚、柔软鲜美。

2. 红扒、白扒的技法

红扒、白扒的制作过程基本相似，只是菜肴成品的色泽不同。白扒是在选择加工方法、处理方法及烹调过程中始终围绕成菜色泽白净、素雅而进行；红扒选料较广，调料可以使用有色的。无论红扒还是白扒，成菜都必须达到醇厚味美、质感软嫩的要求和特点。下面仅介绍白扒的操作要求和注意事项。

▲红扒鳄鱼掌

1）操作要求

（1）菜肴选料、制作始终应考虑菜肴色泽，切忌使用有色调料。

（2）口味多为咸鲜，菜肴成品口味以突出原料本身的鲜味为主。

（3）一般选用白汤或奶汤作为制作扒菜的汤，大部分菜肴要勾芡处理，以流水芡或米汤芡的浓稠度为佳。

（4）其他操作要求与箅扒的操作要求相同。

2）注意事项

（1）白扒原料要选择鲜味足、血污少、异味轻的原料，必要时，可使用油滑、焯水等方法处理加工后，再制作。

（2）白扒扒制时，不可使用任何有色的调料或串色的原料。

（3）其他注意事项与箅扒的注意事项相同。

3）红扒、白扒名菜

红扒海参、红扒鲍翅、红扒蹄筋、白扒鱼翅、白扒广肚、白扒豆腐。

技能训练：红扒整面鸭

➢ 原料准备

▲红扒整面鸭

主料：鸭子（腹开仔鸭）一只（约1500克）。

配料：水发香菇1个、青菜4棵。

调料：盐20克、味精3克，料酒20克、酱油、花椒、八角各10克，花椒油10克。

辅料：葱段、姜片各10克，糖色，鲜汤100克，油3000克（约耗100克）。

➢ 加工切配

（1）青菜洗净，水发香菇去蒂，备用，将鸭子洗净，将脖骨、腿骨、脊背骨斩断，翅膀从圆骨处裁下，然后鸭子皮面用糖色抹均匀，放入热油中，炸至柿红色，捞出。

（2）将鸭子皮面朝下，放入盛器，再放入葱段、姜片、八角、花椒、盐、味精、料酒、酱油、水发香菇与鲜汤，上笼用旺火蒸 3 个小时取出，鸭子放在扒盘中。

（3）青菜焯水，呈十字形摆放在鸭身上，再盖上香菇，锅置火上，取适量原汁勾流水芡，淋入花椒油，搅匀，浇在鸭子上即成。

➢ 菜肴特点

色泽红亮、酥烂鲜香。

知识拓展

1. 锅扒和蒸扒

除了箅扒以外，锅扒也很有特色。锅扒是将原料改刀成形，摆成一定形状，放在锅内进行加热，成熟后，大翻锅出锅，装盘即成。蒸扒是将原料摆成一定的图案后，加入汤汁、调料，上笼进行蒸制，熟透后出笼，原汤汁入锅，勾芡后，浇在菜肴上即成。

2. 扒菜的芡汁

扒菜的芡汁属于薄芡，但是比熘芡要略浓、略少，一部分芡汁融合在原料里，一部分芡汁溢于盘中，光洁明亮。对于扒菜的芡汁有很严格的要求，例如，如果芡汁过浓，则易粘锅，大翻锅时有困难；如果芡汁过稀，则味汁黏附原料不足，色泽不光亮。一般来说，扒菜的勾芡手法有两种：一种是淋芡，边旋转锅边淋入，使芡汁均匀受热；另一种是勾浇淋芡，就是将做菜的原汤勾上芡或单独调汤后再勾芡，浇淋在菜肴上面。

3. 大翻锅

大翻锅是扒菜关键技术之一，要求烹调师的动作干净利索、协调一致。大翻锅时，先将炒锅向身体一方略拉一下，拉到向上送时能使上劲为好，随之向前一送，就势向上一扬，菜则平稳地脱离扒锅，在空中180° 翻转，再用锅将菜肴稳稳接住。大翻锅的动作要领是一拉、二送、三扬、四接，要一气呵成。注意拉的距离不要过大，如果拉的距离过大，则菜肴落锅时会使菜汁四溅、菜肴变形；如果拉的距离过小，则菜肴会翻不过来。往上扬时，用力要柔和，如果用力过猛、过硬，则菜肴会飞出锅外。往前送的方向是右前方，接时要顺着菜肴的落势，保持菜形不变。

大翻锅时要注意以下几点：一是在进行扒菜大翻时，要使炒锅光滑，防止食物粘锅而翻不起来。二是在进行大翻锅时，要用旺火，左手腕要有力，动作要快，锅内原料要转动几次，淋入明油，即可进行大翻锅。三是掌握大翻锅的动作要领：眼睛要盯着锅内的半成品，用力适中，接菜平稳，保持菜肴造型美观。

4. 出锅盛装

菜肴出锅之前，将锅转动几下，使菜肴与锅底分离，趁势将菜肴对准盘子的一端，边拖边倒，使菜肴完美入盘。

想一想

（1）扒的特点是什么？

（2）扒是如何分类的？

（3）红扒的注意事项有哪些？

做一做

（1）制作一道箅扒菜肴，并谈谈箅扒的操作要求。

（2）给大家讲解一下制作白扒菜肴需要哪些准备。

（3）请你表演制作一道红扒菜肴，并请观看者指出你做的这道菜肴的优点和缺点。

我的实训总结：______

任务九　水烹法中烩的技法

任务目标

技能目标

- 掌握混汤烩的技法，能制作1 ~ 2道混汤烩菜肴；
- 掌握清烩的技法，能制作1 ~ 2道清烩菜肴。

知识目标

- 烩的特点及分类；
- 掌握混汤烩的操作要求、注意事项，熟知混汤烩名菜；
- 掌握清烩的操作要求、注意事项，熟知清烩名菜。

任务学习

一、烩的特点及分类

一般将数种原料加工成小型形状，经过初步处理后，一起用汤和调料加热，勾芡或不勾芡，制成汤汁较多的菜肴的一种烹调方法称为烩。

1. 特点

汤宽味美、滑腻爽口、清淡鲜醇、口味适中。

2. 分类

根据勾芡与否，烩分为混汤烩（勾芡烩）和清烩（不勾芡烩）两种技法。

二、混汤烩、清烩的技法

1. 混汤烩的技法

一般将原料加工成形，经初步加热处理后，同汤和调料一起加热，勾米汤芡制成菜肴的一种烹调方法称为混汤烩。

1）操作要求

（1）由于原料鲜嫩度不同，在具体操作时有两种方法：一是先将原料放入汤内调味，加热至适宜火候，勾芡成菜；二是先将汤汁调味勾芡后，投入原料，搅匀成菜。

（2）由于烩制的加热时间较短，所以要将原料加工成细小的丝、粒、丁、条、片，还要选用已经成熟、半熟或易成熟、便于入味的原料，如鱼丸、虾丸、鸡丸等，以及制熟的猪、牛、羊肚、各种涨发后的原料等。

（3）烩制时间恰当。菜肴调好口味后，勾芡起锅，尽量缩短烩制时间。

（4）勾芡前，必须撇净浮沫，芡汁不要太稠，以能使原料漂浮在汤汁中为宜，芡汁入锅后，迅速推搅，防止稀稠不匀或结块儿。

2）注意事项

（1）对于一些本身没有鲜味的原料，如广肚、海参、蹄筋等，在烩制前，要先用鲜汤煨制。

（2）对于不宜长时间加热的原料，如香菜、菜心、荆芥、韭菜、韭黄等，可在勾芡后或起锅前下入。

（3）根据原料质地和成熟时间不同，掌握好投料顺序。

（4）掌握好原料的荤素比例及汤水的用量。

（5）勾芡不宜过浓或过稀，且要在大火上进行，使淀粉充分糊化后，方可离火，盛装。

3）混汤烩名菜

腐皮烩腰丁、酸辣乌鱼蛋、宋嫂鱼羹、西湖牛肉羹、红白豆腐羹。

技能训练：酸辣烩鱿鱼

➢ 原料准备

主料：水发鱿鱼150克。

配料：葱丝、姜丝各5克，水发木耳30克，冬笋30克，香菜5克。

调料：精盐10克，料酒15克，醋50克，白胡椒粉3克，味精2克。

辅料：淀粉30克，清汤750克，芝麻油5克，油20克，水适量。

➢ 加工切配

水发鱿鱼撕去筋膜，切成细丝；冬笋、水发木耳分别切成细丝；香菜洗净切成段，备用。

➢ 烹调操作

（1）净锅置火上，加入水烧至沸，分别将木耳丝、冬笋丝、鱿鱼丝焯水。

（2）净锅置火上，加入油，葱丝、姜丝炝锅炒香，放入清汤、白胡椒粉、精盐、料酒，烧开后，下入鱿鱼等三丝，烧至沸，撇去浮沫，淀粉、醋、味精、水放一起搅匀，勾芡，至原料浮起时离火，盛入汤碗内，淋上芝麻油，将香菜段放入汤碗即成。

➢ 菜肴特点

口味浓厚、酸辣适口、暖胃醒酒。

2. 清烩的技巧

清烩就是指将加工成形的原料经初步加热处理后，用汤和调料加热，制成半汤半菜的一种烹调方法。

1）操作要求及特点

（1）采用一种或多种不同原料组成，正式烹调前，原料要经初步加热处理。

（2）必须除净浮沫，不勾芡。

（3）烩制时间恰当，入味即出锅。

▲烩什锦

2）注意事项

（1）为保证菜肴滋味醇厚，最好使用鲜汤。

（2）多种原料烩制时，注意下料的先后顺序。

3）清烩技法名菜

烩银丝、烩鸭舌、奶汤烩肚肺、拆烩鲢鱼头、清烩什锦。

技能训练：烩银丝

➢ 原料准备

主料：熟猪肚（里层）300克。

配料：香菜10克。

调料：精盐10克，绍酒10克，芝麻酱50克，味精4克，辣椒油10克，香油10克。

辅料：奶汤1000克。

➢ 加工切配

将熟猪肚里层切成 4 ～ 5 厘米长的细丝，即成银丝；香菜洗净，切成 1 厘米长的段，放碟内，备用；芝麻酱也放碟内，备用。

➢ 烹调操作

净锅置火上，放入奶汤，投入银丝、精盐、绍酒，烧至沸，撇净浮沫，加盖后，旺火烩制，至汤汁浓白，加入味精，盛入汤碗，淋上香油、辣椒油即成，香菜碟、芝麻酱碟随菜肴一同上桌，由客人自由选用。

➢ 菜肴特点

风味独特、汤白似乳、香浓异常、质地酥烂。

想一想

（1）烩有几种方法？各有什么特点？

（2）混汤烩的操作要求是什么？

（3）清烩的注意事项有哪些？

做一做

（1）制作一道混汤烩菜肴，与家人分享，并总结制作的经验教训。

（2）检查同学是否已掌握好清烩的操作，相互观看对方制作菜肴的全过程，并记录、评判。

我的实训总结：________________________________

____

____

任务十 水烹法中焖的技法

技能目标

- 掌握酱焖的技法，能制作1 ~ 2道酱焖菜肴；
- 掌握红焖的技法，能制作1 ~ 2道红焖菜肴。

知识目标

- 焖的特点及分类；
- 掌握酱焖的操作要求、注意事项，熟知酱焖名菜；
- 掌握红焖的操作要求、注意事项，熟知红焖名菜。

任务学习

一、焖技法的特点及分类

一般将切配成形的原料，经过初步加热处理后，加适量的汤汁及调料，加盖，用中火进行较长时间的加热，待原料酥软成菜的烹调方法称为焖。

1. 特点

质地酥烂、滋味鲜美、汁浓味厚。

2. 分类

根据调味、加工和成菜颜色的不同，焖可分为红焖、油焖、酱焖、黄焖、酒焖、醋焖、煎焖和生焖等技法。

二、酱焖、红焖的技法

1. 酱焖的技法

酱焖是指将加工处理好的原料，放入用酱料和调料制成的汤汁中，用旺火烧开，再转中小火，加盖焖熟，最后转旺火收汁至浓美的一种烹调方法。

1）操作要求

（1）多选用质地老韧、鲜香味美及富含胶原蛋白的原料，如鸡、鸭、牛肉、狗肉、猪肉、羊肉、蹄筋、鱼等动物性原料，冬笋、茭白、香菇、杏鲍菇等植物性原料。

（2）根据不同原料的性质，选择使用炸、煎、炒、焯水等初步热处理方法。

（3）添加汤汁或水要适量，以浸没原料为宜。另外，添加汤汁时，易熟的原料要添加少些，不易熟的原料要添加多些。

（4）根据原料的质地老嫩，掌握好焖制的时间和出锅时机。

2）注意事项

（1）原料要加工成块、条、段、片等形状，自然形态的原料要剞刀处理。

（2）酱料以甜面酱、豆瓣酱、西瓜豆酱、金黄酱等为主，以排骨酱、柱候酱、红烧酱、海鲜酱等为辅，每种酱的比例或用量要掌握好。

（3）焖制菜肴一般是先旺火至沸，转中小火至熟，最后转旺火收浓。

（4）焖制菜肴制成后，直接可以上桌，个别地区也有先勾芡处理后成菜的做法。

3）酱焖名菜

酱焖鲤鱼、酱焖闸蟹、酱焖鹿肉。

▲酱焖鲤鱼

技能训练：酱焖鳊目鱼（酱焖鲤鱼）

➢ 原料准备

主料：鱼（鳊目鱼或鲤鱼）一尾（约600克）。

配料：肥瘦肉50克，水发冬菇25克，干红辣椒段3克，葱、姜、蒜各10克。

调料：甜面酱20克，排骨酱10克，味精2克，醋5克，盐5克，绍酒10克，酱油15克。

辅料：清汤300克，葱油10克，植物油100克。

➢ 加工切配

（1）将鱼去鳃，刮鳞，去净内脏，将脊背的黑皮撕去，在鱼的背部剞上斜一字刀口，洗净，用精盐、绍酒拌匀。

（2）将肥瘦肉切成指甲大小的片；葱、姜、蒜切成蓉；水发冬菇切成丝。

➢ 烹调操作

（1）净锅内加入植物油，烧热，将鱼放入锅内煎至两面呈金黄色，取出。

（2）锅留底油，投入葱蓉、姜蓉、蒜蓉、干红辣椒段炒香，投入肉片、甜面酱煸炒至香，下入清汤、醋、绍酒、盐、酱油、排骨酱、水发冬菇，调好口味，放入鱼，烧开，撇净浮沫，盖上盖，中小火加热，至锅内汤汁不多时，下入味精，淋上葱油，出锅，装盘。

➢ 菜肴特点

酱香味浓、鱼肉鲜嫩、回味悠长。

2. 红焖的技法

红焖是指将经过初步加工或初步热处理的原料，下入有色调料的汤汁中，旺火烧开，转中小火烧透入味，至酥烂成菜的一种烹调方法。

1）操作要求

（1）热处理方法多选择过油或焯水处理。

（2）调味时，必须加入有色调料，如酱油、糖色、老抽、甜面酱、红曲米。汤汁的量可大些，根据烹调特色，掌握好焖汁口味，不用收汁。

（3）根据不同原料质地，掌握好原料成熟时间和出锅时机。

2）注意事项

（1）掌握好调料、鲜汤的用量。

（2）焖制时，火力不可过大，否则成菜后，菜肴肉质柴老。

3）红焖名菜

红焖羊肉、红焖排骨、红焖狗肉、红焖牛腱。

技能训练：红焖羊肉

▲红焖羊肉

➢ 原料准备

主料：公山羊肉500克。

配料：红枣150克，枸杞15克，姜10克，葱8克。

调料：辣椒酱45克，红酱油20克，绍酒20克，胡椒粉1克，香料（茴香1克，三奈

0.3克，肉桂1.5克，丁香1个，草果1个，陈皮1克，香叶2克），孜然2克，精盐8克，鸡精、味精各3克。

辅料：水1600克，油80克。

➢ 加工切配

（1）将公山羊肉剁成2.5厘米见方的羊肉块，放入清水中浸泡2～3小时捞出，沥尽血水，入沸水锅中焯透，捞出，洗净。

（2）将姜、葱洗净，拍一下；孜然焙香并制碎成孜然粉，香料放入香料袋内。

➢ 烹调操作

炒锅置火上，放入油，烧至六七成热，先下姜、葱爆香，随即将羊肉块倒入锅中爆炒，再烹入部分绍酒，炒匀，下入辣椒酱、红酱油，至羊肉块上色，放入水，投入香料袋，烧至沸时撇去浮沫，再下入绍酒、精盐、胡椒粉、红枣、枸杞，加盖，用中小火加热40～60分钟，至羊肉酥烂时拣出姜葱、香料袋，调入鸡精、味精、孜然粉，出锅，盛装。也可待此菜肴中的羊肉吃完后，加适量鲜汤，涮烫各种荤、素原料。

➢ 菜肴特点

酥烂鲜香、浓美醇厚、冬季佳品。

知识拓展

煨是指将经过炸、煎、煸、炒或水煮后的原料放入陶制器皿，加葱、姜、绍酒等调料和汤汁，用旺火烧开，改用小火长时间加热，使原料酥烂的一种烹调方法。煨菜肴的特点是汤汁浓白、口味醇厚。煨和焖的烹调方法大致相同，区别如下。

（1）煨的加热时间比焖长。

（2）煨菜肴汤汁较多，不勾芡；焖菜肴汤汁较少，有的要勾芡。

（3）焖菜肴用酱油等有色调料；煨菜肴则不用，如煨牛尾、煨肘子等。

想一想

（1）焖分几种?

（2）生活中哪些菜肴是采用焖的方法制作的?

做一做

（1）给同学们表演一道酱焖菜肴。

（2）制作一款红焖菜肴，并与同学们分享。

我的实训总结：____

____

____

任务十一　水烹法中炖的技法

技能目标

- 掌握不隔水炖的技法，能制作1 ~ 2道不隔水炖菜肴；
- 掌握隔水炖的技法，能制作1 ~ 2道隔水炖菜肴。

知识目标

- 炖的特点及分类；
- 掌握不隔水炖的操作要求、注意事项，熟知不隔水炖名菜；
- 掌握隔水炖的操作要求、注意事项，熟知隔水炖名菜。

一、炖的特点及分类

一般将加工整理切配成形的原料，经初步加热处理后，投入多量的水或汤汁内，小火加热，使原料软熟酥烂而成菜的方法，称为炖。

1. 特点

汤菜合一、原汁原味、滋味醇厚、质地软烂。

2. 分类

根据炖制方法和使用的不同器具，炖分为不隔水炖和隔水炖两种技法。在河南豫菜中，根据调味、色泽和加工方法不同，炖又可分为清炖、白炖、混炖三种技法。

二、不隔水炖和隔水炖的技法

1. 不隔水炖的技法

不隔水炖又称水炖，是将加工成形的原料，先放入沸水中焯去血污和异味，再放入器皿中（铁锅或砂锅等），加足水或汤汁，以及调料，急火烧沸除净浮沫，改用小火加热至原料熟烂、汤汁浓厚的一种烹调方法。

▲炖牛肉

1）操作要求

（1）原料在正式烹调前必须提前焯水，以除去血污和异味。

（2）掌握好火候。先急火烧沸，除净浮沫，再改用小火加热。

（3）菜肴成品汤汁要求清汤用小火加热，一直到成菜。成品汤汁要求白色的菜肴，先小火加热至成熟后，再改用大火至汤汁浓白出锅。

（4）菜肴成品应半汤半菜，原料应熟烂味透，汤汁应鲜美醇厚。

2）注意事项

（1）要选用新鲜、味足、营养丰富、结缔组织多、形体较大的动物性原料，如老鸡、老鸭、牛腱、鱼等。

（2）水一次应加足，中途一般不加水或加沸水，也不能添加过多的水，以防止汤汁沸腾时溢出。

（3）原料酥烂后，再调准口味，上桌时，保持菜肴汤汁的沸腾状态。

3）不隔水炖技法名菜

怀山药炖牛腱、虫草炖老鸭、佛跳墙、砂锅三味等。

技能训练：海带炖排骨

➢ 原料准备

主料：猪排骨500克。

配料：海带100克，葱10克，姜10克。

调料：精盐8克，料酒5克，味精2克。

辅料：水1000克。

➢ 加工切配

（1）将海带泡软，洗净，切成 3 厘米长、1.5 厘米宽的片；葱切成段，姜切成大片。

（2）顺着猪排骨的中缝逐条切开，每条排骨再剁成 3 ～ 4 厘米长的段。

➢ 烹调操作

（1）净锅内加水烧开，放入排骨焯水至透，倒出，控水，洗净。

（2）砂锅内放一个竹箅，添入水，下入排骨、料酒、葱姜，置旺火上，烧开，撇净浮沫，改为小火，约炖 40 分钟后，下入海带，炖酥烂，取出葱、姜、竹箅，投入精盐、味精，调好口味，即可上桌。

➢ 菜肴特点

排骨香美、海带软烂、汤汁香浓、原汁原味。

技能训练：清炖狮子头

➢ 原料准备

主料：猪肋条肉600克。

配料：虾子5克，荸荠50克，菜心4棵，枸杞子4个。

▲清炖狮子头

调料：精盐10克，料酒25克，白糖5克，味精2克。

辅料：鸡蛋清（2个鸡蛋的量），淀粉30克，葱姜汁50克，水适量。

➢ 加工切配

（1）将荸荠洗净，去皮，拍碎成荸荠粒；枸杞子泡入水中；菜心根部剞上十字花纹。

（2）将猪肋条肉洗净，细切成0.4～0.5厘米大小的粒，再粗剁一下，放入盛器内，加入鸡蛋清、淀粉、葱姜汁、虾子、荸荠粒、精盐、料酒、白糖，搅拌上劲，分成四等份，取一份用双手来回翻动，团搓成圆球状，依次做完，即成狮子头生坯。

➢ 烹调操作

在砂锅内加水，竹篦垫底，置大火上，烧至沸腾时，改为中小火，将狮子头生坯逐个下入，汤沸时，撇去浮沫，将火力调至汤水微沸状态，大约炖2小时至其酥软，在每个狮子头上放一个枸杞子，将菜心放狮子头周围，投入味精，调好口味，即可上桌。

➢ 菜肴特点

原汁原味、汤清味浓、香美适口。

2. 隔水炖的技法

隔水炖又称蒸炖，是指将焯水后的原料，放入陶制或瓷制的器皿中，加入调料、汤水，加盖，放蒸笼内，加热成熟的一种烹调方法。

隔水炖和不隔水炖的烹调原理是一样的，由于隔水炖是在蒸汽中成熟的，所以比不隔水炖的炖制时间要短一些。

1）操作要求

（1）必须将原料的血污和异味除净，再放入器皿中炖制。

（2）使用的调料、汤汁或水按需要一次加准，汤汁量以器皿的七八分满较为适宜。

（3）菜肴成品应原汁原味、汤鲜味醇，原料应熟烂脱骨、香味四溢。

▲蒸炖鸡月季

2）注意事项

（1）操作要注意原料焯水的程度，如果焯水不透，则原料的异味、血污去不净；如果焯水过透，则遗失原料的鲜味物质。对于鲜味足的原料，其焯水后的汤水不要弃去，经加热撇沫后，还可以作为一般鲜汤，或者放入器皿中使用。

（2）炖制前，器皿必须加盖，甚至密封，防止鲜香味散失及蒸汽哈水滴入。

3）隔水炖名菜

坛子肉、坛子鸡、人参炖乌鸡。

技能训练：隔水炖乳鸽

▲隔水炖乳鸽

➢ 原料准备

主料：净鸽子 1 只（约250克）。

配料：桂圆10克，莲子50克，枸杞子5克。

调料：精盐6克，绍酒8克，味精、鸡粉各1克。

辅料：葱6克，姜10克，水适量。

➢ 加工切配

（1）将净鸽子剁去嘴尖、翅尖、爪尖，洗涤干净。

（2）将桂圆去壳；莲子用温水浸泡；姜拍松；葱切成段。

➢ 烹调操作

（1）将鸽子放水锅中焯透，捞出，洗净，放入炖锅。

（2）炖锅中加入适量的清水，下入莲子、桂圆、枸杞子、葱、姜、精盐、绍酒，上笼蒸炖至酥烂，取出，拣去葱、姜不用，调入味精、鸡粉，即可上桌。

➢ 菜肴特点

营养滋补、汤汁浓醇、咸鲜味美。

想一想

（1）炖分几种方式？各有哪些特点？

（2）隔水炖和不隔水炖从营养角度分析哪个更好？为什么？

（3）蒸炖菜肴的操作要求是什么？

做一做

（1）制作一道不隔水炖菜肴。

（2）请表演制作一道蒸炖菜肴，让同学们互评。

我的实训总结：______________________________

____

____

任务十二　水烹法中汆的技法

任务目标

技能目标

- 掌握汆的技法，能制作1 ~ 2道汆菜肴。

知识目标

- 汆的特点及分类；
- 掌握汆的操作要求、注意事项，熟知汆名菜。

任务学习

一、汆的特点及分类

汆是指将小型的上浆或不上浆的主料，以及蓉泥状原料，放入不同的水温中，运用中火或旺火短时间加热致熟，再放入调料，使成菜汤多于主料几倍的一种烹调方法。

1. 特点

加热时间短、不勾芡、清香味醇、质感软嫩。

2. 分类

汆可分为清汆、浑汆两种技法。

二、汆的技法

1. 操作要求

（1）必须选用新鲜、鲜嫩、爽脆、血污少的动植物性原料。

（2）原料成形以细、薄、小为宜，如丝、片、蓉、条等。

（3）汆制菜肴所选用的汤一般为清汤。高档原料要选用高级清汤，一般菜肴用水汆制。

2. 注意事项

（1）根据原料性质，掌握好加热时间，汆制时，防止原料变老。一般原料下锅后，水沸即熟，个别原料不等水沸即可出锅。

（2）需要上浆的原料，适合用稀浆，且要做到吃浆上劲、防止脱浆。

（3）汆制时，汤汁不能沸滚，这样主料易碎、变老，汤汁容易变混，可改成小火或加入少许汤或水，以降低温度。

▲汆牛肚

（4）汆制蓉泥类原料时，原料必须常温或温水下锅，缓慢加热成熟。如果没有制作完毕，水却将要沸腾，要随时点入冷水，或者离开火源，不能任其沸腾。

（5）汆汤中出现浮沫，随时都要将其撇净。

3. 汆名菜

榨菜肉丝汤、生汆丸子、毛尖虾仁、荆芥瓜片汤。

技能训练：榨菜肉丝汤

➢ 原料准备

主料：猪瘦肉50克，榨菜50克。

配料：香菜5克（也可不用）。

调料：精盐8克，胡椒粉0.5克，绍酒6克，鸡精1克，老抽1滴。

➢ 加工切配

（1）将猪瘦肉切成0.3厘米宽的肉丝；榨菜洗净，切成0.2厘米宽的榨菜丝。

（2）将香菜择洗干净，切成1厘米长的香菜段。

（3）将猪肉丝用清水浸泡，以去除血水，见肉丝泛白即可。榨菜用水浸泡，去除多余盐分。

➢ 烹调操作

水锅置火上，水沸腾后，将肉丝（带血水）、榨菜丝放入，快速搅散，待肉丝变色后迅速捞出，放入水碗中。待锅内的汤沸腾时，用炒勺将漂浮在汤面的浮沫撇净，加入绍酒、精盐、胡椒粉、鸡精、老抽调好口味、色泽，倒入碗中，放入肉丝、榨菜丝，撒上香菜段即可。

➢ 菜肴特点

清鲜利口、肉丝鲜嫩、榨菜脆嫩。

技能训练：生汆丸子

➢ 原料准备

主料：瘦肉100克。

配料：菜心6克，粉丝30克，冬笋6片，葱姜蓉5克，姜米5克。

调料：白胡椒粉0.5克，精盐8克，味精2克，绍酒8克。

辅料：淀粉10克，蛋清（1个鸡蛋的量），水适量。

▲生汆丸子

➢ 加工切配

（1）瘦肉剁碎，制成蓉泥状，下入葱姜蓉、淀粉、蛋清、味精、绍酒，轻轻拌匀后，向一个方向搅打，加入少许水和精盐，一直搅打上劲，制成肉糊备用。

（2）粉丝用温水浸泡至回软；菜心洗净。

➢ 烹调操作

锅中加入适量水，用小勺或两手配合，将肉糊挤、挖成直径为1～1.2厘米的球状（小丸子），放入水中，依次制完，再放入粉丝，水即将沸腾时，将锅端离火口，撇掉浮沫，放入菜心，投入精盐、绍酒、白胡椒粉、味精，调味，置火上视丸子全部漂浮在锅面，盛倒在汤碗里即可。

➢ 菜肴特点

丸子细嫩、清鲜味美、回味无穷。

想一想

（1）氽的特点和操作要领是什么？

（2）榨菜肉丝汤的制作过程及操作要点是什么？

做一做

制作一道“生氽丸子”菜肴，并与同学们分享。

我的实训总结：______________________________

____

____

任务十三 水烹法中煮的技法

技能目标

- 掌握煮的技法，能制作1～2道煮菜肴。

知识目标

- 煮的特点及分类；
- 掌握煮的操作要求、注意事项，熟知煮名菜。

一、煮的特点及分类

一般将初步热处理的原料切配后，放入汤汁中，先用大火烧沸，再改用中火加热至原料成熟的烹调方法称为煮。

1. 特点

汤菜合一、清鲜味美。

2. 分类

煮可分为水煮、汤煮、卤煮、四川水煮等技法。另外，煮常用于冷菜制作中，也多用于原料的半成品加工。

二、煮的技法

1. 操作要求

（1）应选用异味小、血污少、鲜味足的原料。

（2）煮制菜肴时，锅要加盖，应灵活掌握火候和原料的成熟度。

（3）一般中途不加水，调料常常在菜肴基本成熟、准备起锅时加入。

2. 注意事项

（1）调味要突出原料本味和鲜味，可酌情添加葱、姜、花椒、辣椒等。

（2）原料一般加工成丝、片，或小型的自然形状原料，如虾、贝、蛤类。

（3）鱼类原料以片、段、块或整形为好。蔬菜类原料应去老皮，撕去筋膜，先焯水再煮。

3. 煮名菜

水煮肉片、大煮干丝、水煮虾、煮日月贝等。

技能训练：大煮干丝

➢ 原料准备

主料：白豆腐干200克。

配料：熟鸡肉50克，虾仁50克，冬笋50克，熟火腿10克，豌豆苗或香菜10克。

调料：虾子10克，精盐8克，白酱油10克，鸡粉5克，绍酒10克。

辅料：鸡清汤600克，猪油100克，葱姜水30克，水适量。

▲大煮干丝

➢ 加工切配

（1）将白豆腐干切成牛毛细丝，放入碗中，用沸水浸烫三次，每次两分钟，控水，待用。

（2）将熟鸡肉、冬笋、熟火腿分别切成细丝。

➢ 烹调操作

（1）水锅置火上加热至沸腾，放入虾仁焯一下，迅速捞出，再下入豌豆苗焯透。

（2）净锅置火上，倒入猪油 30 克，放入虾仁炒至变色，离火，盛出，备用。

（3）原锅置火上，倒入余下猪油，下入虾子炸香，加入鸡清汤、鸡丝、冬笋丝、葱姜水、绍酒，大火烧开后，改为中小火，加盖煮1分钟，捞出，备用。

（4）原锅内放入干丝，加盖煮5分钟，去盖下入精盐、白酱油、鸡粉，调好口味，略煮，捞出干丝，放在汤盘中央。

（5）鸡丝、冬笋丝重新入锅略煮，捞出，分别将鸡丝、冬笋丝、火腿丝、豌豆苗放在干丝的四周，虾仁放其上部，再将汤汁从盘边倒入即可。

➢ 菜肴特点

色泽悦目、口味鲜醇、质感软绵。

技能训练：水煮肉片

➢ 原料准备

主料：猪瘦肉200克。

配料：青菜300克，葱5克，姜、蒜蓉各5克。

调料：豆瓣酱40克，绍酒10克，精盐2克，酱油5克，味精2克，干辣椒5克，麻椒3克。

辅料：淀粉15克，鲜汤500克，油适量。

▲水煮肉片

➢ 加工切配

（1）将猪瘦肉切成大薄片，洗净控水，放淀粉、绍酒5克、精盐拌匀。

（2）将青菜洗净，切开；干辣椒切成段；葱切成葱花；姜、蒜切、剁成蓉；豆瓣酱剁碎。

➢ 烹调操作

（1）净锅置火上，倒入少许油，放入辣椒段、麻椒翻炒，出香味后倒出，备用。

（2）原锅置火上，倒入油，放入豆瓣酱、姜蓉炒香，下入鲜汤，烧至沸腾，下入青菜煮至变色，捞出，放入海碗中，备用。

（3）原锅内下入绍酒5克、酱油5克、味精，调好口味，将肉片分散下入其内，见其沸腾，推搅一下，起锅倒入海碗内，均匀放入辣椒段、麻椒，撒上葱花、蒜蓉。

（4）净锅置火上，倒入油，烧至七成热时，离火，将热油均匀地浇在葱花、蒜蓉、肉片上即成。

➢ 菜肴特点

麻辣鲜香、肉片滑嫩、汤红油亮。

想一想

大煮干丝这道菜肴在制作前为什么要用沸水浸烫三遍？

做一做

请表演制作水煮肉片这道菜肴，并介绍一下制作该菜肴前要做哪些准备工作。

我的实训总结：______________________________

____

____

任务十四　气烹法中放气蒸的技法

技能目标

● 掌握放气蒸的技法，能制作1 ~ 2道放气蒸菜肴。

知识目标

● 放气蒸的概念和特点；

● 掌握放气蒸的操作要求、注意事项，熟知放气蒸名菜。

一、放气蒸的概念和特点

1. 概念

放气蒸是指将经过细加工的原料放入不饱和水蒸气的蒸锅或蒸箱中，使原料凝固成熟的一种烹调方法。制作中，也可将笼屉不盖严，留有一定的空隙，以便放气。

2. 特点

原汁原味、软嫩鲜香。

二、放气蒸的技法

1. 操作要求

（1）选用各种新鲜原料或蛋类。

（2）采用不同的加工方法。例如，将原料制成各种蓉泥，放入调料，也可加入小型配料，搅匀制成流质或半流质；取蛋类去壳后的自然形状，或者打散、加入调料拌匀。

（3）蒸笼上气后，将原料放入蒸笼，加盖，根据原料多少、厚度等，放气一次或数次，至全部凝固成熟，取出。根据菜肴要求，浇汁或激油，也可取出直接成菜。

2. 注意事项

（1）蓉泥或蛋液原料，加入调料或配料后，一定要拌匀或上劲。

（2）瓤（又称酿）类菜肴加工时，应防止不同原料间的粘连。

（3）灵活掌握火候和放气时间，以免变形，并防止原料起孔或产生蜂窝状。

3. 放气蒸名菜

芙蓉虾仁、兰花广肚、芙蓉海参、杏花香菇等。

技能训练：虾仁碎玉蒸水蛋

➢ 原料准备

主料：鸡蛋150克。

配料：荸荠80克，虾仁150克，火腿肠50克，青豆30克等。

调料：精盐3克，生抽5克。

辅料：香油10克，水100克。

▲虾仁碎玉蒸水蛋

➢ 加工切配

将荸荠去皮后洗净，拍碎，放入盛器；在盛器中磕入鸡蛋，打散，加入精盐、水搅匀；火腿肠切成粒。

➢ 烹调操作

（1）将盛器放入蒸笼，蒸 8 分钟左右，中间放气两次，至其熟透时取出。

（2）青豆、虾仁、火腿肠粒撒在水蛋上，浇上热香油，倒入生抽即可。

➢ 菜肴特点

软嫩带脆、色美味香、利于消化。

想一想

（1）放气蒸的操作要求是什么？

（2）放气蒸的注意事项是什么？

做一做

制作一道蒸水蛋菜肴，让老师和同学们评价一下。

我的实训总结：______________________

____

____

任务十五　气烹法中足气蒸的技法

技能目标

- 掌握清蒸的技法，能制作1 ~ 2道清蒸菜肴；
- 掌握粉蒸的技法，能制作1 ~ 2道粉蒸菜肴。

知识目标

- 足气蒸的特点及分类；
- 掌握清蒸的操作要求、注意事项，熟知清蒸名菜；
- 掌握粉蒸的操作要求、注意事项，熟知粉蒸名菜。

一、足气蒸的特点及分类

足气蒸是指将原料放在饱和水蒸气中加热，使原料成熟而成菜的一种烹调方法。

1. 特点

原汁原味、鲜嫩脆爽或质地酥烂、鲜香味美。

2. 分类

根据原料质地和菜肴成品的质地不同，足气蒸可分为清蒸、粉蒸、酥蒸三种技法。

二、足气蒸的技法

1. 清蒸的技法

清蒸是指将主料加工成半成品后，放入器皿中，加入调料、适量鲜汤蒸制；或者原料经加工后，加入调料，装盘直接蒸制成菜的一种烹调方法。

1）操作要求

（1）选用新鲜、无异味的动植物性原料。

（2）原料多加工成块、段、片或花纹的形状，或者将整形原料剞上花纹。

（3）用调料腌拌或直接加入调料，部分原料还有加入调料后，再加入适量鲜汤再制作的。

（4）根据菜品质感要求不同，应采取不同的火候。要求鲜嫩的菜肴，要用旺火、沸水短时间蒸；要求软熟的菜肴，要用旺火、沸水长时间蒸。

2）注意事项

（1）清蒸法对原料的新鲜程度要求较高，个别原料要在清蒸前进行焯水处理，以去其异味、血污等。

（2）除掌握好蒸制的时间外，速蒸菜肴成菜后要及时上桌。

（3）鱼类及色浅、无汁的菜肴最好放蒸笼上层，以防汤汁、色泽等污染串味。

（4）菜肴蒸制后，必须去掉一同蒸制的葱、姜、花椒等，以保证菜肴清洁干净。

3）清蒸名菜

清蒸鳜鱼、清蒸皇帝蟹、清蒸全鸡、蒜蓉粉丝蒸扇贝等。

▲蒜蓉粉丝蒸扇贝

技能训练：清蒸鲈鱼

➢ 原料准备

主料：鲜鲈鱼1尾（约700克）。

配料：葱丝、姜丝各5克，红椒丝、香菜段各10克。

调料：生抽、豉油王各10克，鱼露、绍酒各8克，精盐、味精各2克，白胡椒0.5克。

辅料：长葱段6根，姜片5片，水、油各适量。

▲清蒸鲈鱼

➢ 加工切配

（1）将鲜鲈鱼去鳞、鳃后，在鱼脐处切一刀，使鱼肠与鱼身分离，再从口腔处把五脏取出，随后用刀顺长从鱼脊背处平刀片入至鱼骨，使两侧鱼肉皆与脊骨分离，洗涤干净。

（2）将调料入锅，加少许水，加热至开，作为调味汁备用。

➢ 烹调操作

腰盘内垫上六根长葱段，放上鱼，鱼上放姜片，放入上汽的蒸笼内，大火、旺气蒸6分钟左右，取出，去掉长葱段、姜片，撒上配料，激浇上热油，调料汁从盘边倒入即可上桌。

➢ 菜肴特点

细嫩鲜美、清淡利口、鲜咸味长。

2. 粉蒸的技法

粉蒸是指将原料加工后，放入调料腌渍，用适量大米粉拌和均匀，蒸制软熟酥烂成菜的一种烹调方法。

1）操作要求

（1）选用新鲜、老韧、肥瘦相间或质地细嫩无筋、油脂多易熟的动植物性原料。

（2）原料多加工成块、段、片或花纹等形状。

（3）原料必须先用调料腌拌，口味有五香味、甜咸味、鲜咸味、香辣味等。

（4）根据原料的质地老嫩和肥瘦程度，确定米粉用量及干湿程度。一般原料和米粉的比例掌握在3∶0.6～3∶1之间。对于质地老、油脂少的原料，米粉放鲜汤中浸泡的时间要长一些；对于质地嫩、油脂多的原料，米粉放鲜汤中浸泡的时间要短一些。

2）注意事项

（1）刀工处理原料时，尽量大小一致、薄厚均匀。

（2）制作米粉时，最好用籼米，或一半糯（江）米，一半粳米，糯米和粳米不能单独来制作米粉，只有这样，才能保证成菜具有疏松、散口、滋糯的质感。

（3）籼米淘洗干净后，放锅内，用小火炒至其呈微黄色（也有加入适量茴香、桂皮一同炒制的），倒出晾凉，磨成碎粒。不好磨碎的大米，还要继续炒。

（4）对于油脂较少的原料，在调味时可适量加入油脂，以保证成菜的油润滋糯。

3）粉蒸名菜

荷叶粉蒸肉、粉蒸鸡、粉蒸牛肉、粉蒸羊排等。

技能训练：荷叶粉蒸肉

➢ 原料准备

▲荷叶粉蒸肉

主料：带皮五花猪肉500克。

配料：籼米150克，葱丝、姜丝各10克。

调料：甜面酱60克，绍酒20克，白糖16克，茴香粉、桂皮粉各0.5克。

辅料：荷叶2张，水、油各适量。

➢ 加工切配

（1）将籼米洗净，晾干水分，放锅中，将锅置小火上，炒至其呈微黄色时倒出，磨成米粉，同茴香粉、桂皮粉拌匀。

（2）将带皮五花猪肉放入水锅中，焯一下，取出，切成5～6厘米长、1～1.5厘米厚的片，共10片，每片从中间剞一刀，刀深至皮。

（3）将甜面酱用油炒香，放入葱丝、姜丝、绍酒、白糖及适量水，调好口味，倒在肉片上拌匀，腌渍1～2小时，放入米粉拌匀，使每片肉中间及周身粘上米粉，制成米粉肉生坯。

➢ 烹调操作

荷叶焯水，裁切成10～12厘米见方，每片荷叶包裹一片米粉肉生坯，呈长方片状，放盛器内，放入蒸笼内，用旺火蒸1.5小时，取出，装盘，上桌。

➢ 菜肴特点

荷香扑鼻、糯软酥润、鲜咸浓美、肥而不腻。

想一想

（1）什么是足气蒸？有什么特点？

（2）掌握粉蒸的操作要点。

（3）清蒸一般蒸多长时间？成菜的要求有哪些？

做一做

请表演制作一道清蒸鱼。

我的实训总结：____________________

____

____

任务十六 气烹法中高压气蒸的技法

技能目标

- 掌握高压气蒸的技法，能制作1 ~ 2道高压气蒸菜肴。

知识目标

- 高压气蒸的概念和特点；
- 掌握高压气蒸的操作要求、注意事项，熟知高压气蒸名菜。

一、高压气蒸的概念和特点

1. 概念

高压气蒸是指将原料放入高压水蒸气中加热，使原料快速成熟的一种烹调方法。

2. 特点

质地酥烂、烹制快速、节约时间和能源。

二、高压气蒸的技法

1. 操作要求

（1）必须选用新鲜的动物性原料，如蹄髈、牛腱、蹄筋、老鸡、老鸭等。

（2）初步热处理时一定要焯煮至透，以防血污不净，影响成品色泽和美观。

（3）一般将原料切制成块、条、片等形状，个别菜肴采用整形原料烹调时，仅进行简单的刀工处理。

（4）确定并掌握好调料投放的数量和成熟时间。

2. 注意事项

（1）灵活掌握好加热时间。如果火力大，则水蒸气压力大、加热时间短；如果火力小，则水蒸气压力小、加热时间较长。

（2）保证安全。压力器具的耐压是有限度的，一定防止火力过大，当压力器具水蒸气外溢的声音较大时，可将火力适当改小。

（3）高压气蒸的压力器具内，汤水量不可过多或过少；汤水和原料的总数量，不能超过压力器具的4/5。

（4）所有菜肴必须在蒸压前调味。

3. 高压气蒸名菜

一品肘子、红扒蹄髈、酥烂老鸭、大酥肉、各种扣碗等。

技能训练：芥菜肉

▲芥菜肉

➢ 原料准备

主料：猪五花肉400克。

配料：腌芥菜200克。

调料：酱油6克，绍酒5克，精盐，白糖各少许。

辅料：葱丝、姜丝各10克，花椒6粒，大茴香1个。

➢ 加工切配

（1）腌芥菜洗净，浸泡（以去除大部分盐分），捞出，挤干水分，切成2厘米长的段，备用。

（2）碗底放入葱丝、姜丝、花椒、大茴香，备用。

➢ 烹调操作

猪五花肉洗净，放凉水锅内，煮至六成熟时捞出，皮面搌干水分，抹上酱油（柿红色）放在六成热的油锅中，炸成皱纹状捞出，用刀切成6～8厘米长、2～3厘米宽、0.3厘米厚的大片状，皮朝下，瓦垄形摆放在碗内，将芥菜同调料拌匀，盖放在碗内肉上，放入蒸笼内，蒸制酥烂，扣在盘内即成。

➢ 菜品特点

肥而不腻、酥烂香鲜、芥香浓郁。

想一想

（1）什么是高压气蒸？其操作要点有哪些？

（2）高压气蒸的注意事项是什么？

做一做

请制作一道你喜欢的高压气蒸菜肴。

我的实训总结：______________________________

____

____

任务十七 甜菜烹法中拔丝的技法

拔丝苹果的制作

任务目标

技能目标

- 掌握拔丝的技法，能制作1 ~ 2道拔丝菜肴。

知识目标

- 拔丝的特点及分类；
- 掌握拔丝的操作要求、注意事项，熟知拔丝名菜。

任务学习

一、拔丝的特点及分类

拔丝是指将主料经过油炸后，放入炒好的糖液内粘裹均匀，迅速装盘，夹起菜肴时可以拉出金色糖丝的一种烹调方法。

1. 特点

色泽金黄、金丝缕缕、外脆里嫩、香甜可口。

2. 分类

拔丝可分为水拔、油拔、干拔、水油混合拔等技法。所谓的几种拔丝技法，实际上就是在炒糖时，直接炒，也可加水或油，炒制成糖液。干拔和油拔法所用时间相对较短，水拔和水油混合拔法所用时间相对较长。

二、拔丝的技法

1. 操作要求

（1）原料以水果为主，个别根茎类蔬菜也可。原料要求去皮、去核，以条、块、段、球和自然形状为最佳。

（2）拔丝菜肴所选原料大部分都需要挂糊炸制。部分含淀粉多、水分少的原料，如白薯、土豆、芋头等，可以不挂糊。还要根据原料含水分多少，选择采用全蛋糊、蛋清糊、酥糊或拍粉糊等来挂糊。炸好的原料必须控净油分，否则糖液不易粘裹在原料上。

（3）糖与原料的比例必须掌握好，一般原料与糖的比例为10∶4。

（4）炒糖时，锅一定要干净，糖内如果加水或油，加入量不要太多；控制好火力，一般使用中小火，防止糖液焦化，甚至煳焦。

（5）白糖放入锅内开始加热后，炒勺要不停地搅拌。锅底的糖受热开始溶化，溶化的糖粘裹其他糖粒形成疙瘩，随后液体中满是糖粒。继续加热糖粒越来越少，逐步变为糖液，其色呈金黄色，此时为下入原料的最佳时机。

2. 注意事项

（1）拔丝原料一般要进行两次炸制，尽量与炒糖同步进行。假如提前把原料炸好，糖液遇到较凉的原料，会使糖液凝结，甚至形成半成品脱糊，从而影响拔丝效果。

（2）盛装拔丝菜肴的盛器必须提前抹上一层油，也可在盛器内撒一层糖粉或白糖，以防糖液冷却后粘住盛器，不易清洗且浪费食材。

（3）拔丝菜肴制作完成后，必须及时上桌。冬季时，可把盛装菜肴的盛器放在盛有热水盛器的上面，一同上桌，延长拔丝时间，防止糖液冷却较快，拔不出糖丝。

（4）拔丝菜肴必须外带一小碗凉开水，客人夹着菜肴，欣赏过缕缕金丝后，放水中降温后方可食用。

3. 拔丝名菜

拔丝苹果、拔丝香蕉、拔丝西瓜、拔丝白薯、拔丝冰激凌等。

技能训练：拔丝苹果

➢ 原料准备

主料：苹果2个（约400克）。

调料：白糖100克。

辅料：熟芝麻5克，鸡蛋1个，淀粉100克，油、水适量。

➢ 加工切配

（1）将苹果洗净，削去外皮，切开后，去净果核，切成大小均匀的块。

（2）在淀粉内加鸡蛋和少许水，制成糊（水粉糊也可）。

➢ 烹调操作

（1）油锅置火上，油温达五六成热时，将苹果放入糊内拌匀，下入油锅炸制，待原料呈金黄色时倒出，控油。

▲切好的苹果块

▲制好的糊

▲油炸

（2）原锅放入白糖炒制，待白糖液全部溶化并略微变色，倒入炸好的苹果，快速翻拌，盛入盘中，撒上熟芝麻，即可享用。

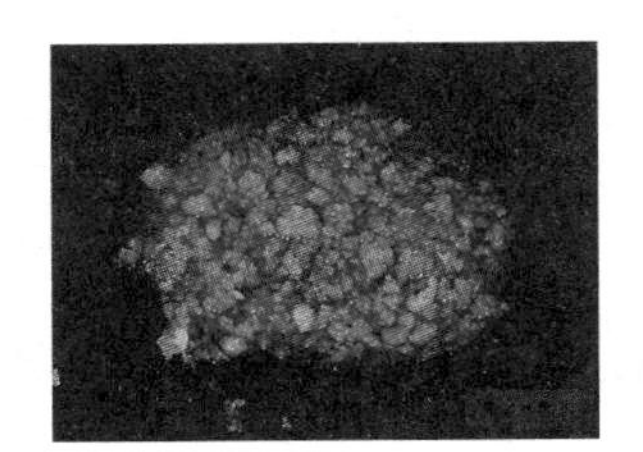
▲炒糖

▲炒好的糖液

▲成品

➢ 菜肴特点

色泽金黄、拔丝均匀、金丝明亮。

▲鉴定效果

想一想

（1）拔丝的操作要点是什么？

（2）拔丝苹果的成菜特点和注意事项是什么？

做一做

表演制作一道你喜欢的拔丝菜肴。

我的实训总结：______________________________

____

____

任务十八　甜菜烹法中挂霜的技法

技能目标

- 掌握挂霜的技法，能制作1 ~ 2道挂霜菜肴。

知识目标

- 挂霜的特点及分类；
- 掌握挂霜的操作要求、注意事项，熟知挂霜名菜。

一、挂霜的特点及分类

挂霜是指将经过炸制或其他方法制熟的原料，粘裹上一层熬制的糖浆，自然冷却后，表面形成一层似粉似霜的糖粉而成菜的一种烹调方法。

1. 特点

洁白似霜、松脆香甜。

2. 分类

挂霜分为裹糖挂霜和撒糖挂霜两种技法。

二、挂霜的技法

1. 操作要求

（1）原料成形要以片、条、块、粒、段和自然形状为主。

（2）炸制（挂糊或不挂糊）或烘烤时，要注意成熟时间。

（3）熬糖时，不要加油，火力不要太大，当熬制黏稠，糖液大泡套小泡时，即可下入原料，进行挂霜处理。

（4）撒糖有两种方式：一种是将制好的半成品与熬好的糖液拌匀，再撒上糖粉成菜；另一种是将制熟的半成品直接撒上糖粉成菜。

（5）熬糖时，宜用中火，火力要集中。熬制中，锅边若出现糖液变色、发煳等现象，要用洁布擦去，不可与锅内糖液混合，否则会影响成品色泽，甚至导致挂霜失败。

（6）翻拌时，如果出现结块、粘结等现象，不可用工具敲打至散，最好用手掰或用工具慢慢分开，否则易破坏自身形状，甚至脱霜。

2. 注意事项

（1）熬制糖液的火候。

一是观察气泡。如果糖液仅冒大气泡，则糖液较稀；如果糖液气泡越来越少，甚至几乎没有，则是糖液熬制过头；如果糖液大泡套小泡，则是下入原料的最佳时机。

二是观察蒸汽。如果蒸汽很多，则糖液太稀；如果没有蒸汽，则糖液熬制过头；如果蒸汽似有非有，甚至几乎没有，则是挂霜的最佳时机。

三是糖液浓度。铲勺蘸一下糖液使之向下滴，如果滴得很慢，则糖液熬制过头，已老；

如果糖液立马流下来，则糖液较稀；如果糖液呈透明且连绵不断地向下流，则是挂霜的最佳程度。

（2）放入原料后，要迅速翻拌，使糖液均匀粘裹原料，离火，不停地翻搅，分散原料，至有糖霜生成即可。

3. 挂霜名菜

挂霜蚕豆、雪衣丸子、挂霜花生、雪衣腰果等。

技能训练：挂霜花生

▲挂霜花生

➢ 原料准备

主料：花生300克。

调料：白糖100克。

辅料：水100克，淀粉50克。

➢ 加工切配

（1）锅中不放油，中小火慢慢炒熟花生，炒到噼里啪啦的花生开始破皮出香味，盛起，备用。

（2）将淀粉放入盘中，放入微波炉中，中火 2 分钟烤熟。

➢ 烹调操作

净锅中放入水和白糖，中、小火加热，并不停地用锅铲搅拌，见白糖慢慢溶化，熬成浓稠糖液，将花生倒入，迅速搅拌均匀，裹上糖浆，离火，随手撒入淀粉，快速翻拌均匀，至花生表面变为洁白糖霜，倒入漏勺，去掉多余糖粉和淀粉即成。

➢ 菜肴特点

香甜酥脆、色泽洁白、霜美似雪。

想一想

（1）挂霜的操作要求是什么？

（2）挂霜的注意事项是什么？

（3）如何制作挂霜花生？其成菜特点是什么？

做一做

请表演制作一道挂霜菜肴。

我的实训总结：______________________________

____

____

任务十九　甜菜烹法中琉璃的技法

技能目标

- 掌握琉璃的技法，能制作1 ~ 2道琉璃菜肴。

知识目标

- 琉璃的定义及特点；
- 掌握琉璃的操作要求、注意事项，熟知琉璃名菜。

一、琉璃的定义及特点

1. 定义

琉璃是将制熟的原料放进熬好的糖液中，翻拌均匀后使原料分离，冷却后，原料表面形成一层类似琉璃的糖面而成菜的一种烹调方法。

2. 特点

香甜酥脆、颜色黄亮。

二、琉璃的技法

1. 操作要求

（1）一般采用炸法使原料成熟。通过对原料挂糊、拍粉或直接炸制，以保证半成品含水量不能过大。

（2）熬制糖液时，最好加入少许油，以增加成菜亮度。

（3）糖液在水分消失殆尽、颜色变为金黄色时，是琉璃制作的最佳时机。

2. 注意事项

（1）灵活运用油温，不可将原料炸煳；熬糖时，用中小火。

（2）挂糖均匀后，一定要倒在抹有一层油的盘内，并使相互粘连的菜肴分开。

3. 琉璃名菜

琉璃藕、琉璃薯条、琉璃莲子。

技能训练：琉璃藕

➢ 原料准备

主料：莲菜（藕）500克。

配料：去皮熟芝麻5克，朱古力针8克。

调料：白糖100克。

辅料：水、油各适量。

➢ 加工切配

将莲菜洗净，去皮，顶刀切成0.5厘米的片状，如果片直径超过8厘米，要从其中间一切两开。

➢ 烹调过程

（1）锅置火上，入油，油温达五六成热时，放入藕片，炸制浮起，藕片呈浅黄色时，倒出，控油。

（2）锅内放少许油或水，下入白糖，用中火加热，使白糖溶化，水分挥发殆尽，糖液开始变黄时，迅速放入莲菜，撒上去皮熟芝麻、朱古力针，翻锅，使糖液均匀地黏在莲菜上，倒在刷过油的盘内，并使相互粘连的莲菜分开，待糖浆凝固后，装盘，上桌。

➢ 菜肴特点

甜而不腻、色泽金黄、松脆可口。

想一想

（1）琉璃的要求是什么？

（2）琉璃藕的成菜特点和注意事项是什么？

做一做

制作一道琉璃菜肴。

我的实训总结：________________________________

____

____

任务二十　甜菜烹法中蜜汁的技法

技能目标

- 掌握蜜汁的技法，能制作1 ~ 2道蜜汁菜肴。

知识目标

- 蜜汁的特点及分类；
- 掌握蜜汁的操作要求、注意事项，熟知蜜汁名菜。

一、蜜汁的特点及分类

蜜汁又称蜜炙，是指以蒸汽或水作为传热介质，以糖作为主要调料，把原料放入用白糖、蜂蜜或麦芽糖等制成的糖汁中，经蒸制或直接加热至原料成熟、入味成菜的一种烹调技法。此技法适合烹调各种质地的原料，且热吃、冷吃均可。

1. 特点

质地软糯或酥美、甜味渗透、糖汁润透。

2. 分类

蜜汁可分为直接蜜汁和蒸后蜜汁两种技法。

二、蜜汁的技法

1. 操作要求

（1）制作糖汁有两种方法：其一是将白糖直接放入水中熬制；其二是先炒糖，待糖液略变色，加水熬煮，制成蜜汁。

（2）传统蜜汁菜肴一般不勾芡，如果勾芡，则用芡量要适量，蜜汁不可过稠或过稀。

（3）利用蒸制作蜜汁菜肴时，要先把加工处理后的原料摆入碗中，加白糖、酒酿等上笼蒸，上桌前将蜜汁倒出，菜肴扣入盘中，用蜜汁勾薄芡浇在菜肴上即成。

▲红袍莲子

2. 注意事项

（1）蜜汁烹调中，如果使用蜂蜜，一定在出锅前加入，以防破坏蜂蜜的营养。另外，蜂蜜长时间加热易变酸。

（2）当用糖和原料一起蒸制时，水一定要浸没原料。

（3）注意蜜汁菜肴的用糖量，以能突出原料香美滋味和食用者对甜度不腻口为最佳。

3. 蜜汁名菜

蜜汁水果、蜜汁板栗、蜜汁莲子、蜜汁山药、蜜汁菊花豆腐、松仁玉米等。

▲蜜汁菊花豆腐

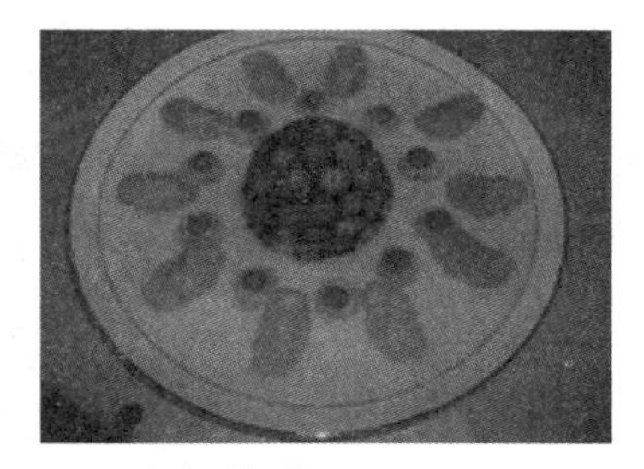
▲元宝红袍莲子

技能训练：蜜汁水果

➢ 原料准备

主料：山楂50克，苹果150克，香梨150克。

调料：冰糖100克，蜂蜜20克，盐1克。

辅料：淀粉10克，水400克。

➢ 加工切配

（1）将山楂洗净，去核。

（2）将苹果、香梨洗净，分别去皮、核，切成月牙形。

➢ 烹调过程

锅中加入水，置火上，加入冰糖，将山楂、苹果和梨块放入锅中，至沸腾，撇净浮沫，改为中小火，至原料成熟入味、淀粉勾芡至浓时，加入蜂蜜、盐，搅拌均匀，出锅，装盘。

➢ 菜肴特点

香甜浓美、软嫩微脆。

想一想

（1）蜜汁的要求是什么？

（2）蜜汁水果的成菜特点是什么？

做一做

制作一道蜜汁菜肴，让家人领略一下你的烹调技术。

我的实训总结：____

____

____

知识检测

一、判断题

（　　）（1）爆、炒、氽、烧、炖等烹调方法多选用旺火加热。

（　　）（2）爆、炒、炸等烹调方法多采用旺火速成法。

（　　）（3）炖、焖、煨等烹调方法多采用小火长时间烹制。

（　　）（4）扒菜肴由底菜和面菜两部分组成，这两部分实际上也就是菜肴的副料和主料。

（　　）（5）煎菜肴的原料形状以扁平为主。

（　　）（6）由于油的导热系数比水大，因而油比水传热快。

（　　）（7）焐油适用于炸制花生米、腰果等干果类原料。

（　　）（8）溜菜肴一般无汤汁。

（　　）（9）油爆菜肴是采用旺火、高温油快速烹制的。

（　　）（10）原料上浆滑油的油温不可过高。

（　　）（11）烩菜肴加好汤，辅佐烹制，多为半汤半菜风格。

（　　）（12）烧菜肴的火候应是：先大火，然后中火或小火，最后再大火。

（　　）（13）从成熟方法的角度来说，烹是一种以水加热为主的烹调方法。

二、选择题

（1）属于油烹法的是（　　）。

A. 汤爆　　B. 芫爆　　C. 油爆　　D. 汆

（2）焦溜菜味型以（　　）三种味型最为常见。

A. 糖醋味型、酸辣味型、咸鲜味型

B. 果汁味型、咸甜味型、辣甜味型

C. 甜咸味型、蜜汁味型、咸鲜味型

D. 糖醋味型、纯甜味型、咸鲜味型

（3）油爆法的调味多采用（　　）的方法。

A. 米汤芡　　B. 水粉芡　　C. 自来芡　　D. 兑汁芡

（4）溜菜的味汁酸甜且多，必须（　　）。

A. 浇淋卤汁　　B. 裹附卤汁　　C. 兑制味汁　　D. 勾芡

（5）要形成嫩型的菜肴质感，应采用（　　）。

A. 足汽慢蒸法　　B. 足汽速蒸法

C. 放汽速蒸法　　D. 少汽慢蒸法

（6）适合采用软质蓉胶制的菜肴是（　　）。

A. 清炖狮子头　　B. 汆鱼圆　　C. 芙蓉鸡片　　D. 鸡粥

（7）煮的（　　）直接关系到菜肴的质量。要求汤清，就不应用大火；要求汤浓，就不应用小火。

A. 火候　　B. 原料　　C. 调料　　D. 辅料

（8）蒸的特点是（　　）稳定，能保持原汁、原味和原形态。

A. 温度　　B. 热量　　C. 湿度　　D. 能量

（9）要形成（　　）型的菜肴，应用约 140℃的油温多次加热原料。

A．里外酥脆　B．外脆里嫩　C．质感软嫩　D．质地酥烂

（10）烩菜汤汁醇美而滑利，多为（　　）的风格。

A．汤多菜少　B．汤少菜多　C．半汤半菜　D．无汤有菜

（11）烹是将经过（　　）后的小型原料淋上不加淀粉的味汁，使原料入味的方法。

A．炸或煎　B．汆　C．炒　D．爆

（12）焖与煮的主要区别是（　　）。

A．焖菜肴一般要勾芡，煮菜肴一般不勾芡

B．焖适用于肉类原料，煮适用于蔬果类原料

C．焖的原料形状小，煮的原料形状大

D．焖菜肴只有主料，煮菜肴既有主料又有辅料

（13）不属于炖的特点是（　　）。

A．融合各种原料的精华，有滋补效果

B．适用的原料广泛，菜肴滋味丰富

C．汤清、味鲜、香醇、本味突出

D．原料质地软、形状完整而不散

三、简答题

（1）炸分几种？各具有什么特点？

（2）红烧的操作要求和注意事项是什么？

（3）炒分几种？各种炒的操作要求和注意事项是什么？

（4）焦熘和软熘的特点是什么？其操作要求和注意事项是什么？

（5）箅扒的操作要求和注意事项是什么？

（6）甜菜烹调方法分几种？各具有什么特点？

项目十　筵　席

任务一　了解筵席的特点、内容、种类

知识目标

- 筵席的特点；
- 筵席的内容；
- 筵席的种类。

▲筵席

一、筵席的特点

筵席又称酒席、宴席，是指人们为了一定的社交目的而聚食具有一定规格质量和程序组合起来的一整套菜点，也是为民间习俗和社交礼仪的需要而举行的多人聚餐的一种饮食形式，还是进行庆典、纪念、交际的一种社会活动方式。

筵席主要包括两方面的内容：一方面是筵席菜谱的设计，是人们精心编排和制作的一整套食品，是茶、酒、菜、点、果、脯等艺术组合。它反映了整桌筵席的概貌，涉及成本售价、规格类别、宾主嗜好、风味特色、办筵目的、时令季节等诸种因素，必须通盘考虑、平衡协调；另一方面是筵席设计，要求主旨鲜明、强化意境、展示民俗、突出礼仪，并且要美观大方、舒适安全、方便适用、程式严谨，在场景、台面、席谱、程序、礼仪、安全等方面考虑周全，并通过服务人员协助完成。

筵席不同于日常饮食的一般聚餐，它具有聚餐性、社交性、礼仪性、艺术性、规格化这五大特点。作为烹调师不仅要有全面的烹饪专业理论知识和操作技能，同时还要具备筵席的相关知识。

1. 聚餐性

中国筵席历来是在多人围坐、亲密交谈的欢乐气氛中进餐的，习惯于 8 人、10 人、12 人一桌，其中以 10 人一桌的形式为主，因为这象征着“十全十美”的吉祥寓意。至于桌面，通常以大圆桌居多，这又意味着“团团圆圆”“和和美美”。赴筵者通常由四种身份的人组成，即主宾、随从、陪客和主人。其中，主宾是筵席的中心人物，在最显要的位置，筵席中的一切活动须围绕他而进行。由于是隆重聚会，“礼食”氛围浓郁，有浓浓而热烈的亲情，能很快缩短宾主间的距离，做到“宾至如归”。传统筵席一般不采用分餐制，但是随着社会的发展，人们在饮食卫生知识不断丰富的基础上，分餐制势在必行，但不管如何变化，筵席始终会在欢乐愉快的气氛中进行。

2. 社交性

筵席既可以怡神甘口、强身健体、满足口腹之欲，又能够启迪思维、陶冶情操，给人以精神上的欢愉。尤其在社会交际方面，也显示出了重要作用，可以聚会宾朋，敦亲睦谊；可以纪念节日，欢庆盛典；可以洽谈事务，开展公关；可以活跃市场，繁荣经济。所以《礼记》有云：“酒食所以合欢也。”实际上，人们也常在品尝佳肴饮琼浆、促膝谈心交朋友的过程中，增进了解、加深情谊，从而实现社交的目的。这也正是筵席普遍受到重视，并广受欢迎的主要原因，如商务聚会、筵会外交等名称，均由此而来。

3. 礼仪性

中国筵席又是礼席、仪席。我国注重礼仪由来已久，世代传承。“夫礼之初，始诸饮食”，礼俗是中国筵席的重要成因，通过筵席可以达到宣扬教化、陶冶性灵的目的。古代许多大筵，都有钟鼓奏乐、诗歌答奉、仕女献舞和艺人助兴，这均是礼的表示，是对客人的尊重。现代筵席在继承过程中仍保留了许多健康、合理的礼节与仪式。例如，发送请柬，门前迎宾，门前恭候，问安致意，献烟敬茶，专人陪伴；入席彼此让座，斟酒，杯盏高举；布菜“请”字当先，退席“谢”字出口；还有仪容的修饰，衣冠的整洁，表情的谦恭，谈吐的文雅，气氛的融洽，相处的真诚；餐室的布置，台面点缀，上菜程序，菜肴命名；嘘寒问暖，尊老爱幼，优待女士，照顾伤残等，这些都是礼仪的表现。此外，对于一些重大的筵席还要注意尊重主宾所在国家或民族的风俗习惯及宗教感情。可见，筵席中的礼仪十分重要，是中国筵席的“文化包装”，它体现了一个国家和民族的传统美德。

▲金汤莲藕鸡

4. 艺术性

筵席的艺术性体现在多个方面，其中有筵席菜单设计艺术、菜肴组配方面的艺术、原料加工的艺术、色调协调与搭配艺术、盛器与菜肴形色的配合艺术、冷拼雕刻的造型与装饰艺术、餐室美化和台面点缀艺术、服务的语言艺术、着装艺术等多个方面的内容。

5. 规格化

筵席之所以不同于便餐，还在于它的档次和规格。筵席要求全桌菜肴配套、应时当令、制作精美、营养全面、调配均衡、食具雅丽、仪程井然、服务周到热情。冷碟、热炒、大菜、甜品、汤品、饭菜、点心、茶酒、水果、蜜脯等，均按一定质量和比例，分类组合，前后衔接，依次推进，宛如一个严整的“军阵”。与此同时，在筵席场景的装饰上、在筵席节奏的掌握上、在接待人员的选用上、在服务程序的配合上都有严格的规格。无论哪种规格，都要使筵席始终保持祥和、欢快、轻松的旋律，给人以美的享受。

古往今来，我国筵席场面典雅而隆重，菜肴丰富而精美，充分体现了中国饮食的博大精深。筵席作为礼俗，世代传承，并形成了一套传统规范，成为中华文化的重要组成部分。

二、筵席的内容

传统筵席以若干人组成一组，围坐而食，这是应用最广泛 、最常见的筵席。

现代筵席一般是以 8~12 人为一（圆）桌，每桌菜肴多为 14~18 道，菜肴可以区分为 6 个项目：冷盘、热炒、大菜、汤类、点心或小吃、水果。冷盘是开胃凉菜，通常在开席前就已经放置在餐桌上，数量不拘，可多可少，分量不一，可大可小。大菜是筵席中的“主角”，“主角”若是海参，则整个筵席称为海参席；“主角”若是鲍鱼，则整个筵席称为鲍鱼席，大菜成本占整个筵席的一半左右，是整套筵席的精华重头戏，所以开席后先上大菜。接着上热炒菜肴，有 2~4 道，烹调方式以爆、炒、煎、炸、烹等快速方法为主，菜肴一般热鲜爽口、色泽丰润，搭配饮酒非常适当。然后上甜菜和甜羹，是筵席中爽口解腻的配角，所占比重不高，但仍然不可或缺，视季节和需要，可以安排在用餐中或菜肴上完后上桌。点心及小吃有甜有咸，是在筵席结束前、汤品之后上桌，数多寡不拘，通常是一些糕、粉、面、饺子、包子等食物。最后一道水果，是为了让客人助消化、润喉、解腻、醒酒用的，如此这般将筵席画上一个完美句号。

三、筵席的种类

筵席的种类很多，按规格，可分为国筵、便筵；按进餐形式，可分为立式筵席和坐式筵席。按筵席的餐别，可分为中餐、西餐、自助餐和鸡尾酒会等；按举行筵席的时间，可分为早筵、午筵和晚筵；按礼仪，可分为欢迎筵会、答谢筵会等。此外，还有各种形式的招待筵及民间举办的婚筵、寿筵、团聚筵席等。

1. 国筵

国筵是国家领导人或政府首脑为国家庆典活动，或者为欢迎来访的外国元首、政府首脑而举行的正式筵会。这种筵会规格最高，庄严而又隆重。筵会厅内悬挂国旗，设乐队演奏国歌及席间乐，席间有致辞或祝酒，代表性强，宾主均按身份排位就座，礼仪严格。

2. 正式筵席

正式筵席通常是政府和团体等有关部门，为欢迎应邀来访的宾客，或者来访的宾客为答谢主人而举行的筵席。这种形式除不挂国旗、不演奏国歌、出席者的规格低于国筵外，其余的安排大致与国筵相同。宾主同样按身份就座，礼仪要求也比较严格，席间一般都有致辞和祝酒，有时也有乐队演奏。

3. 便筵

便筵多用于招待熟识的亲朋好友，是一种非正式筵会。这种筵会形式简便，规模较小，不拘严格的礼仪，不用排席位，不做正式致辞，宾主间较随便、亲切，用餐标准可高可低，适用于日常友好交往。

▲国筵

▲正式筵席

4. 招待筵会

招待筵会是一种灵活便利、经济实惠的筵请形式，常见的有冷餐会、鸡尾酒会、茶话会。

▲冷餐会

（1）冷餐会（自助餐）：是一种站立进餐形式的自助餐，不排座位，但有时设主宾席。冷餐会供应的食品以冷餐为主，兼有热菜。食品有中式、西式或中西结合式，分别以盘碟盛装，连同餐具陈设在菜台上，供宾客自取。酒水饮料则由服务员端至席间巡回敬让。由于冷餐会对宾主来说都很方便，特别是省去了排座次步骤，消费标准可高可低，丰俭由人，可多可少，时间也灵活，宾主间可以广泛交际，也可以与任何人自由交谈，拜会朋友。这种形式多为政府部门或企业、银行、贸易界举行人数众多的盛大庆祝会、欢迎会、开业典礼等活动所采用。

（2）鸡尾酒会：是一种站立进餐形式，它以供应鸡尾酒为主，附有各种小食品，如三明治、小串烧、炸薯片等。鸡尾酒会一般在正式筵会之前举行。鸡尾酒会与冷餐会一样，都无须排座次，宾客来去自由，不受约束，既可迟到又可早退。整个鸡尾酒会气氛和谐热烈、轻松活泼、交际面广。近年来，庆祝各种节日、欢迎代表团访问，以及各种开幕、闭幕典礼，会议公布要闻，文艺、体育招待演出前后等，往往都采用鸡尾酒会这种形式。

（3）茶话会：是一种简便的招待形式，多为社会团体单位举行纪念和庆祝活动所采用。茶话会上备茶、点心和数种风味小吃。茶话会对茶叶、茶具选择有讲究，并具地方特色。外国人一般备红茶、咖啡和冷饮。茶话会不排座次，但在入座时有意识地将主宾和主人安排在一起，其他人则随意入座，宾主共聚一堂，饮用茶点、亲切交谈，筵席间常安排一些短小的文艺节目助兴。

知识拓展

“铺陈曰筵，籍之曰席”是指铺在地上叫“筵”，铺在“筵”上供人坐卧的叫“席”。《诗经》有“肆筵设席”，这时的“筵席”已经包含“酒席”的意思，所以一直沿用至今。

筵席萌芽于虞舜时代，距今有四千多年。筵席是在远古祭祀和皇室起居活动的基础上，随时代的发展而逐渐形成的；经过夏、商、周三代的孕育，到春秋战国时期，就已初具规模了；进入隋、唐、宋、元后日趋完善；明、清两代有了较大的发展，更加强调了席面的编排、肴馔的制作、接待礼仪和筵饮的情趣。

中国筵席植根于中华文明的肥沃土壤中，它是经济、政治、文化、饮食诸因素综合作用的产物。从中国筵席的滥觞和变迁，可以看出它的文化遗产属性。

想一想

（1）筵席主要包括哪两方面的内容？

（2）古代筵席与现代筵席有何不同？

（3）筵席的种类很多，都有哪些？

任务二　筵席上菜程序及菜单设计

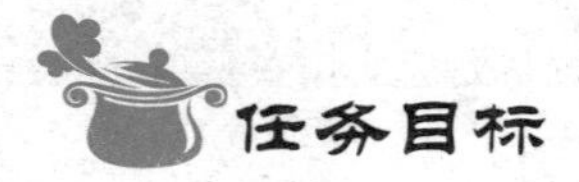

任务目标

技能目标

- 能设计一般筵席菜单；
- 能设计寿、喜筵席菜单。

知识目标

- 筵席菜肴的构成；
- 筵席菜点的配置；
- 筵席菜单的设计原则；
- 现代筵席的上菜程序。

任务学习

一、筵席菜单的设计原则

筵席菜单的设计，必须以企业和顾客利益为核心，结合餐饮企业的文化特性，以顾客需求为中心，确定适宜的筵席主题，综合筵席的各种因素，进行创新式设计，提供最佳的物质和精神享受。

1. 筵席菜肴的构成

中式筵席菜单一般分为冷菜、热菜、甜菜、面点、汤和时令水果六大类。一般而言，越是高档的筵席，菜肴档次越高。

（1）冷菜：又称冷荤、冷盘等。用于筵席的冷菜形式一般有两种：一种是中间一个大艺术拼盘，再配上六个或八个单盘；另一种是没有拼盘，只有四、六或八个单盘。

（2）热菜：包括大菜和热炒菜两种。大菜一般是一桌内最高档的菜肴，或由整只、整条、整块的原料烹制而成，装在大盘或大碗等上席的菜肴，还可以是艺术造型菜肴；热炒菜一般采用煎、溜、烹、炒、炸、烩等快速成熟的方法制作而成，以实现菜肴口味的多样化。

（3）甜菜：一般采用拔丝、蜜汁、挂霜等烹调方法制成，口味以甜为标准，从而起到调节口味的作用。

（4）面点：在筵席中常用糕、团、面、粉、饺、卷等品种，采用的种类与成品取决于筵席的规格标准。

（5）汤羹：在筵席开始或结束之前，配以不同档次的汤羹，用以调节进餐者的胃口。

（6）时令水果：以时令水果或水果拼盘作为筵席中的一个组成部分，在餐前或餐后食用。

2. 筵席菜点的配置

（1）质量上的配置：根据筵席档次高低配置与其相适应的原料品种。

（2）数量上的配置：每桌筵席按十人计算，每人所进食的主料、配料、点心总计一般为500 ~ 600克。

（3）色泽上的配置：能显示各种原料的自然色泽，如红、黄、绿、白、青等。

（4）口味上的配置：采用多种调味方法和手段，使整桌筵席的菜肴口味都不一样，以突显特色。

（5）口感上的配置：筵席菜肴应有嫩、软、脆、滑、爽、酥、焦等质感。

（6）形状上的配置：筵席菜肴形状要形状各异，做到一菜一形。

（7）盛器上的配置：盛器的形状和色彩应以明显衬托菜肴的形、色为基础。

（8）花式菜肴的配置：花式菜肴应以造型优美、色彩鲜艳为主。

（9）风味菜肴的配置：风味菜肴必须突出地方风味特点、地方特色。

（10）点心、甜菜、汤羹和水果的配置：点心或小吃一至四道，甜菜一至二道，汤羹一至两个，水果或拼盘一道。

3. 制订筵席菜单的一般原则

（1）根据顾客要求，合理安排菜单。根据宾客的国籍、民族、宗教信仰、饮食嗜好和禁忌、年龄、性别、职业等，合理调配，尊重客人习惯。

（2）根据季节变化，制订菜单。根据四季不同，选用时令应鲜菜品，结合四季膳食营养，科学设计搭配菜单，一般原则为春季宜香、宜淡、宜补肝，夏季宜清、宜凉、宜补心，秋季宜厚、宜热、宜补肺，冬季宜浓、宜烫、宜补肾。

（3）根据筵席档次标准、性质、规模、物价制订菜单。

（4）根据营养平衡原则制订菜单。根据合理营养原则及各类原料的营养特点，对不同的客人，有针对性地设计菜单，以达到科学配膳、膳食平衡的目的。

（5）根据地方特色和风味特点确定菜单，以突出地方风味、本店特色等。

（6）根据本店厨房设备及烹调师的技术力量制订菜单。既要考虑菜单的完美，又要考虑相应的设备和技术力量。

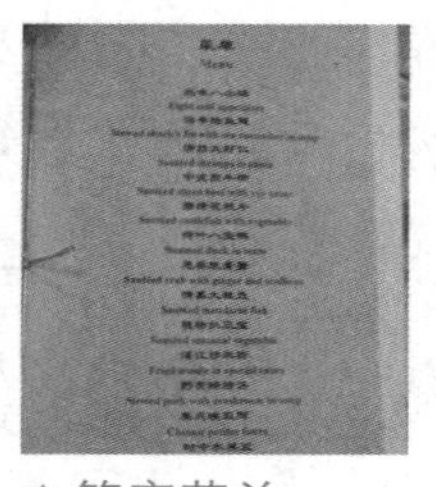

▲筵席菜单

▲象形水仙鱼

▲木桶虾

4. 制订菜单的具体要求

（1）突出筵席主题，菜肴命名雅致得体。

（2）菜肴用料多样化，口味、烹调方法富于变化。

（3）注重卫生，营养合理，荤素搭配，膳食平衡。

（4）特色明显，设计科学，价格合理，富有艺术。

二、现代筵席的上菜程序和上菜礼仪

1. 现代筵席的上菜程序

由于各地的饮食习惯不同，因此上菜程序有所差异。应根据筵会规格、菜肴菜单的内容、风俗习惯、进餐的节奏，有计划有步骤地依次上菜。筵席上菜的一般原则是：先凉后热，先咸后甜，先荤后素，先上质优的菜肴，后上一般的菜肴，先上口味清淡的，后上口味浓厚的，先上菜肴，后上面点，先上酒菜，后上饭菜。相同原料的菜肴、相似形状的菜肴、相似口味的菜肴都要间隔上席。点心穿插在菜肴之间，甜菜随点心，水果最后上。

由于地区不同，上菜程序也有所不同。一般上菜程序是：凉菜→大菜→一般热菜→面点→甜菜→汤→时令水果。传统豫菜一般上菜程序是：四干果→四鲜果→开席点心→凉菜→头汤（开胃汤）→头菜（高档菜肴）→鱼类菜肴（大菜）→炸制菜肴（大菜）→烧类菜肴→爆、炒类菜肴→炖、焖类菜肴→烤鸭→甜菜→甜汤羹→四个饭菜→点心→小吃→汤羹。现代豫菜筵席中，许多传统的内容已经不复存在。根据筵席档次、人员、形式等方面的不同，上菜程序不是一成不变的，可根据具体情况适当调整。

2. 现代筵席的上菜礼仪

我国是礼仪之邦，筵席中特别讲究礼仪。所以，宴席的座次、菜肴的摆放都有严格的要求。

（1）筵席中对大（硬）菜，上菜（桌）十分讲究。例如，整鸡、整鸭、整鱼上菜时，讲究“鸡不献头，鸭不献尾，鱼不献背”，即上菜时，不要把鸡头、鸭尾、鱼脊朝向主宾，应将鸡头、鸭头朝向右边；上全鱼时，将鱼腹（或鱼头）朝向主宾，因为鱼腹刺少、腴嫩味美，鱼头朝向主宾，表示尊重。

（2）每上一道新菜时，必须将其他菜肴移走，将新上的菜放在主宾面前，以示尊重。

（3）有图案的菜肴，如孔雀、凤凰等拼盘，则应将菜肴的正面朝向主宾，以供主宾欣赏和食用。

（4）头菜、主菜正面对主位，其他菜正面朝向四周，散座菜正面朝向宾客。 菜正面是指最宜于观赏的一面。各类菜的正面是：整形有头的菜肴，如烤乳猪、冷碟孔雀开屏等，其头部为正面；而头部被隐藏的整形菜肴，如烤鸭、八宝鸡、八宝鸭等菜，其丰满的身子为正面；冷碟中的独碟、双拼或三拼，如有巷缝的，其巷缝为正面；一般菜肴，刀工精细、色调好看的部分为正面。

（5）菜肴摆放要对称。对称摆放的方法是：要从菜肴的原料、色彩、形状、盛具等几个方面考虑，如鸡可对鸭、鱼可对虾等。同形状、同颜色的菜肴也可相间对称摆在餐桌的上、下或左、右位置上，荤菜、素菜要间隔摆放。

想一想

（1）什么是筵席？

（2）筵席菜单如何设计？

（3）筵席上菜的一般原则是什么？

做一做

根据所学，设计一桌喜筵和一桌寿筵菜单。

我的实训总结：______________________________

____

____

知识检测

一、判断题

（　　）（1）春季宜香、宜淡、宜补肝，夏季宜清、宜凉、宜补心，秋季宜厚、宜热、宜补肺，冬季宜浓、宜烫、宜补肾。

（　　）（2）筵席一般上菜程序是：凉菜→一般热菜→面点→汤→时令水果。

（　　）（3）高档筵席包括凉菜、一般热菜、大菜、面点。

二、选择题

（1）在一般筵席中，凉菜成本约占筵席成本的（　　）。

A. 10%　　B. 15%　　C. 20%　　D. 25%

（2）在制作筵席菜肴时，菜肴的咸味随上菜的次序（　　）。

A. 不变　　B. 递增　　C. 递减　　D. 随意

三、简答题

（1）筵席的特点是什么？

（2）制订菜单的具体要求有哪些？

（3）筵席上菜程序是什么？

（4）筵席上菜应注意哪些礼仪？

项目十一　分子烹饪

任务一　认知分子烹饪

任务目标

知识目标

- 分子烹饪的概念；
- 分子烹饪的目标；
- 分子烹饪美食研究的内容。

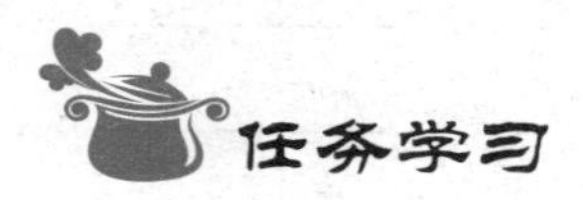

任务学习

一、分子烹饪的概念

分子烹饪又称分子美食（Molecular Gastronomy），是现代最为先进的烹调方式。所谓分子烹饪，简单地说就是用科学的方式去理解原料分子的物理、化学特性，然后创造出“精确”的美食，借助原料辅助剂使原料发生质感、视觉等变化。

这是一种超越人们对菜点认知和想象的，可以使食物不再单单只是食物，而是成为视觉、味觉甚至触觉的新感官刺激的全新烹调技艺，是一种在科学基础上建立的科学烹饪，用科学的角度让我们把烹饪从宏观到微观，看得更明白、更彻底，用科学的手段把原料烹饪得更加科学、健康、时尚、营养等。通俗地说，就是运用当今先进的科学技术，加上精确的计量手段，通过化学和物理的一些方法，制造出奇妙食物的过程。

▲分子液氮冰激凌拼干法培根

二、分子烹饪的目标

（1）研究各种烹饪方法及技巧背后的原理。

（2）完全明白原料经过处理后，相互间的化学变化。

（3）研发新产品、新工具及新烹调方法。

（4）创作各种新菜肴。

（5）使人们明白科学对日常生活的贡献。

三、分子烹饪美食研究的内容

分子烹饪被称为“改变食物和人类关系的烹饪方式”，因为它用到了各种物理和化学原理，所以解释起来，不免也要用到一些物理和化学知识。

1. 研究的议题

分子烹饪美食包括以下广泛的议题。

（1）人们特定的味觉和味觉感受器官对普遍的食物喜好和厌恶是如何形成的?

（2）食物的烹饪方法如何影响食物成分的味道和口感?

（3）不同的烹饪方法，原料中的成分是如何变化的?

（4）我们是否能找出新的烹饪方法，做出非同寻常的绝佳味道和口感的菜肴?

（5）大脑如何整合来自各个感觉器官的信号，并最终决定食物的“味道”?

（6）其他因素，如饮食环境、情绪等是怎样影响我们对食物的喜好的?

2. 研究分子烹饪的发展

1）味觉的体验和味觉搭配

人类在品尝食物时，其主要的味道来源于嗅觉。科学家得出这样的结论：虽然每种原料有所不同，但是只要有着相同的挥发性粒子，放在一起烹饪食用，便可以刺激鼻子中的同类嗅觉细胞，能令人在食用的时候体会到更加深层次的味觉体验。

2）食物分解

每种原料都有着自己的形态，或是固态，或是液态，经过先进的烹调方法处理，食物可以分解成常人所无法理解的形态。例如，可以把固态的原料分解成一堆泡沫或一缕青烟，使原料在烹调之后形成常人无法理解的状态，既增加了美感，也体现了菜肴在平时所无法体现出的异态。

3）低温慢煮

分子烹饪中的低温烹饪是一种将烹饪材料放置于真空包装袋中进行长时间炖煮的烹饪方式。这与传统烹调有着明显的区别：一是将生原料放置于密封真空袋中；二是在调控的恒温环境中进行慢煮。

真空包装烹饪能够减少原料原有风味的流失，在烹饪过程中起到锁住水分并且防止外来味道污染的作用。这样的烹饪方法能够让原料保持原味而且更富有营养，同时也能防止细菌的滋生，让原料更有效地从水或蒸汽中吸收热量。

3. 研究菜肴的创新

分子烹饪的诀窍在于要善于将具有相同挥发性分子的不同原料配在一起，加强刺激鼻腔内的同类感觉细胞。用液氮或其他方法改变食物形态，形成特殊口感和异常造型；用文火烹饪，保持食物的原始口味。此外，改进传统菜肴烹调方法也是分子厨艺所追求的。例如，低热量生产炸薯条（无脂肪炸薯条），采用一种添加剂在水中操作，为此要将水的沸点提高到 130℃。有的专家甚至夸张地用木薯做薯条，那样可以长时间保持松脆。分子烹饪的重要工艺手段之一是液氮的应用，将水果或蔬菜浸入液氮几秒钟，香气易释放出来。吃的时候稍微解冻，表面十分生脆。

青年烹调师创新时，要探究成分组成，熟悉食品的物理化学性质。同时，将传统烹调方法和现代高新设备相结合，创造自己的杰作。

4. 研究改变原料物理形态

分子烹饪，简单地说就是改变原料的物理形态，但化学程序不变。例如，“巧克力液”与“水”通过分子烹饪，二者交融制作出可口的巧克力慕斯。

▲分子低温红烧肉

▲分子鹅肝雪糕

例如，“喝酒”的方式，是把像冰沙的食物放入口中，不仅一下子消失，还会喷烟；看似鱼子酱，迸开来却是哈密瓜汁；犹如鹌鹑蛋的琥珀色圆球，是热乎乎的伯爵茶；肥皂泡泡来不及舔，只有嘴边残存的柠檬气味；橄榄油变成像龙须糖般的细丝，放入锅中热炒也不变形。

▲分子烟熏低温鲍鱼

想一想

（1）什么是分子烹饪？

（2）分子烹饪是烹饪的一部分吗？

（3）分子烹饪研究的目标是什么？

任务二　分子烹饪的常用原料

任务目标

知识目标

- 球化系列原料；
- 乳化系列原料；
- 胶化系列原料；
- 惊奇系列原料；
- 干果系列原料。

任务学习

分子烹饪的常用原料按技术及特点分为五大系列：球化系列、乳化系列、胶化系列、惊奇系列、干果系列。

一、球化系列原料

球化系列原料包括海藻胶、钙粉、乳酸钙、柠檬酸钠。

烹饪中，将这些球化系列原料的液体凝胶化，如制作泡沫、球形物等。

二、乳化系列原料

乳化系列原料又称黏稠系列原料，主要包括卵磷脂、黄原胶、甘油三酯等。将两种一般不能混合在一起的液体进行有效的混合，就像水质和油性的物质，然后制作出很难得到的乳剂。

三、胶化系列原料

胶化系列原料主要有结冷胶、琼脂、卡拉胶等。

用胶化系列原料制作出的胶类美食，有特殊的弹性和硬度。

四、惊奇系列原料

惊奇系列原料主要有蜂蜜粉、番茄粉、泡腾粉、麦芽糊精、酸奶粉、水溶性维生素、紫罗兰糖、跳跳糖等。

五、干果系列原料

干果系列原料主要是各种水果干。

想一想

（1）分子烹饪的原料如何分类？

（2）请举例说明几种分子烹饪的常用原料。

任务三　分子烹饪的技法

任务目标

知识目标

● 球化技术；

- 胶化技术；
- 泡沫技术；
- 烟熏技术；
- 干法技术；
- 虹吸气化技术；
- 低温烹饪技术；
- 液氮烹饪技术。

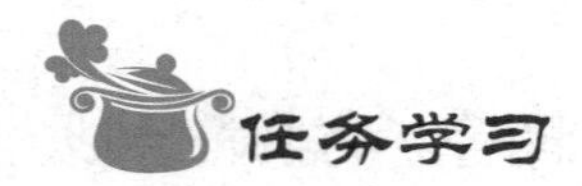

一、球化技术（胶囊、鱼籽的技法）

▲分子三彩官燕

球化就是将液体凝胶化，如制作泡沫、球形物。这种烹饪方式能够做出不同类型及大小的球类物体，近似于鱼子酱、鸡蛋、汤团、馄饨等形状。在制作过程中，因为原料具有很强的可塑性，所以做出的都是可控的。也可以将固体的原料放入球体，使固体的原料悬置在球体之中，从而制作出一个球内有两种或三种以上的混合风味。制作出来的球类稳定性和持久性都是非常突出的。

球化技术有很多种做法，按原料做法分为一般液体球化（正向球化）、特殊液体球化（反向球化）、乳制品球化、热液体球化、夹心液体球化、酸性液体球化等。

球化技术应用的优点是：可以把所有的液体变成球状，可冷可热；给人以惊奇的视觉和口感效果；食材的营养成分及质地不会发生变化；保留原料液体的原有口味及口感；在冷、热菜肴中都可以使用；液体可以做成任意大小的球状，也可以做成冷、热的球体。配方则根据原料液体的稀稠度来决定。

二、胶化技术（凝胶技术）

胶化是一种在传统烹饪中典型的成型做法，且在其发展过程中已经变化了很多次。KAPPA 和 IOTA 是从海藻中提炼的，用它们制作出的胶类都有特殊的弹性和硬度。

三、泡沫技术

泡沫技术能将两种一般不能混合在一起的液体进行有效混合，例如水质和油性的物质，然后制作出很难得到的乳剂。

泡沫是能够配合中餐的一种很好的元素。将各种液体乳化后，让其形成一种坚挺的泡沫，有柠檬味的、红酒味的等，再搭配各式各样的菜肴，可形成一道独特的风景。

泡沫技术有三种：虹吸瓶制作、专业搅拌棒制作、泡沫机制作。泡沫技术主要是把液体转换成泡沫状态。泡沫技术有以下优点。

（1）菜肴立体感强。

（2）使人感到新奇，能给客人猎奇感。

（3）泡沫可以持续 40 分钟左右。

（4）成本低、毛利高。

▲分子柠檬泡沫低温三文鱼

四、烟熏技术

烟熏技术属于分子美食器具类烹饪方法，主要是给食物添加烟熏的味道及缥缈的视觉。将烟熏粉加入设备顶部点燃后，按下电动机开关，烟雾便会从烟枪口中喷出，送入事先准备好的放有食物的密封容器中。

烟熏技术能使原料具有另类的口感和味道，但不破坏原料的质量、质地和营养成分，并给人一种新奇的感觉，在中西餐冷热菜中，可以广泛使用，操作技法简单。烟熏技术有以下优点。

（1）最低限度地减少水分和质量的流失。

（2）能增强食物中各类香料的香味，如玫瑰味、薄荷味、玫瑰味、原味。

（3）能够保留食物的颜色，增加原料的口感、层次及对味蕾的刺激。

（4）比传统的烟熏更加快速，从而节约时间、成本和劳动力。

（5）无须茶叶糖分等原料。

（6）保证每次烹饪的结果都是一样的。

（7）可以最大限度地使厨房提前准备；最小限度地减少浪费。

（8）无须特别的烹调师，人人都可以操作并达到理想的效果。

五、干法技术（薄脆技术）

干法技术又叫薄脆技术或干燥技术，可以保持原料的原汁原味及营养成分不流失，且能使原料颜色艳丽、造型方便。原料经过干发之后，可以拥有意想不到的口感和独特的风味。干法技术广泛应用于肉类、海鲜、水果类、蔬菜等中。

干法技术是一种利用热循环系统，并严格控温，经过长时间的均衡温度来使原料脱水的新技术。它的优点是：可以利用温度的循环加热来使原料脱水，用以增加原料的保存时间，并且使用这种方法，让更多的原料变换出其他的形态和口感。更主要的是，一些蔬菜类、干果类、汁酱类、水果类、海鲜类和肉类原料经过干法之后，可以达到意想不到的口感和独特的风味，并且还可以利用此技术制作出各种粉末和其他一些原料的特殊造型。

六、虹吸气化技术

虹吸瓶（又称奶油枪、虹吸压缩器）在分子烹饪中，主要用于液氮烹饪的配合操作，如制作液氮冰激凌、慕斯及泡沫膨胀等。

七、低温烹饪技术（低温慢煮）

▲分子低温羊排配时蔬

低温慢煮是分子美食比较主要的技术，它改变了烹饪技术依赖食品添加剂和没有科学依据的情况。

烹饪以温度为基础，是科学家经过上万次的原料温度测试，得出珍贵的数据，是人类烹调技术的进步。真空烹调法以保持蔬果、肉质（蛋白质）的营养不流失和增强味感和质感而闻名。

真空低温烹饪有以下优点。

（1）最低限度地减少水分和质量的流失 。

（2）保留食物和香料的原有味道 。

（3）保留食物的颜色，减少或完全不用食盐 。

（4）保留食物的营养成分，分离食物原汁和清水。

（5）比蒸、煮更能保留维生素成分。

（6）无须油或只要极少的油。

（7）保证每次烹饪的菜肴口味都是一样的。

八、液氮烹饪技术（超低温技术）

液氮技术在分子烹饪上主要用于制作冰球、冰泥、冰沙、食物脆皮、热菜冷作等。液氮烹饪技术主要用液氮的气化冷冻原理来操作和烹饪食品，并能达到意想不到的效果，如改变原料的质地、将液体变成固体等。值得注意的是，分子烹饪采用的是高纯度的医用液氮，非工业液氮。

想一想

（1）分子烹饪的技法有几类？

（2）各种分子烹饪的特点是什么？

任务四　分子烹饪美食

任务目标

知识目标

- 了解球化菜品；
- 了解泡沫菜品；

- 了解烟熏菜品；
- 了解胶化菜品；
- 了解低温菜品；
- 了解液氮菜品；
- 了解干法菜品。

任务学习

一、球化菜品

南瓜慕丝配芒果球

原料： 南瓜200克，奶油70克，糖15克，新鲜芒果（用搅拌器搅拌成酱）250克，柠檬酸钠 1克，海藻胶1.1克，钙粉3.5克，水 1000毫升。

制作方法：

（1）将南瓜放入锅中，煮至酥软，取出，压成泥，混合入奶油和糖，放入虹吸瓶，冲入一氧化二氮子弹一颗，成形后，放在盘子的一端。

（2）将水和海藻胶用搅拌器高速搅拌之后，加入柠檬酸钠，继续搅拌至混合之后，倒入锅中，加热至 90℃，倒入盘子中，再倒入芒果酱，搅拌均匀，备用。

▲芒果球配牛肉粒

（3）将水和钙粉充分搅拌，将芒果酱倒入钙水中，即可形成鸡蛋黄形胶囊，放在盘子的另一端。

二、泡沫菜品

香煎三文鱼配青柠檬泡沫

原料： 青柠汁20克，水500毫升，卵磷脂2克，三文鱼200克。

调料： 盐、橄榄油各少许，芥末豉油汁20克。

制作方法：

（1）将青柠汁、水、卵磷脂混合，并用手握式搅拌器高速搅拌，此时表面会形成大量的泡沫。让泡沫静止 1 分钟并稳定下来，备用。

（2）将三文鱼用盐、橄榄油、芥末豉油汁腌好，放入真空袋，再放入低温机内，低温制熟，摆盘，将泡沫放其上即可。

▲分子泡沫蔬菜配低温香煎澳带

特点： 三文鱼软嫩、青柠檬刺激爽口、搭配合理、中西结合。

三、烟熏菜品

绿茶烟熏三文鱼配春卷

原料： 绿茶口味烟熏粉少许，豆沙馅50克，春卷皮20克，特调海鲜汁（海鲜酱、金兰酱油、万字豉油）100克，黑鱼子酱30克，牛油果30克，番茄汁20克，三文鱼200克，柠檬汁。

▲烟熏三文鱼配芥末汁

制作方法：

（1）将绿茶口味烟熏粉用烟枪打好烟，放好，用红酒杯扣好。

（2）将牛油果去皮、切片，将三文鱼用柠檬汁腌好，然后将红酒杯的烟扣在三文鱼上。

（3）将豆沙馅用春卷皮包好，炸至金黄色，放入盘内。

（4）用番茄汁打好的泡沫汁进行装饰，再放黑鱼子酱装饰，海鲜汁随菜肴一同上桌。

四、胶化菜品

茶香墨鱼皇丝条

原料： 大墨鱼皇500克，高级清汤200克，铁观音茶叶5克，水500克， 盐2克，胡椒粉1克，蛋清2个，卡拉胶5克，生粉3克，香油1克。

制作方法：

（1）将大墨鱼皇打成泥，加入盐、胡椒粉、蛋清、生粉、卡拉胶，并用高速搅拌机混合成墨鱼胶，备用。

（2）将铁观音茶叶用滚的开水泡一下，水和铁观音茶叶备用。

（3）用针管将墨鱼胶从管中打出，打成墨鱼丝面。

（4）将高级清汤烧滚，放入墨鱼丝面，小火煮熟，汤中加入少许铁观音茶水，调味。

（5）将铁观音茶水随菜肴一同上桌。

特点： 清香汤鲜、鱼肉爽滑、茶香去腻。

五、低温菜品

低温澳洲牛柳配春季时蔬

原料： 澳洲牛柳150克，盐少许，黑胡椒少许，豌豆40克，胡萝卜100克，时令蔬果50克，黄油少许。

制作方法：

（1）将澳洲牛柳撒上盐和黑胡椒，真空包装之后放入低温机，用60℃低温烹饪20分钟，取出之后冷却。

（2）将豌豆、胡萝卜、时令蔬果放入真空包装袋，加入少许盐和黑胡椒，最后加入黄油，放入真空包装袋，之后放入低温烹饪机，用82℃低温烹饪20分钟，取出即可。

▲低温澳洲牛柳配春季时蔬

（3）将牛排放在锅里煎，两面都要上色，最后取出低温烹饪蔬菜，放在黄油里炒一下。

（4）将牛排和蔬菜装盘即可。

特点：牛肉爽嫩、蔬菜爽脆、营养健康。

六、液氮菜品

液氮番茄冷汤

原料：番茄泥200克，盐，纯净水100克，糖 30克，牛奶15克。

制作方法：

（1）将番茄泥加盐、糖、牛奶调味，加纯净水，搅拌成泥汤状，过滤。

▲液氮番茄冷汤

（2）放入液氮中炒 2 分钟，倒出，再用粉碎机捣成泥即成。

特点：酸甜可口、香滑细腻、冷而不腻、风味独特。

七、干法菜品

干法烧汁三文鱼

原料：各式酱汁200克，三文鱼 100克。

制作方法：

（1）将三文鱼切成 1 厘米宽的条状，放入酱汁浸泡 8 小时。

（2）将腌制好的三文鱼放入干发机，在 55℃干发 8 小时以上，直到其干脆。

▲分子干法香草三文鱼

特点：外脆里嫩、质感丰富、汁香浓郁。

想一想

（1）分子烹饪有哪些常用原料？

（2）分子烹饪有几种烹饪技法？

（3）你能说出几个分子美食的菜肴名称？